石墨烯技术
前沿丛书

石墨烯薄膜制备

李雪松　陈远富　青芳竹　编著

化学工业出版社
·北京·

本书根据作者多年的石墨烯薄膜制备经验和研究成果，并结合国内外石墨烯薄膜制备的最新研究进展编撰而成。本书主要介绍基于化学气相沉积法的石墨烯薄膜制备技术，首先对石墨烯概念、发展历程和表征进行概括介绍，接着简单介绍化学气相沉积技术，然后系统介绍石墨烯的成核与生长、单晶石墨烯的制备、石墨烯的层数控制，进一步介绍石墨烯薄膜的转移技术以及面向工业应用的石墨烯薄膜规模化制备技术，最后对石墨烯薄膜现有制备技术进行总结，并对石墨烯薄膜的未来发展进行了展望。

　　本书对石墨烯薄膜制备技术进行了全面系统的介绍，既方便初学者对该技术快速了解，又能使专业科研与技术人员对该技术有系统深入的认识。希望本书能对石墨烯薄膜制备技术的发展与创新提供启发与指导。

图书在版编目（CIP）数据

石墨烯薄膜制备 / 李雪松，陈远富，青芳竹编著
　—北京：化学工业出版社，2019.3
（石墨烯技术前沿丛书）
ISBN 978-7-122-33752-8

Ⅰ.①石⋯　Ⅱ.①李⋯　②陈⋯　③青⋯　Ⅲ.①石墨-纳米材料-薄膜-制备-研究　Ⅳ.①TB383

中国版本图书馆 CIP 数据核字（2019）第 028038 号

责任编辑：陶艳玲
责任校对：王　静　　　　　　　　　装帧设计：刘丽华

出版发行：化学工业出版社（北京市东城区青年湖南街 13 号　邮政编码 100011）
印　　刷：北京京华铭诚工贸有限公司
装　　订：三河市振勇印装有限公司
710mm×1000mm　1/16　印张 15¼　字数 303 千字　2019 年 6 月北京第 1 版第 1 次印刷

购书咨询：010-64518888　　售后服务：010-64518899
网　　址：http：//www.cip.com.cn
凡购买本书，如有缺损质量问题，本社销售中心负责调换。

定　　价：88.00 元　　　　　　　　　　　　版权所有　违者必究

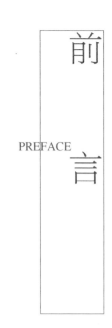

由英国曼彻斯特大学物理学家 A.K.Geim 和 K.S.Novoselov 于 2004 年"重新发现"并因此于 2010 年获得诺贝尔物理学奖的石墨烯，是指由单层碳原子密堆成蜂窝状结构的二维晶体，厚度仅为 0.34nm。石墨烯因其特别优异的电学、光学、热学、力学等性能被誉为"新材料之王"，在微电子、光电子、导热、新能源、传感、航天等领域具有广阔的应用前景。

与其他材料一样，石墨烯要获得真正应用，必须首先解决其制备问题。最初利用粘胶带获得石墨烯的微机械剥离法，操作简单，但只适合研究用样品的获得，无法进行规模化制备。目前，氧化还原及各种机械分离方法被广泛用于石墨烯粉体及浆料的制备，而大面积石墨烯薄膜的制备则主要是基于铜基底的化学气相沉积（CVD）法。该方法是本书作者之一李雪松教授于 2009 年在美国德州大学奥斯汀分校 Ruoff 课题组从事研究工作时发明的。受益于碳在铜中极低的溶解度以及石墨烯薄膜在铜表面的自限制生长机制，该方法很容易获得大面积高质量的石墨烯薄膜。这不但对石墨烯材料的研究与应用起到了很大的促进作用，也为石墨烯（薄膜）的产业化奠定了基础。目前，我国在石墨烯薄膜 CVD 制备领域，不论是科学研究还是产业化方面，均走在国际前列。

在这一背景下，作者结合自身多年来在石墨烯薄膜制备领域的研究经验，通过对这一领域的重要成果进行梳理与总结，编撰了这本《石墨烯薄膜制备》。本书主要介绍基于 CVD 法（包括等离子增强 CVD 法）的石墨烯薄膜制备技术，全书共分为 8 章。第 1 章为对石墨烯的概括性介绍，以方便读者对石墨烯有一个总体的认识。第 2 章是对 CVD 技术，尤其是与石墨烯薄膜制备相关的通用知识的一个基础性介绍。第 3 章至第 5 章详细介绍了基于金属基底，主要是铜基底的石墨烯 CVD 制备技术，其中第 3 章为石墨烯的成核与生长，偏重于理论研究的介绍，第 4 章是对如何控制石墨烯的成核进而获得大面积石墨烯单晶的工艺总结，第 5 章则对石墨烯的层数控制从原理上和影响因素上进行了分析。第 6 章是石墨烯转移技术的总结。第 7 章是对石墨烯薄膜工业化制备的探讨与总结，包括低温制备技术、非金属基底直接生长技术以及大面积规模化制备技术。最后，在第 8 章对现有技术面临的挑战做了简单的总结并展望了其发展趋势和前景。

本书第 1、5、8 章由李雪松编写，第 2、6 章及第 7 章第 2 节由陈远富编写，第 3、4 章及第 7 章第 1、3 节由青芳竹编写。侯雨婷、周金浩、牛宇婷、沈长青、詹龙龙、田洪军、侯宝森、王跃、刘春林、张羽丰、冉扬、周恩等参与了本书成稿前的校对工作，在此表示感谢。在本书编写过程中，我们参阅了大量相关专著及文献，所引文献列于每章之后，在此谨对相关作者表示感谢。特别感谢审稿人史浩飞对本书提出的中肯意见与建议。

本书力图通过对石墨烯薄膜制备相关技术进行全面系统的阐述，既方便初学者快速地了解这一技术，又能使科研与技术人员对这一技术有更深入的认识。期望本书能为石墨烯薄膜制备技术的进一步发展与创新提供启发与指导。由于作者水平有限，书中难免有疏漏和不妥之处，恳请读者与专家批评指正。

编著者

2018 年 8 月

书中各章对应的彩图，可扫描二维码查看

第 3 章彩图

第 4 章彩图

第 5 章彩图

第 6 章彩图

第 7 章彩图

英文缩写/全称/中文对照
（按照字母顺序排列）

英文缩写	英文全称	中文全称
AFM	Atomic force microscopy	原子力显微分析
APCVD	Atmospheric pressure chemical vapor deposition	常压化学气相沉积
APS	Ammonium persulfate	过硫酸铵
BLG	Bilayer graphene	双层石墨烯
CVD	Chemical vapor deposition	化学气相沉积
DC-PECVD	Direct current PECVD	直流等离子增强化学气相沉积
EBSD	Electron backscattered diffraction	电子背散射衍射
ECP	Electrochemical polishing	电解抛光
EDX	Energy dispersive X-ray spectroscopy	能量色散 X 射线分析
FLG	Few-layer graphene	多层石墨烯
HRTEM	High resolution transmission electron microscopy	高分辨透射电子显微分析
LCVD	Laser chemical vapour deposition	激光化学气相沉积
LEED	Low-energy electron diffraction	低能电子衍射
LEEM	Low-energy electron microscopy	低能电子显微分析
LPCVD	Low pressure chemical vapor deposition	低压化学气相沉积
MBE	Molecular beam epitaxy	分子束外延
MOCVD	Metal-organic chemical vapor deposition	有机金属化学气相沉积
MW-PECVD	Microwave PECVD	微波等离子增强化学气相沉积
OPA	1-octylphosphonic acid	1-辛基磷酸
OTFT	Organic thin film transistor	有机薄膜晶体管
PAH	Polycyclic aromatic hydrocarbon	多环芳香烃
PC	Polycarbonate	聚碳酸酯
PDMS	Polydimethylsiloxane	聚二甲基硅氧烷
PECVD	Plasma enhanced chemical vapor deposition	等离子增强化学气相沉积
PET	Polyethylene terephthalate	聚对苯二甲酸乙二醇酯

PMMA	Polymethyl methacrylate	聚甲基丙烯酸甲酯
PS	Polystyrene	聚苯乙烯
PTFE	Poly tetra fluoroethylene	聚四氟乙烯
PVA	Polyvinyl alcohol	聚乙烯醇
PVC	Polyvinyl chloride	聚氯乙烯
R2R	Roll to roll	卷对卷
RFCVD	Radio-frequency CVD	射频加热化学气相沉积
RF-PECVD	Radio-frequency PECVD	射频等离子增强化学气相沉积
SAED	Selected area electron diffraction	选区电子衍射
SEM	Scanning electron microscopy	扫描电子显微分析
SIMS	Secondary ion mass spectroscopy	二次离子质谱分析
SLG	Single-layer graphene	单层石墨烯
STM	Scanning tunneling microscopy	扫描隧道显微分析
TCVD	Thermal chemical vapor deposition	热化学气相沉积
TEM	Transmission electron microscopy	透射电子显微分析
ToF-SIMS	Time of flight secondary ion mass spectroscopy	飞行时间二次离子质谱分析
TPN	1,2,3,4-tetraphenylnaphtha-lene	1,2,3,4-四苯基萘
TRT	Thermal Release Tape	热剥离胶带
UHVCVD	Ultrahigh vacuum chemical vapor deposition	超高真空化学气相沉积
UVCVD	Ultraviolet CVD	紫外光能量辅助化学气相沉积
XPS	X-ray photoelectron spectroscopy	X 射线光电子能谱分析

CONTENTS

目录

第5章　石墨烯的层数控制 / 107

第6章　石墨烯薄膜的转移 / 151

第7章　面向工业应用的石墨烯薄膜制备 / 175

第8章　总结与展望 / 228

第1章

石墨烯简介

　　如果说 20 世纪被称为硅的世纪，那么 21 世纪则被认为是碳的世纪。从 20 世纪末的富勒烯[1] 和碳纳米管[2]，到 21 世纪初的石墨烯[3]，不断掀起科学研究的热潮。石墨烯是目前发现的最薄、强度最高、导电导热性能最强的一种新型纳米材料，其独特的性质使之成为最受关注的颠覆性创新材料之一，研究重点迅速从基础理论发展到应用研发，在半导体、光伏、汽车、新能源、航天等多个领域具有广阔的应用前景。

1.1　发展历程

　　在早期的二维晶体理论研究中，L. D. Landau 和 R. E. Peierls 分别提出，准二维晶体材料由于其自身的热力学不稳定性，在常温常压下会迅速分解[4,5]。1966年，Mermin-Wagner 理论指出表面起伏会破坏二维晶体的长程有序[6]。1947年，石墨烯的理论由 P. R. Wallace 提出，作为研究石墨等碳质材料的理论模型[7]。20世纪六七十年代，表面科学家对石墨烯在金属材料表面的偏析与沉积行为进行了大量的研究，但主要是为了研究金属催化剂的失活行为，并没有将石墨烯从金属基底上分离出来并研究其本身的性质。早期比较详细的关于少层石墨的研究可以追溯到1962 年，H. P. Boehm 等制备了单层氧化还原石墨烯微片[8]。1999 年，R. S. Ruoff团队尝试用高定向热解石墨在硅片上摩擦获得少层甚至单层石墨烯，但当时并未对得到的产物进行深入的研究与表征，以致错失了发现石墨烯的机会[9]。直到 2004

年，A. K. Geim 和 K. S. Novoselov 使用粘胶带剥离的方法，成功将单层石墨烯从石墨分离出来，并转移到 SiO_2/Si 基底上[3]。这种简单易行的方法开启了石墨烯的研究，两人也因在石墨烯等二维材料领域的开创性研究而获得 2010 年诺贝尔物理学奖。事实上，在同一时期，美国哥伦比亚大学的 P. Kim 也开展了石墨烯的研究工作。Kim 团队利用类似"铅笔划"的方法，用石墨制作的"纳米铅笔"在特定基底表面划过，可以获得最低层数为十层的石墨薄片，并进行了深入的性能表征与分析[10,11]。可以说，他们的工作距离诺贝尔奖仅一步之遥。佐治亚理工大学 W. de Heer 教授在 2004 年更早的一篇文章中报道了其利用碳化硅合成的石墨烯的结构表征结果，完成了单层石墨烯电学性质的测定并发现了超薄石墨薄膜的二维电子气特性[12]。在 2010 年诺贝尔奖委员会宣布将当年的物理学奖授予 Geim 和 Novoselov 时，de Heer 公开向诺奖委员会致信并同时撰写了补充文章，认为诺贝尔奖评审委员会在石墨烯科学背景资料方面存在大量事实错误，并提供了自己在更早时间撰写的与石墨烯相关的基金申请书和专利申请。

1.2　结构与性质

石墨烯可以看作是单层石墨，是除了金刚石外所有碳晶体（富勒烯、碳纳米管和石墨）的基本结构单元。石墨烯中碳原子以 sp^2 杂化轨道组成六角形呈蜂巢状的二维平面结构，如图 1-1 所示：碳原子一个 2s 电子与 $2p_x$ 和 $2p_y$ 上的电子通过 sp^2 杂化，与相邻的三个碳原子结合，在平面内形成三个等效的强 σ 键，键长约 0.142nm，键角为 120°；另一个 2s 轨道上的电子受激跃迁至 $2p_z$ 轨道，在垂直于平面的方向形成离域 π 键，贯穿整个石墨烯；石墨烯厚度约为 0.34nm。

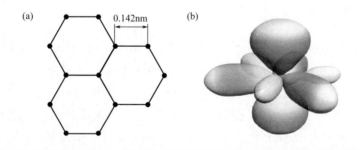

图 1-1　石墨烯的晶格结构图(a) 与石墨烯中碳原子成键形式图(b)

石墨烯的能带结构如图 1-2 所示[13]，其导带与价带相交于布里渊区的 K/K′ 点，带隙为零，电子能谱——电子的能量与动量之间呈线性关系。此时处于 K/K′

点附近的电子运动不能再用传统的薛定谔方程描述，而是通过狄拉克方程进行解释，因此该点也称为狄拉克点。

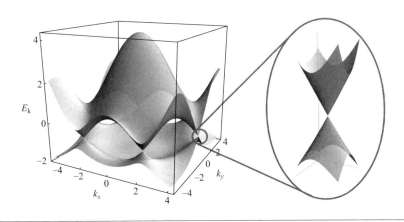

图 1-2　石墨烯的能带结构[13]

石墨烯的这一晶体结构和能带结构的高度对称性决定了其独特的性质。石墨烯是已知的力学强度最高的材料，拉伸强度可达 130.5GPa，杨氏模量为 1TPa[14]。石墨烯在狄拉克点附近的电子静止有效质量为零，为典型的狄拉克费米子特征，费米速度约 10^6 m/s。悬浮的石墨烯在载流子浓度为 10^{12}/cm^2 时其室温载流子迁移率可达 200000cm^2/(V·s)，即使是在 SiO_2/Si 基底上受到基底声子散射的影响，仍可达 40000cm^2/(V·s)，面电阻为约 $30\Omega/\square$[15]。通过电场调节，石墨烯可以为 n 型，也可以为 p 型，即具有双极性电场效应。石墨烯具有优异的透光性能，单层石墨烯在 400～800nm 范围内的光吸收率仅有 2.3%，反射率可忽略不计[16]。石墨烯的热导率高达 5300W/(m·K)[17]，高于金刚石 [1000～2200W/(m·K)]、单壁碳纳米管 [3000～3500W/(m·K)] 等碳材料。通过对石墨烯引入特定的缺陷或掺杂，可以使石墨烯具有磁性[18]，而两层石墨烯通过特定角度堆垛，则会有优异的超导特性[19,20]。总体而言，随着石墨烯各种性能的深入研究以及新性能的发现，其在电子、航天军工、新能源、新材料、生物医药等诸多领域都展示了巨大应用空间。

需要指出的是，实际上，不论是自由悬浮还是沉积在基底上的石墨烯都不是完全平整的，蒙特卡洛模拟和透射电子显微镜都表明，自由悬浮的石墨烯在表面存在本征的微观尺度的褶皱，以补偿其热力学不稳定。这种微观褶皱在横向上的尺度在 8～10nm 范围内，纵向尺度约为 0.7～1.0nm，因此，严格地讲，石墨烯并不是百分之百平整的完美平面，与 Mermin-Wagner 理论并不矛盾，如图 1-3 所示[21]。而在基底上的石墨烯，则会根据与基底结合力的大小而不同程度地适应基底的形貌。

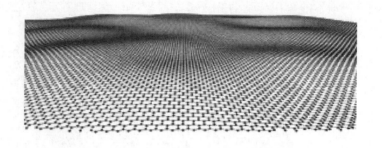

图 1-3 石墨烯的表面起伏[21]

1.3 分类及命名

石墨烯的英文单词为"graphene"，是英文石墨"graphite"和后缀"-ene"的结合。根据石墨烯的定义，其应该是指能被分离的、独立的单层石墨。生长在金属基底上但能被转移下来的单层石墨，也可以被认为是独立的。但是，随着石墨烯的研究及应用开发的不断深入，在实践中，石墨烯的概念及其内涵已经扩大，不再单指这种单层石墨结构，而是包含所有相关材料。

石墨烯材料可以根据不同的规则进行分类，这里主要介绍以下几种分类。

a. 根据石墨烯材料包含的石墨烯的层数，可以分为单层石墨烯（single-layer graphene，简称 SLG），双层石墨烯（bilayer graphene，简称 BLG），三层石墨烯（trilayer graphene，简称 TLG）等，而对于所有 2～10 层的石墨烯又可统称为多层石墨烯（few-layer graphene，简称 FLG）。

b. 对于多层石墨烯，又可以根据其层与层之间的堆垛结构进行划分。例如，对于双层石墨烯，可以分为 AB 堆垛（Bernal 堆垛）与非 AB 堆垛，对于更多层石墨烯，可以有 ABA 和 ABC 等堆垛方式。

c. 根据石墨烯的宏观形态，可以分为薄膜和粉体两大类。石墨烯薄膜（graphene film）指在特定基底表面上生长形成的或之后被转移到其他基底上的连续石墨烯材料（某些局部可以是不连续的，即为缺陷），其微观组织结构可为单晶或多晶，宏观上两个维度尺寸可达厘米甚至米量级，如图 1-4 所示，图(b)中单一的颜色表示薄膜很好的连续性和厚度均匀性。石墨烯粉体（graphene powder）是指纳米及微米尺寸的石墨烯片无序聚集体，如图 1-4(c)、(d)所示。石墨烯粉体的分散液又称为石墨烯浆料（graphene dispersion）。

d. 根据石墨烯的制备方法，又可分为化学气相沉积（CVD）石墨烯、氧化还原石墨烯、机械剥离石墨烯等。

图 1-4 （a）、（b）分别为在 SiO_2/Si 基底上的单层石墨烯薄膜的照片和光学图像；（c）石
墨烯粉体的照片和（d）分散在基底上的石墨烯粉体微片的 SEM 图像（标尺为 $20\mu m$）

1.4 结构表征与性能测量

1.4.1 光学显微分析

光学显微分析是实验室常用的分析手段，可以对石墨烯的连续性、厚度、晶畴
密度等做初步的判断。通常用于观察石墨烯的基底是具有一定厚度氧化层的硅片。
石墨烯与基底及不同层数的石墨烯之间的颜色对比度与入射光的波长及二氧化硅层
的厚度有关，一般选择自然光白光作为光源，这时二氧化硅层厚度为 90nm 或
285nm 时最为合适[22]。光学显微分析可以非常方便地观测石墨烯薄膜的连续性及
层数均匀性，如图 1-5(a) 所示，插图中的颜色代码对应层数，颜色最浅处即石墨
烯薄膜的裂纹处，为暴露的 SiO_2/Si 基底（0 层），深色的条纹为石墨烯的褶皱。

光学显微还可以用来观察生长在铜基底上的石墨烯晶畴和晶界。铜箔上覆盖有
石墨烯后并不会有明显的颜色改变，但将其进行氧化处理，例如在空气中加热[23]
或在潮湿的环境下进行紫外曝光处理[24]，可以使暴露的铜箔或石墨烯晶界处的铜
箔被氧化，从而与石墨烯保护的铜形成明显的颜色差异，而使石墨烯晶畴或晶界显
现出来。随着制备的石墨烯单晶尺寸越来越大，甚至凭肉眼即可观察到 [图 1-5

（b）]。但是，这种方法很难分辨出石墨烯的层数差异。

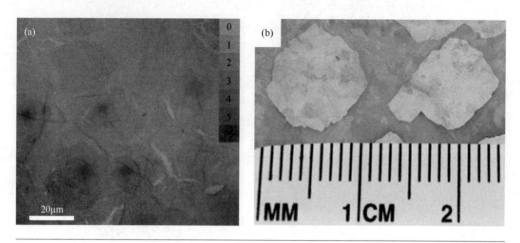

图 1-5 SiO$_2$/Si 基底上石墨烯光学显微图像（a）和（b）铜箔上石墨烯晶畴（白色区域）照片[23]

1.4.2 拉曼光谱分析

尽管光学显微分析可以方便快捷的观察石墨烯，但只能表征其层数的相对差异，并不能独立地对层数进行确认。拉曼光谱分析是另一种常用的石墨烯表征方法，可以对石墨烯的缺陷、层数、堆垛角度、掺杂、应变等多个方面进行定性或定量的分析。图 1-6 所示为石墨烯与石墨的拉曼光谱（激光波长为 514nm）。两个特征峰分别为位于约 1580cm^{-1} 的 G 峰和 2700cm^{-1} 的 2D 峰（石墨的 2D 峰位于 2720cm^{-1}）。G 峰是碳 sp^2 结构的特征峰，反映其对称性和结晶程度，而 2D 峰则源于两个双声子非弹性散射[25]。石墨烯的层数可以通过 2D 峰的峰形及其与 G 峰的强度比来进行判断。对于接近本征态的单层石墨烯（没有应变，载流子浓度较低），2D 峰为单个洛伦兹峰，峰形较窄，强度是 G 峰的 3 倍左右。随着石墨烯层数的增加，2D 峰变宽，强度相对 G 峰变小。例如，对于 AB 堆垛的双层石墨烯，2D 峰可以分为四个洛伦兹峰，而其强度与 G 峰相当；对于体相石墨，其位置右移且存在峰的叠加现象，强度也要低于 G 峰。对于非 AB 堆垛的石墨烯，其旋转角度同样也可以通过拉曼光谱进行判断[26]。

对于存在缺陷的石墨烯，在 1350cm^{-1} 处（对于 514nm 波长激光）会出现 D 峰。D 峰对应于 sp^2 原子的呼吸振动，一般是禁阻的，但晶格中的无序性会破坏其对称性而使该振动被允许，因此 D 峰也被称为缺陷峰，并且用 D 峰与 G 峰的强度比 I_D/I_G 来表征石墨烯的有序程度。I_D/I_G 越大则缺陷密度越高，反之则结构更加完美。G 峰的位置与激光的能量（波长）无关，而 D 峰和 2D 峰的位置则随激光的能量线性变化[26-28]。

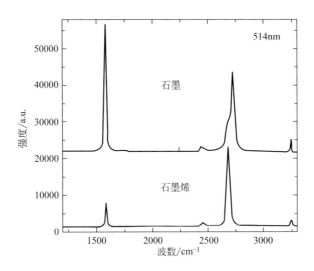

图 1-6　石墨烯（下）与石墨（上）的拉曼光谱[25]

　　石墨烯的掺杂和应变也会引起其拉曼光谱的相应变化。随着载流子浓度的增加，G 峰会向右移动并且变窄，2D 峰与 G 峰的强度比（I_{2D}/I_G）降低；对较高的 n 型掺杂，2D 峰位置随载流子浓度增加而左移，对于 p 型掺杂，则随浓度增加而右移[29]。而不论是 G 峰还是 2D 峰，都随应变由拉应变向压应变的变化而右移[30,31]。对于 CVD 制备的石墨烯而言，尤其是转移在基底上的石墨烯，通常掺杂和应变同时存在，在实际分析时要注意将其区分开[32]。

　　除了特定点的拉曼光谱，还可以利用光谱仪的扫描功能，使光斑在指定区域内逐点取样获得光谱，得到样品的区域扫描成像图，从而分析整个区域内材料的均匀性以及缺陷、掺杂和应变分布等。

1.4.3　电子显微分析

　　用于石墨烯的电子显微分析包括扫描电子显微分析（scanning electron microscopy，简称 SEM）、透射电子显微分析（transmission electron microscopy，简称 TEM）以及低能电子显微分析（low-energy electron microscopy，简称 LEEM）等。

　　与光学显微分析相比，SEM 可以得到更多的样品表面形貌的三维信息，尤其是对于生长在金属基底上的石墨烯，可以看到金属晶界和台阶、石墨烯的褶皱及不同层数的石墨烯等[33]。有些 SEM 还会配备额外的检测器，如进行元素分析的能量色散 X 射线分析仪（energy dispersive X-ray spectroscopy，简称 EDX）和分析金属基底晶向的电子背散射衍射（electron backscattered diffraction，简称 EBSD）检测器，可以对基底与石墨烯的元素分布以及石墨烯的生长形状与基底晶向之间的关系进行分析[34]。

TEM 可以通过观察石墨烯层片卷曲的边缘而得到层数信息，而随着近些年逐步发展的球差校正 TEM，可以观察到亚埃级尺度的图像，对石墨烯进行原子级别的成像，可以观察石墨烯的晶格结构，如晶界处的五元和七元环、Stone-Wales 缺陷等。通过选区电子衍射（selected area electron diffraction，简称 SAED）可以对石墨烯进行晶体学表征，从而鉴定其单晶属性、层数及堆垛旋转角[35]。一般 TEM 也会配有 EDX，同样可以进行元素分析。LEEM 同样可以通过低能电子衍射（low-energy electron diffraction，简称 LEED）对石墨烯进行单晶鉴定，但面积更大。此外，LEED 还可以表征石墨烯的晶向与基底晶向，从而对石墨烯与金属基底之间的外延关系进行分析[34]。

1.4.4　扫描探针显微分析

扫描探针显微分析主要包括原子力显微分析（atomic force microscopy，简称 AFM）和扫描隧道显微分析（scanning tunneling microscopy，简称 STM）。AFM 用来表征石墨烯的形貌和层数[3]，在石墨烯的 CVD 制备技术研究中，AFM 还经常用于研究金属基底的形貌[36] 及转移后的石墨烯的残留物等[37]。STM 同样可以提供石墨烯表面原子级分辨的结构信息，可以研究石墨烯的晶格结构、取向、边界类型及层数，以及杂原子吸附、掺杂和插层等[38,39]。STM 对样品要求较高，表面需平整、干净。

1.4.5　其他表征技术

除了以上提到的一些常用表征技术，还有用于测试石墨烯薄膜透光率/反射率的透光率/反射率测定仪[40]；用于分析石墨烯的官能团、sp^3 杂化缺陷以及化学掺杂等的 X 射线光电子能谱分析（X-ray photoelectron spectroscopy，简称 XPS)[41,42]；用于研究基底表层元素分布的飞行时间二次离子质谱仪（time of flight secondary ion mass spectrometry，简称 ToF-SIMS）等[43]。

1.4.6　电学性能测量

除了对石墨烯的结构进行表征，还需要对产品的性能进行评价。对石墨烯薄膜性能最常用的评价方法是对其电学性能的测量，主要是对石墨烯面电阻及载流子迁移率的测量。

石墨烯的面电阻可以通过四探针法或范德堡（van der Pauw）法进行测量，两种方法的电极连接方式如图 1-7 所示。使用四探针法时，用四个等距的、在同一直线上的金属探针接触石墨烯表面，外边的两个探针通直流电流，中间两个探针之间的电压降由电位差计测量。由所测得的电流和电压，利用关于样品和探针几何结构的适当校正因子，可以直接换算成薄膜面电阻。四探针法可以对大面积薄膜的各个区域进行测量，以对材料的均匀性进行评价，但由于测量时探针与石墨烯直接接触，因而很容易留下孔洞及划痕，对材料造成破坏。范德堡法可以对任意形状的样品进行测量，并且电极只在样品边缘，不会对样品内部造成破坏。

尽管石墨烯的面电阻指标与其实际应用（如用于透明导电电极）直接相关，但并不足以作为石墨烯薄膜品质的直接评价。一般来说，石墨烯薄膜的结构越完美，其载流子迁移率越高。石墨烯的面电阻 $R_s = 1/(en\mu)$。式中，e 为电荷电量，n 为载流子浓度，μ 为载流子迁移率。可见，即使迁移率较低时，通过掺杂等手段提高载流子浓度，同样可以得到较低的面电阻。因此，一般用载流子迁移率来作为石墨烯薄膜品质的评价，通常是将石墨烯薄膜做成场效应管（field effect transistor，简称 FET）或霍尔棒进行测量。尽管这种方法使用比较普遍，但由于要将石墨烯做成器件，因此过程比较繁琐，并且最终的性能指标与器件工艺、所使用的基底以及测量环境等都密切相关。例如，在 h-BN 基底上的石墨烯载流子迁移率可以比在 SiO_2/Si 基底上的高出一个数量级甚至更多；在大气中测量时，由于吸附的杂质电荷的影响，其载流子迁移率要比在高真空环境下的低。另一种方法是范德堡霍尔测量，与范德堡法测量面电阻相似，只是外加垂直于样品表面的磁场，利用霍尔效应，可以获得样品的载流子浓度及迁移率等信息。这种方法操作简单，并且避免了器件制备过程对石墨烯的影响。

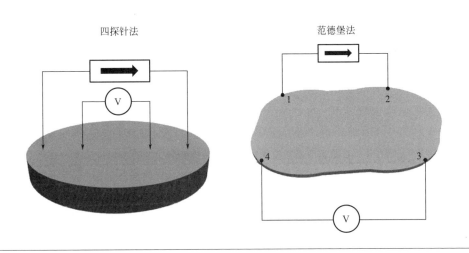

图 1-7 四探针法和范德堡法测量薄膜面电阻时电极连接方法

在使用石墨烯的载流子迁移率对石墨烯的品质进行评价或比较时，除了要考虑基底、器件工艺及测量环境的影响，还要注意的是，载流子迁移率也是载流子浓度的函数，因此在比较迁移率的时候，应该是在相同或相近的载流子浓度下。

F. Qing 等通过对大量石墨烯样品的测量分析，发现石墨烯载流子迁移率随浓度按照指数规律变化，并且对不同的石墨烯样品，其指数基本一致，约为 0.5[44]。根据实验数据拟合的结果，可以得到 $\mu \approx \mu_i (n/n_i)^{-0.5}$，式中，$n_i$ 为任意数值的载流子浓度，μ_i 为对应于 n_i 的载流子迁移率。这样，对于任何测得的载流子浓度 (n) 和迁移率 (μ)，都可以归一化为某一载流子密度 (n_i) 所对应的迁移率 $\mu_i \approx \mu(n/n_i)^{0.5}$，从而进行比较。

1.5 石墨烯的应用

自 2004 年石墨烯的"重新发现"以来，各种基于石墨烯的应用研究飞速发展。在电学方面，以石墨烯 FET 为基本元件，可以应用于高频器件，其截止频率可以高达 400GHz[45]；石墨烯 FET 还可以用于化敏传感器，其源漏电流会因为吸附目标分子而改变[46]；结合其透光特性，石墨烯可以作为透明导电电极而应用于触摸屏、显示器、太阳能电池等；石墨烯还具有很好的柔性，有望推动柔性电子领域的发展[47]。石墨烯的零带隙特性，使其在极宽的光谱范围内都有响应，在光探测领域，尤其是红外探测领域的应用具有广阔的前景[48]。石墨烯材料在锂离子电池方面的应用也是近期的研究热点，在负极材料中作为导电添加剂，可以极大地提高电池的充放电速率[49-51]。石墨烯还可以作为功能材料用于结构增强复合材料[52,53]、导热材料[54]、电磁防护材料[55] 等。由于其致密的结构，石墨烯还可以作为保护层用于有机发光二极管（organic light-emitting diode，简称 OLED），或者在其上制作纳米孔洞而作为过滤膜使用，例如用于盐水分离或 DNA 测序等[56-59]。表 1-1 为曼彻斯特大学石墨烯研究院提出的石墨烯应用开发路线图。随着石墨烯制备技术的发展，许多应用将逐渐真正实现工业化、进入人们的生活。

表 1-1　石墨烯应用开发线路图——曼彻斯特大学石墨烯研究院

时间	应用方向	应用市场
2015 年	电子电路和涂层	用于汽车和航空领域的透明、导电涂层和油墨 印刷电子元件，例如用于包装材料防盗装置的射频标签 集成到服装、包装材料等物品中的可弯曲电子元件
2016 年	光电产品	用于移动电子消费品的柔性、耐用的触摸屏显示器 用于移动电子消费品的可卷曲电子纸 家庭和办公室使用的可折叠有机发光设备
2017 年	光纤通信系统	用于夜视镜、太阳能电池和生物医药成像的光电探测器 固态激光器 光束调节器

时间	应用方向	应用市场
2018 年	分布式传感器网路	食品质量和安全生物传感器 环境传感器 用于药物研发的 DNA 传感器
2021 年	自供电扰性移动装置	轻型电池 太阳能转化器 高性能超级电容 医学诊断和修补套件 人造视网膜和人造器官 太赫兹成像
2024 年	超快速低功率逻辑电路	高频率模-数转化器 太赫兹检测器-分子光谱和天体光谱
2027 年	集成电路和芯片	计算机芯片中的互联和晶体管 在内存驱动器类存储装置中使用非易失存储器进行数据存储自旋逻辑 基于自旋的计算机芯片 纳米磁数据

1.6　制备方法

常用的石墨烯制备方法包括以下几种。

a.微机械剥离法。该方法将从石墨中剥离出的薄片两面粘在胶带上,再撕开胶带,就可以把石墨片一分为二。不断这样操作,薄片越来越薄,直到最后获得单层石墨烯。这就是 2004 年 Geim 和 Novoselov 最初用于获得石墨烯研究用样品的方法[3]。这种方法操作简单,很容易在实验室中实现,被广泛应用于石墨烯等二维材料的研究,但也可以看到,这种方法无法规模化,不能用于材料的工业化制备。

b.热蒸发法。佐治亚理工大学 de Heer 等同样于 2004 年通过热蒸发法在 SiC 基底上合成了石墨烯[12],并于 2006 年对该方法进行了优化[60]。该方法将 SiC 基底在超高真空腔室中加热至 1250~1450℃,使 SiC 基底表面的硅原子蒸发,留下碳原子重组形成单层和多层石墨烯。这种方法对设备要求较高,并且 SiC 基底本身也比较昂贵,因此成本较高。此外,生长在 SiC 基底上的石墨烯难以转移下来,也极大地限制了其应用。

c.氧化还原法。使用硫酸、硝酸、高锰酸钾、双氧水等氧化剂将天然石墨氧化,制得氧化石墨(Graphite Oxide),然后通过物理剥离、高温膨胀等方法将氧化石墨分散得到氧化石墨烯,最后通过加热或与还原剂反应等方法将氧化石墨烯还原,得到还原氧化石墨烯[61]。这种方法操作简单,产量高,但是还原反应并不能真正地将石墨烯的结构"还原"，产品缺陷较多。此外，该方法使用硫酸、硝酸等强酸，可能造成环境污染。

d. 机械分散法。利用搅拌、超声或剪切等方式，将石墨在具有匹配表面能的有机溶剂中分散，再将得到的悬浊液离心分离，去除厚层石墨，即可留下石墨烯[62]。这种方法不引入缺陷，并且对环境的污染很小。但该方法对石墨分散的效果有限，产率较低。

e. 化学气相沉积（chemical vapor deposition，简称 CVD）法。CVD 法使用含碳气体为原料，通过化学反应，在基底上沉积制得石墨烯薄膜，反应温度一般为800～1100℃。用于 CVD 法制备石墨烯的基底可以分为金属和非金属两种。金属基底中比较常用的是镍和铜。由于碳在镍中的溶解度较高，当温度降低时，会有较多的碳析出，因此可以用于多层石墨烯薄膜的制备，但石墨烯薄膜厚度的均匀性很难控制[63-65]。基于铜对碳的溶解度很低的特性，2009 年，美国德州大学奥斯汀分校李雪松及 R. S. Ruoff 等成功地在铜箔基底上实现了大面积均匀单层石墨烯薄膜的制备，其结构可控性及品质是所有人工制备的石墨烯中最好的[33]。基于铜基底的CVD 法是目前生产石墨烯薄膜最有效的方法。尽管如此，在实际应用中，通常需要将生长在金属基底上的石墨烯薄膜转移到目标基底（一般为非金属基底）上使用，转移过程不但增加了生产成本，还会对石墨烯薄膜造成破坏和污染，因此，人们也对在非金属基底上直接生长石墨烯进行了大量的研究，但目前的结果还不尽如人意，在非金属基底上生长的石墨烯的质量还无法和金属基底上的相比。

—— 参考文献 ——

[1] H. W. Kroto，J. R. Heath，S. C. O′Brien，R. F. Curl，R. E. Smalley. *C60：Buckminsterfullerene*. Nature (1985) **318**：162-163.

[2] S. Iijima. *Helical microtubules of graphitic carbon*. Nature (1991) **354**：56-58.

[3] K. S. Novoselov，A. K. Geim，S. V. Morozov，D. Jiang，Y. Zhang. S. V. Dubonos，I. V. Grigorieva，A. A. Firsov，*Electric field effect in atomically thin carbon films*. Science (2004) **306**：666-669.

[4] R. E. Peierls. *Quelques proprietes typiques des corps solides*. Annales de l′institut Henri Poincare(1935) **5**：177-222.

[5] L. D. Landau. *Zur theorie der phasenumwandlungen ii*. Phys Z Sowjetunion (1937) **11**：26-35.

[6] N. D. Mermin，H. Wagner. *Absence of feromagnetism or antiferromagnetism in one-or two-dimensional isotropic heisenberg models*. Phys. Rev. Lett. (1966) **17**：1133-1136.

[7] P. R. Wallace. *The band theory of graphite*. Phys. Rev. (1947) **71**：622-634.

[8] H. P. Boehm，A. Clauss，G. Fischer，U. Hofmann. *Surface properties of extremely thin graphite lamellae*. in *Proceedings of the fifth conference on carbon* 1962. Pergamon press.

[9] X. K. Lu，H. Huang，N. Nemchuk，R. S. Ruoff. *Patterning of highly oriented pyrolytic graphite by oxygen plasma etching*. Appl. Phys. Lett. (1999) **75**：193-195.

[10] Y. B. Zhang，J. P. Small. W. V. Pontius，P. Kim. *Fabrication and electric-field-dependent transport*

measurements of mesoscopic graphite devices. Appl. Phys. Lett. (2005) **86**: 073104.

[11] Y. B. Zhang, Y. W. Tan, H. L. Stormer, P. Kim. *Experimental observation of the quantum Hall effect and Berry's phase in graphene.* Nature (2005) **438**: 201-204.

[12] C. Berger, Z. M. Song, T. B. Li, X. B. Li, A. Y. Ogbazghi, R. Feng, Z. T. Dai, A. N. Marchenkov, E. H. Conrad, P. N. First, W. A. de Heer, *Ultrathin epitaxial graphite: 2D electron gas properties and a route toward graphene-based nanoelectronics.* J. Phys. Chem. B (2004) **108**: 19912-19916.

[13] A. K. Geim, K. S. Novoselov. *The rise of graphene.* Nat. Mater. (2007) **6**: 183-191.

[14] C. Lee, X. Wei, J. W. Kysar, J. Hone. *Measurement of the elastic properties and intrinsic strength of monolayer graphene.* Science (2008) **321**: 385-388.

[15] X. Du, I. Skachko, A. Barker, E. Y. Andrei. *Approaching ballistic transport in suspended graphene.* Nat. Nanotechnol. (2008) **3**: 491-495.

[16] R. R. Nair, P. Blake, A. N. Grigorenko, K. S. Novoselov, T. J. Booth, T. Stauber, N. M. R. Peres, A. K. Geim. *Fine structure constant defines visual transparency of graphene.* Science (2008) **320**: 1308-1308.

[17] A. A. Balandin, S. Ghosh, W. Bao, I. Calizo, D. Teweldebrhan, F. Miao, C. N. Lau. *Superior thermal conductivity of single-layer graphene.* Nano Lett. (2008) **8**: 902-907.

[18] H. Kumazaki. D. S. Hirashima. *Tight-binding study of nonmagnetic-defect-induced magnetism in graphene.* Low Temp. Phys. (2008) **34**: 805-811.

[19] Y. Cao, V. Fatemi, A. Demir, S. Fang, S. L. Tomarken, J. Y. Luo, J. D. Sanchez-Yamagishi, K. Watanabe, T. Taniguchi, E. Kaxiras, R. C. Ashoori, P. Jarillo-Herrero. *Correlated insulator behaviour at half-filling in magic-angle graphene superlattices.* Nature (2018) **556**: 80-84.

[20] Y. Cao, V. Fatemi, S. Fang, K. Watanabe, T. Taniguchi, E. Kaxiras, P. Jarillo-Herrero. *Unconventional superconductivity in magic-angle graphene superlattices.* Nature (2018) **556**: 43-50.

[21] J. C. Meyer, A. K. Geim, M. I. Katsnelson, K. S. Novoselov, T. J. Booth. S. Roth. *The structure of suspended graphene sheets.* Nature (2007) **446**: 60-63.

[22] Z. H. Ni, H. M. Wang, J. Kasim, H. M. Fan, T. Yu, Y. H. Wu, Y. P. Feng, Z. X. Shen. *Graphene thickness determination using reflection and contrast spectroscopy.* Nano Lett. (2007) **7**: 2758-2763.

[23] Y. Hao, M. S. Bharathi, L. Wang, Y. Liu, H. Chen, S. Nie, X. Wang, H. Chou, C. Tan, B. Fallahazad, H. Ramanarayan, C. W. Magnuson, E. Tutuc, B. I. Yakobson, K. F. McCarty, Y. -W. Zhang, P. Kim, J. Hone, L. Colombo, R. S. Ruoff. *The role of surface oxygen in the growth of large single-crystal graphene on copper.* Science (2013) **342**: 720-723.

[24] D. L. Duong, G. H. Han, S. M. Lee, F. Gunes, E. S. Kim, S. T. Kim, H. Kim, T. Quang Huy, K. P. So, S. J. Yoon, S. J. Chae, Y. W. Jo, M. H. Park, S. H. Chae, S. C. Lim, J. Y. Choi, Y. H. Lee. *Probing graphene grain boundaries with optical microscopy.* Nature (2012) **490**: 235-239.

[25] A. C. Ferrari, J. C. Meyer, V. Scardaci, C. Casiraghi, M. Lazzeri, F. Mauri, S. Piscanec, D. Jiang, K. S. Novoselov, S. Roth, A. K. Geim. *Raman spectrum of graphene and graphene layers.* Phys. Rev. Lett. (2006) **97**: 187401.

[26] J. -B. Wu, M. -L. Lin, X. Cong, L. He-Nan. P. -H. Tan. *Raman spectroscopy of graphene-based materials and its applications in related devices.* Chem. Soc. Rev. (2018) **47**: 1822-1873.

[27] L. M. Malard, M. A. Pinmenta, G. Dresselhaus. M. S. Dresselhaus. *Raman spectroscopy in graphene.* Phys. Rep. (2009) **473**: 51-87.

[28] A. Merlen, J. G. Buijnsters, C. Pardanaud. *A guide to and review of the use of multiwavelength raman spectroscopy for characterizing defective aromatic carbon solids: from graphene to amorphous car-*

bons. Coatings（2017）**7**：153.

［29］A. Das，S. Pisana，B. Chakraborty，S. Piscanec，S. K. Saha，U. V. Waghmare，K. S. Novoselov，H. R. Krishnamurthy，A. K. Geim，A. C. Ferrari，A. K. Sood. *Monitoring dopants by Raman scattering in an electrochemically top-gated graphene transistor*. Nat. Nanotechnol.（2008）**3**：210-215.

［30］F. Ding，H. Ji，Y. Chen，A. Herklotz，K. Doerr，Y. Mei，A. Rastelli，O. G. Schmidt，*Stretchable graphene：A close look at fundamental parameters through biaxial straining*. Nano Lett.（2010）**10**：3453-3458.

［31］V. Yu，E. Whiteway，J. Maassen，M. Hilke. *Raman spectroscopy of the internal strain of a graphene layer grown on copper tuned by chemical vapor deposition*. Phys. Rev. B（2011）**84**：205407.

［32］J. E. Lee，G. Ahn，J. Shim，Y. S. Lee，S. Ryu. *Optical separation of mechanical strain from charge doping in graphene*. Nat. Commun.（2012）**3**：2022.

［33］X. Li，W. Cai，J. An，S. Kim，J. Nah，D. Yang，R. Piner，A. Velamakanni，I. Jung，E. Tutuc，S. K. Banerjee，L. Colombo，R. S. Ruoff. *Large-area synthesis of high-quality and uniform graphene films on copper foils*. Science（2009）**324**：1312-1314.

［34］X. Xu，Z. Zhang，J. Dong，D. Yi，J. Niu，M. Wu，L. Lin，R. Yin，M. Li，J. Zhou，S. Wang，J. Sun，X. Duan，P. Gao，Y. Jiang，X. Wu，H. Peng，R. S. Ruoff，Z. Liu，D. Yu，E. Wang，F. Ding，K. Liu. *Ultrafast epitaxial growth of metre-sized single-crystal graphene on industrial Cu foil*. Sci. Bull.（2017）**62**：1074-1080.

［35］P. Y. Huang，C. S. Ruiz-Vargas，A. M. van der Zande，W. S. Whitney，M. P. Levendorf，J. W. Kevek，S. Garg，J. S. Alden，C. J. Hustedt，Y. Zhu，J. Park，P. L. McEuen，D. A. Muller. *Grains and grain boundaries in single-layer graphene atomic patchwork quilts*. Nature（2011）**469**：389-392.

［36］S. M. Hedayat，J. Karimi-Sabet，M. Shariaty-Niassar. *Evolution effects of the copper surface morphology on the nucleation density and growth of graphene domains at different growth pressures*. Appl. Surf. Sci.（2017）**399**：542-550.

［37］Z. Zhang，J. Du，D. Zhang，H. Sun，L. Yin，L. Ma，J. Chen，D. Ma，H. -M. Cheng，W. Ren. *Rosin-enabled ultraclean and damage-free transfer of graphene for large-area flexible organic light-emitting diodes*. Nat. Commun.（2017）**8**：14560.

［38］J. I. Paredes，S. Villar-Rodil，P. Solis-Fernandez，A. Martinez-Alonso，J. M. D. Tascon，*Atomic force and scanning tunneling microscopy imaging of graphene nanosheets derived from graphite oxide*. Langmuir（2009）**25**：5957-5968.

［39］A. T. N'Diaye，J. Coraux，T. N. Plasa，C. Busse，T. Michely. *Structure of epitaxial graphene on Ir（111）*. New J. Phys.（2008）**10**：043033.

［40］X. Li，Y. Zhu，W. Cai，M. Borysiak，B. Han，D. Chen，R. D. Piner，L. Colombo，R. S. Ruoff. *Transfer of large-area graphene films for high-performance transparent conductive electrodes*. Nano Lett.（2009）**9**：4359-4363.

［41］A. Siokou，F. Ravani，S. Karakalos，O. Frank，M. Kalbac，C. Galiotis. *Surface refinement and electronic properties of graphene layers grown on copper substrate：An XPS，UPS and EELS study*. Appl. Surf. Sci.（2011）**257**：9785-9790.

［42］Y. Xue，B. Wu，L. Jiang，Y. Guo，L. Huang，J. Chen，J. Tan，D. Geng，B. Luo，W. Hu，G. Yu，Y. Liu. *Low temperature growth of highly nitrogen-doped single crystal graphene arrays by chemical vapor deposition*. J. Am. Chem. Soc.（2012）**134**：11060-11063.

［43］P. Braeuninger-Weimer，B. Brennan，A. J. Pollard，S. Hofmann. *Understanding and controlling Cu-catalyzed graphene nucleation：The role of impurities，roughness，and oxygen scavenging*. Chem. Mater.

(2016) **28**：8905-8915.

[44] F. Qing，Y. Shu，L. Qing，Y. Niu，H. Guo，S. Zhang，C. Liu，C. Shen，W. Zhang，S. S. Mao，W. Zhu，X. Li. *A general and simple method for evaluating the electrical transport performance of graphene by the van der Pauw-Hall measurement*. Sci. Bull. (2018) **63**：1521-1526.

[45] Y. Wu，Y. -m. Lin，A. A. Bol，K. A. Jenkins，F. Xia，D. B. Farmer，Y. Zhu，P. Avouris. *High-frequency，scaled graphene transistors on diamond-like carbon*. Nature (2011) **472**：74-78.

[46] C. I. L. Justino，A. R. Comes，A. C. Freitas，A. C. Duarte，T. A. P. Rocha-Santos. *Graphene based sensors and biosensors*. Trac-Trends in Analytical Chemistry (2017) **91**：53-66.

[47] W. K. Chee，H. N. Lim，Z. Zainal，N. M. Huang，I. Harrison，Y. Andou. *Flexible graphene-based supercapacitors：A review*. J. Phys. Chem. C (2016) **120**：4153-4172.

[48] X. Li，L. Tao，Z. Chen，H. Fang，X. Li，X. Wang，J. -B. Xu，H. Zhu. *Graphene and related two-dimensional materials：Structure-property relationships for electronics and optoelectronics*. Appl. Phys. Rev. (2017) **4**：021306.

[49] K. Chen，Q. Wang，Z. Niu，J. Chen. *Graphene-based materials for flexible energy storage devices*. J. Energy Chem. (2018) **27**：12-24.

[50] M. F. El-Kady. Y. Shao，R. B. Kaner. *Graphene for batteries，supercapacitors and beyond*. Nat. Rev. Mater. (2016) **1**：16033.

[51] S. Wu，R. Xu，M. Lu，R. Ge，J. Iocozzia，C. Han，B. Jiang，Z. Lin. *Graphene-containing nanomaterials for lithium-ion batteries*. Adv. Energy Mater. (2015) **5**：1500400.

[52] M. Wang，X. Duan，Y. Xu，X. Duan. *Functional three-dimensional graphene/polymer composites*. ACS Nano (2016) **10**：7231-7247.

[53] F. Meng，W. Lu，Q. Li，J. -H. Byun，Y. Oh，T. -W. Chou. *Graphene-based fibers：A review*. Adv. Mater. (2015) **27**：5113-5131.

[54] D. L. Nika，A. A. Balandin. *Phonons and thermal transport in graphene and graphene-based materials*. Rep. Prog. Phys. (2017) **80**：036502.

[55] H. Lv，Y. Guo，Z. Yang，Y. Cheng，L. P. Wang，B. Zhang，Y. Zhao，Z. J. Xu，G. Ji. *A brief introduction to the fabrication and synthesis of graphene based composites for the realization of electromagnetic absorbing materials*. J. Mater. Chem. C (2017) **5**：491-512.

[56] P. Liu，T. Yan，L. Shi，H. S. Park，X. Chen，Z. Zhao，D. Zhang. *Graphene-based materials for capacitive deionization*. J. Mater. Chem. A (2017) **5**：13907-13943.

[57] Y. Cui，S. I. Kundalwal，S. Kumar. *Gas barrier performance of graphene/polymer nanocomposites*. Carbon (2016) **98**：313-333.

[58] P. Sun，K. Wang，H. Zhu. *Recent developments in graphene-based membranes：Structure，mass-transport mechanism and potential applications*. Adv. Mater. (2016) **28**：2287-2310.

[59] S. J. Heerema，C. Dekker. *Graphene nanodevices for DNA sequencing*. Nat. Nanotechnol. (2016) **11**：127-136.

[60] C. Berger，Z. Song，X. Li，X. Wu，N. Brown，C. Naud，D. Mayou，T. Li，J. Hass，A. N. Marchenkov，E. H. Conrad，P. N. First，W. A. de Heer. *Electronic confinement and coherence in patterned epitaxial graphene*. Science (2006) **312**：1191-1196.

[61] S. Park，R. S. Ruoff. *Chemical methods for the production of graphenes*. Nat. Nanotechnol. (2009) **4**：217-224.

[62] Y. Hernandez，V. Nicolosi，M. Lotya，F. M. Blighe，Z. Sun，S. De，I. T. McGovern，B. Holland，M. Byrne，Y. K. Gun'Ko，J. J. Boland，P. Niraj，G. Duesberg，S. Krishnamurthy，R. Goodhue，J.

Hutchison, V. Scardaci, A. C. Ferrari, J. N. Coleman. *High-yield production of graphene by liquid-phase exfoliation of graphite*. Nat. Nanotechnol. (2008) **3**: 563-568.

[63] Q. Yu, J. Lian, S. Siriponglert, H. Li, Y. P. Chen, S. -S. Pei. *Graphene segregated on Ni surfaces and transferred to insulators*. Appl. Phys. Lett. (2008) **93**: 113103.

[64] A. Reina, X. Jia, J. Ho, D. Nezich, H. Son, V. Bulovic, M. S. Dresselhaus, J. Kong. *Large area, few-layer graphene films on arbitrary substrates by chemical vapor deposition*. Nano Lett. (2009) **9**: 30-35.

[65] K. S. Kim, Y. Zhao, H. Jang, S. Y. Lee, J. M. Kim, K. S. Kim, J. -H. Ahn, P. Kim, J. -Y. Choi, B. H. Hong. *Large-scale pattern growth of graphene films for stretchable transparent electrodes*. Nature (2009) **457**: 706-710.

化学气相沉积技术

化学气相沉积（chemical vapor deposition，简称 CVD）是一种化工技术，指利用加热、等离子激励或光辐射等手段提供能量，使一种或几种气相化合物或单质，在气相或固体基底表面经化学反应形成固态沉积物的技术。CVD 技术是近几十年发展起来的新技术，已经广泛用于提纯物质，研制新晶体，沉积各种单晶、多晶或玻璃态无机薄膜等材料。目前，CVD 已成为无机合成化学领域的一种重要技术。

2.1 CVD 的特征、分类及发展

2.1.1 CVD 的特征

CVD 是使用气态物质在气相或固体表面通过化学反应产生固态沉积物的一种工艺，大致包含三步：

a. 形成挥发性物质；

b. 把上述物质传送至反应区域（或沉积区域）；

c. 在气相或固体表面发生化学反应并产生固态物质。

CVD 有三个主导因素，即反应器几何结构、反应化学、输运现象，如图 2-1 所示。CVD 反应器的几何结构多种多样，有卧式、立式、桶式等，还有冷壁、热壁反应器之分；CVD 反应化学包括热力学、经验动力学、表面动力学、气相动力学、粒子激发动力学等；CVD 输运现象包括热扩散、气相输运等。

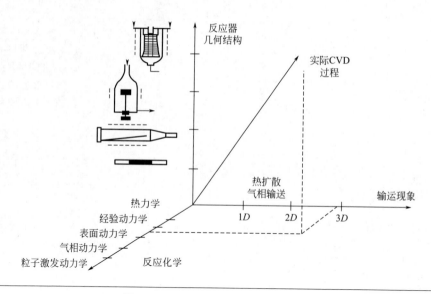

图 2-1　CVD 系统中的三个主导因素

为适应 CVD 技术，原材料选择、产物及反应类型等通常应满足以下几点基本要求：

a. 保证 CVD 原材料的高纯度，以减少杂质对反应的不利影响；

b. 当原材料为液体或固体，在室温或不太高的温度下，需具有较高的蒸气压而易于挥发形成反应蒸气；

c. 通过化学反应易于在目标基底上沉积生成所需产物，而其他副产物均易挥发排出或易于分离；

d. 反应过程的工艺参数易于控制。

通常，采用 CVD 技术在目标基底上沉积制备反应产物时，具有如下几个典型特征：

a. 沉积反应如在气固界面上发生，则沉积物将按照原有固态基底（又称衬底）的形状包覆一层薄膜；

b. 薄膜的化学成分可随气相组成的改变而改变，从而可获得梯度沉积层或得到混合镀层；

c. 采用某种基底材料，利用达到一定厚度的沉积层容易与基底分离的特点，可以得到各种特定形状的自支撑层（基底）；

d. 通过 CVD 技术不仅可以沉积各种固体薄膜，当使沉积反应发生在气相中而不是在基底表面时，还可制备各种结晶颗粒或微纳米粉末、纤维等。

2.1.2　CVD 的分类

CVD 装置通常由气源控制部件、沉积反应室、沉积温控部件、真空排气和压强控制部件等部分组成。一般而言，CVD 系统包含一个反应器、一组气体传输系统、排气系统及工艺控制系统等。CVD 的沉积反应室内部结构及工作原理变化最大，常根据不同的反应类型和不同的沉积物要求来专门设计。进行反应沉积的"反应器"，是 CVD 系统的"心脏"。

根据其不同的应用与设计可以对 CVD 反应器进行不同的分类：根据反应器的结构，可以分为水平式、直立式、直桶式、管状式、烘盘式及连续式等；根据反应器器壁的温度控制，可以分为热壁式（hot-wall）与冷壁式（cold-wall）两种；根据能量来源及所使用的反应气体种类，可分为等离子（体）增强 CVD（plasma enhanced CVD，简称 PECVD）、有机金属 CVD（metal-organic CVD，简称 MOCVD）及激光 CVD（laser CVD，简称 LCVD）等；按操作压力，可分为常压 CVD（atmospheric pressure CVD，简称 APCVD）、低压 CVD（low pressure CVD，简称 LPCVD）、超高真空 CVD（ultrahigh vacuum CVD，简称 UHVCVD）等。下面简单介绍几种主要的 CVD 方法。

（1）APCVD

APCVD 是在压强接近常压下进行 CVD 反应的一种沉积方式。APCVD 的操作压强接近 1atm（101325Pa），根据气体分子的平均自由程来推断，此时的气体分子间碰撞频率很高，很容易发生属于均匀成核的"气相反应"而产生微粒，因此在工业界 APCVD 的使用，大都集中在对微粒的忍受能力较大的工艺上，例如钝化保护处理。

（2）LPCVD

LPCVD 反应室内的压强一般低于 100Torr（1Torr＝133.332Pa）。由于低压下分子平均自由程增加，气态反应物与副产物的质量传输速度加快，从而使形成沉积薄膜材料的反应速度加快，同时气体分布的不均匀性在很短时间内可以消除，所以能生长出厚度更加均匀的薄膜。

（3）PECVD

在辉光放电的低温等离子体内，"电子气"的温度约比普通气体分子的平均温度高 10～100 倍，即当反应气体接近环境温度时，电子的能量足以使气体分子键断裂并导致化学活性粒子（活化分子、离子、原子等基团）的产生，使本来需要在高温下进行的化学反应由于反应气体的电激活而在较低的温度下即可进行，这一过程即为 PECVD 过程。PECVD 按等离子体能量源划分，有直流辉光放电 CVD（direct current PECVD，简称 DC-PECVD）、射频放电 CVD（radio-frequency PECVD，简称 RF-PECVD）和微波等离子体放电 CVD（microwave PECVD，简称 MW-PECVD）。

（4）MOCVD

MOCVD 是从早已熟知的 CVD 技术发展起来的一种新的表面技术，是一种利用低温下易分解和挥发的金属有机化合物作为源物质的 CVD 方法，主要用于化合物半导体气相生长方面。

在 MOCVD 过程中，金属有机源（MO 源）可以在热解或光解作用下，在较低温度沉积出相应的各种无机材料，如金属、氧化物、氮化物、氟化物、碳化物和化合物半导体材料等的薄膜。

（5）LCVD

LCVD 是用激光束的光子能量激发和促进化学反应的薄膜沉积方法。LCVD 的过程是激光分子与反应气分子或基底表面分子相互作用的过程。按激光作用的机制可分为激光热解沉积和激光光解沉积两种。前者利用激光能量对基底加热，可以促进基底表面的化学反应，从而达到化学气相沉积的目的；后者利用高能量光子可以直接促进反应气体分子的分解。

三种典型 CVD 方法的优缺点对比如表 2-1 所示。

表 2-1 三种 CVD 方法的优缺点

沉积方式	优点	缺点
APCVD	反应器结构简单 沉积速率快 低温沉积	阶梯覆盖能力差 粒子污染
LPCVD	高纯度 阶梯覆盖能力极佳 产量高，适合于大规模生产	高温沉积 沉积速率慢
PECVD	低温制程 高沉积速率 阶梯覆盖性好	化学污染 粒子污染

2.1.3 CVD 的发展

CVD 的古老原始形态可以追溯到古人类在取暖或烧烤时熏在岩洞壁或岩石上的黑色碳层。作为现代 CVD 技术发展的开始阶段，在 20 世纪 50 年代 CVD 技术主要用于刀具涂层。从 20 世纪 60～70 年代以来，由于半导体和集成电路技术发展和生产的需要，CVD 技术得到了更迅速和更广泛的发展。

CVD 技术不仅成为半导体超纯硅原料——超纯多晶硅生产的唯一方法，而且也是硅单晶外延、砷化镓等Ⅲ-Ⅴ族半导体和Ⅱ-Ⅵ族半导体单晶外延的基本生产方法。在集成电路生产中更广泛地使用 CVD 技术沉积各种掺杂的半导体单晶外延薄膜、多晶硅薄膜，半绝缘的掺氧多晶硅薄膜，绝缘的二氧化硅、氮化硅、磷硅玻璃、硼硅玻璃薄膜以及金属钨薄膜等。在制造各类特种半导体器件中，采用 CVD 技术生长发光器件中的磷砷化镓、氮化镓、硅锗合金及碳化硅外延层等也占有很重要的地位。

美国和日本，特别是美国，在集成电路及半导体器件应用的 CVD 技术方面占有较大的优势。日本在蓝色发光器件中关键的氮化镓外延生长方面取得突出进展，已实现了批量生产。1968 年 K. Masashi 等首次在固体表面用低压汞灯在 p 型单晶硅膜开始光沉积的研究。1972 年 Nelson 和 Richardson 用 CO_2 激光聚焦束沉积出碳膜，从此发展了 LCVD 的工作。继 Nelson 后，美国 Allen 和 Hagerl 等许多学者采用几十瓦功率的激光器沉积 SiC、Si_3N_4 等非金属膜和 Fe、Ni、W、Mo 等金属膜和金属氧化物膜。苏联 Deryagin Spitsyn 和 Fedoseev 等在 20 世纪 70 年代引入原子氢开创了激活低压 CVD 金刚石薄膜生长技术，80 年代在全世界形成了研究热潮，也是 CVD 领域一项重大突破。CVD 技术由于采用等离子体、激光、电子束等辅助方法降低了反应温度，使其应用的范围更加广阔。

中国在 CVD 技术生长高温超导体薄膜和 CVD 基础理论方面取得了许多开创性成果。Blocher 在 1997 年称赞中国的 LPCVD 模拟模型的信中说："这样的理论模型研究不仅在科学意义上增进了这项工艺技术的基础性了解，而且有助于在微电子硅片工艺应用中提高生产效率"。1990 年以来中国在激活低压 CVD 金刚石生长热力学方面，根据非平衡热力学原理，开拓了非平衡定态相图及其计算的新领域，第一次真正从理论和实验对比上定量化地证实反自发方向的反应可以通过热力学反应耦合依靠另一个自发反应提供的能量推动来完成。

目前，CVD 反应沉积温度的低温化是一个发展方向。MOCVD 采用金属有机物作为沉积反应物，通过金属有机物在较低温度的分解来实现化学气相沉积。近年来发展的 PECVD 也是一种很好的方法，最早用于半导体材料的加工，即利用有机硅在半导体材料的基底上沉积 SiO_2。PECVD 将沉积温度从 1000℃ 降到 600℃ 以下，最低的只有 300℃ 左右。PECVD 技术除了用于半导体材料，在刀具、模具等领域也获得成功的应用。

随着激光的广泛应用，激光在气相沉积上也得到利用，如激光光刻、大规模集成电路掩膜的修正以及激光蒸发/沉积。

在向真空方向发展方面，出现了 UHVCVD 法。该方法生长温度低（425～600℃），但真空度要求 ＜1.33×10^{-5}Pa，系统的设计制造比分子束外延（MBE）容易，其主要优点是能实现多片生长。

此外，还有射频加热化学气相沉积（radio-frequency CVD，简称 RFCVD）、紫外光能量辅助化学气相沉积（ultraviolet CVD，简称 UVCVD）等其他新技术不断涌现。

2.2 CVD 反应原理

2.2.1 CVD 反应过程

CVD 技术涉及反应化学、热力学、动力学、表面化学、薄膜生长等一系列学科。CVD 的气体传输与化学反应过程，涉及如图 2-2 所示的 8 个步骤：a. 反应物的质量传输，即反应气体从反应室入口处传输到基底上方区域；b. 前驱体反应，即气相反应产生前驱体（又称先驱物，中间产物）以及气态副产物的形成；c. 前驱体向基底表面扩散；d. 前驱体吸附在基底表面；e. 前驱体在基底表面扩散和聚集；f. 表面化学反应，形核生长最终成为固态薄膜；g. 表面副产物解吸附；h. 通过排气过程去除副产物。

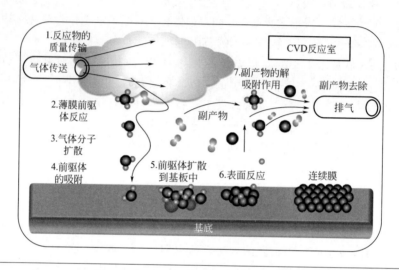

图 2-2　CVD 的气体传输和化学反应过程

在 CVD 气体传输与化学反应过程中，薄膜在基底上的沉积速率主要取决于物质的移动速率（气体分子向基底表面的输送：扩散系数、边界层的厚度）与表面的反应速率（气体分子在基底表面的反应：气态反应物的吸附与脱离等）。在 CVD 过程中，只有发生在气相/固相交界面的反应才能在基底上形成致密的固态薄膜。如果反应发生在气相中，则反应的固态产物只能以粉末形态出现。由于在 CVD 过程中，气态反应物之间的化学反应以及产物在基底上的析出过程是同时进行的，因此 CVD 的机理非常复杂。CVD 中的化学反应还受到气相与固相表面的接触催化作用的影响，产物的析出过程也是气相到固相的结晶生长过程。一般而言，在 CVD 反应中基底与气相间要保持一定的温度和浓度差，由两者决定的过饱和度为晶体生长提供驱动力。

2.2.2　CVD 反应类型

CVD 是建立在化学反应基础上的，要制备特定性能材料首先要选定一个合理的沉积反应。CVD 技术通常有如下几种反应类型。

（1）热分解反应沉积

热分解反应是最简单的沉积反应，利用热分解反应沉积材料一般在简单的单温区炉中进行，其过程通常是首先在真空或惰性气氛下将基底加热到一定温度，然后导入反应气态源物质使之发生热分解，最后在基底上沉积出所需的固态材料。热分解可应用于制备金属、半导体以及绝缘材料等。最常见的热分解反应有四种：

a. 氢化物分解；

b. 金属有机化合物的热分解；

c. 氢化物和金属有机化合物体系的热分解；

d. 其他气态络合物及复合物的热分解。

（2）氧化还原反应沉积

一些元素的氢化物或有机烷基化合物常常是气态的或者是易于挥发的液体或固体，便于在 CVD 技术中使用。如果同时通入氧气，在反应器中发生氧化反应时就沉积出相应于该元素的氧化物薄膜，例如

$$\text{SiH}_4 + 2\text{O}_2 \xrightarrow{325 \sim 475 ℃} \text{SiO}_2 + 2\text{H}_2\text{O} \tag{2-1}$$

许多金属和半导体的卤化物是气体化合物或具有较高的蒸气压，很适合作为 CVD 的原料。要得到相应的该元素薄膜就常常需采用氢还原的方法。氢还原法是制取高纯度金属膜非常有效的方法，工艺温度较低、操作简单，因此有很大的实用价值，例如

$$\text{WF}_6 + 3\text{H}_2 \xrightarrow{\text{约} 300 ℃} \text{W} + 6\text{HF} \tag{2-2}$$

（3）化学合成反应沉积

化学合成反应沉积是由两种或两种以上的反应原料气在沉积反应器中相互作用合成得到所需要的无机薄膜或其他形态材料的方法。这种方法是 CVD 中使用最普遍的一种方法。

与热分解法比，化学合成反应沉积的应用更为广泛。这是因为可用于热分解沉积的化合物并不是很多，而无机材料原则上都可以通过合适的反应合成得到，例如

$$3\text{SiCl}_4 + \text{N}_2 + 4\text{H}_2 \xrightarrow{850 \sim 900 ℃} \text{SiN}_4 + 12\text{HCl} \tag{2-3}$$

（4）化学输运反应沉积

把所需要沉积的物质作为源物质，使之与适当的气体介质发生反应并形成一种气态化合物。这种气态化合物经化学迁移或物理载带而输运到与源区温度不同的沉积区，再发生逆向反应生成源物质而沉积出来。这样的沉积过程称为化学输运反应沉积。其中的气体介质成为输运剂，所形成的气态化合物称为输运形式。

这类反应中有一些物质本身在高温下会气化分解然后在沉积反应器稍冷的地方反应沉积生成薄膜、晶体或粉末等形式的产物。也有些原料物质本身不容易发生分解，而需添加另一种物质（称为输运剂）来促进输运中间气态产物的生成。

（5）能源增强的反应沉积

低真空条件下，利用直流电压（DC）、交流电压（AC）、射频（RF）、微波（MW）或电子回旋共振（ECR）等方法实现气体辉光放电在沉积反应器中产生等离子体。由于等离子体中正离子、电子和中性反应分子相互碰撞，可以大大降低沉积温度。例如硅烷和氨气的反应在通常条件下，约在 850℃ 左右反应并沉积氮化硅，但在等离子体增强反应的条件下，只需在 350℃ 左右就可以生成氮化硅。

除等离子体增强化学气相反应沉积以外，还有采用激光、火焰燃烧法或热丝法等实现增强反应的目的。

2.2.3 CVD 的热、动力学原理

CVD 反应的进行，涉及能量、动量及质量的传递。反应气体是借着扩散效应，通过主气流与基底之间的边界层，将反应气体传递到基底的表面。接着因能量传递而受热的基底，将提供反应气体足够的能量以进行化学反应，并生成固态的沉积物以及其他气态副产物。前者便成为沉积薄膜的一部分；后者将同样利用扩散效应通过边界层并进入主气流里。而主气流在基底上方的分布，则主要是与气体的动量传递相关。

CVD 是把含有构成薄膜元素的气态反应剂的蒸气及反应所需其他气体引入反应室，在基底表面发生化学反应，并把固体产物沉积到表面生成薄膜的过程。不同物质状态的边界层对 CVD 沉积至关重要。所谓边界层，就是流体在物体表面因流速、浓度、温度差距所形成的中间过渡范围。

图 2-3 显示一个典型的 CVD 反应的主要步骤。首先，参与反应的气体，将从反应器的主气流里，借着反应气体在主气流及基底表面间的浓度差，以扩散的方式，经过边界层传递到基底的表面。这些达到基底表面的反应气体分子 ［图（a）］，有一部分将被吸附在基底的表面上 ［图（b）］。由基底表面所提供的能量使得反应物

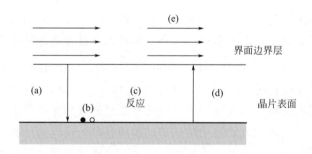

图 2-3 CVD 的 5 个主要的步骤

（a）反应物扩散通过界面边界层；（b）反应物吸附在基底的表面；（c）化学沉积反应发生；（d）副产物扩散通过界面边界层；（e）副产物与反应物进入主气流里，并离开系统

在基底表面发生沉积反应［图(c)］，这包括前面所提及的化学反应及产生的生成物在基底表面的运动（即表面迁移）。副产物将从基底的表面上脱附，并进入边界层，最后流入主体气流里［图(d)］。这些参与反应的反应物及副产物，将一起被 CVD 设备里的抽气装置或真空系统所抽离［图(e)］。

从化学工程的角度来看，任何流体的传递或输送现象，都会涉及热能、动量以及质量的传递三大传递现象。

（1）热能传递

热能传递主要有三种方式：传导、对流及辐射。因为 CVD 的沉积反应通常需要较高的温度，因此能量传递的情形，也会影响 CVD 反应的表现，尤其是沉积薄膜的均匀性。

热传导是固体中热传递的主要方式，是将基底置于经加热的晶座上面，借着能量在热导体间的传导，来达到基底加热的目的，如图 2-4 所示。单位面积的能量传递可用下式表示

$$E_{cod} = k_c \frac{\Delta T}{\Delta X} \tag{2-4}$$

式中，k_c 为基底的热传导系数；ΔT 为基底与加热器表面间的温度差；ΔX 则近似于基底的厚度。

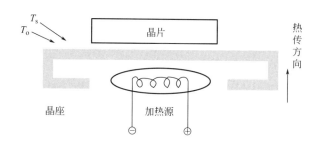

图 2-4 以热传导方式来进行基底加热的装置

物体因自身温度而具有向外发射能量的本领，这种热传递的方式叫做热辐射。热辐射能不依靠媒介把热量直接从一个系统传到另一个系统。但严格来讲，这种方式基本上是辐射与传导一并使用的方法，如图 2-5 所示。辐射热源先以辐射的方式将晶座加热，然后再由热的传导，将热能传给置于晶座上的基底，以便进行 CVD 的化学反应。单位面积的能量辐射由下式给出

$$E_r = h_r (T_{s1} - T_{s2}) \tag{2-5}$$

式中，h_r 为辐射热传递系数；T_{s1} 与 T_{s2} 则分别为辐射热源及被辐射物体表面的温度。

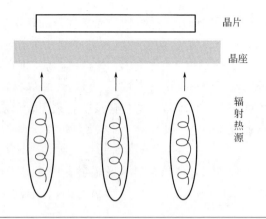

图 2-5 以热辐射为主的加热

对流是第三种常见的传热方式，是流体通过自身各部分的宏观流动实现热量传递的过程。它主要是借着流体的流动而产生。依不同的流体流动方式，对流可以区分为强制对流及自然对流两种。前者是当流体因内部的"压力梯度"而形成的流动所产生的；后者则是流体因温度或浓度所产生的密度差所导致的。单位面积的能量对流可用下式来表示

$$E_{cov} = h_c(T_{s1} - T_{s2}) \tag{2-6}$$

式中，h_c 为对流热传递系数。

（2）动量传递

图 2-6 显示两种常见的流体流动的形式。其中流速与流向均平顺者称为"层流"；而另一种于流动过程中产生扰动等不均匀现象的流动形式，则称为"湍流"。

在流体力学上，人们习惯以"雷诺数"（Re）来作为流体以何种方式进行流动的评估依据，其算式为

$$Re = \frac{d\rho\nu}{\mu} \tag{2-7}$$

式中，d 为流体流经的管径；ρ 为流体的密度；ν 为流体的流速；而 μ 则为流

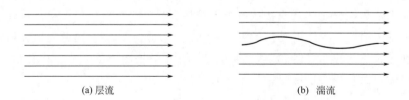

（a）层流　　　　　　　　　　　　　　　　（b）湍流

图 2-6 两种常见的流体流动形式

体的黏度。雷诺数物理上表示惯性力和黏滞力量级的比，雷诺数较小时，黏滞力对流场的影响大于惯性力，流场中流速的扰动会因黏滞力而衰减，流体流动稳定，为层流；反之，雷诺数较大时，惯性力对流场的影响大于黏滞力，流体流动较不稳定，流速的微小变化容易发展、增强，形成紊乱、不规则的湍流流场。

基本上，CVD工艺并不希望反应气体以湍流的形式流动，因为湍流会扬起反应室内的微粒或微尘，使沉积薄膜的品质受到影响。

图2-7(a) 显示一个简易的水平式CVD反应装置的概念图。其中被沉积的基底平放在水平的基座上，而参与反应的气体，则以层流的形式，平行的流经基底的表面。

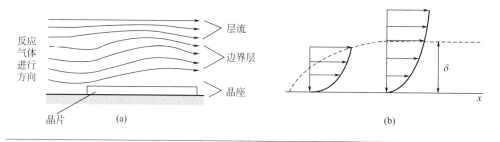

图2-7 （a）一个简易的水平式CVD反应装置的概念图；（b）流体流经固定表面时所形成的边界层 δ 及 δ 与移动方向 x 之间的关系

图2-7(b) 为流体流经固定表面时所形成的边界层 δ 及 δ 与移动方向 x 之间的关系。假设流体在晶座及基底表面的流速为零，则流体及基底（或晶座）表面将有一个流速梯度存在，这个区域便是边界层。边界层的厚度 δ，与反应器的设计及流体的流速有关，可以写为

$$\delta \propto \left(\frac{x^2 \mu}{d \rho \nu_0} \right)^{1/2} \tag{2-8}$$

或将式（2-7）代入式（2-8），而改写为

$$\delta \propto \left(\frac{x^2}{Re} \right)^{1/2} \tag{2-9}$$

式中，x 为流体在固体表顺着流动方向移动的距离。

也就是说，当流体流经一固体表面时，图2-8的主气流与固体表面（或基底）之间将有一个流速从零增到 ν_0 的过渡区域存在，即边界层。这个边界层的厚度与雷诺数倒数的平方根成正比，且随着流体在固体表面的移动而展开。CVD反应所需要的反应气体，便必须通过这个边界层以达到基底的表面。而且，反应的生成气体或未反应的反应物，也必须通过边界层进入主气流内，以便随着主气流经CVD的抽气系统而排出。

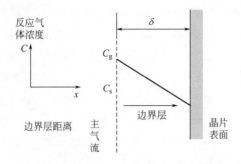

图 2-8 CVD 反应物从主气流往基底表面扩散时反应物在边界层两端所形成的浓度梯度

（3）质量传递

反应气体或生成物通过边界层，是以扩散的方式来进行的，而使气体分子进行扩散的驱动力，则是来自于气体分子局部的浓度梯度。

综上所述，可将 CVD 的原理简单归纳如下。

a. CVD 沉积反应是由如图 2-3 所示的 5 个相串联的步骤所形成的，其速率的快慢取决于其中最慢的一项，主要是反应物的扩散及 CVD 的化学反应。

b. 一般而言，当反应温度较低时，CVD 将为表面反应限制所决定；当温度较高时，则为扩散限制所控制（但并不是绝对的）。

2.3 真空技术基础

2.3.1 真空的概念及分类

"真空"是指气压低于一个标准大气压的气体状态。工业技术中所谓的真空，一般指"人为真空"（人类利用真空泵抽取所获得的真空），这也是"相对真空"（气体稀薄、分子数较少的状态）。当然，宇宙空间也存在"自然真空"，若空间里完全没有气体分子存在，可称为"绝对真空"。

在真空状态下，单位体积中的气体分子数大大减少，分子平均自由程增大，气体分子之间、气体分子与其他粒子之间的相互碰撞也随之减少。"真空"的这些特点已被广泛应用于科研、生产中，如加速器、电子器件制备、热核反应、空间环境模拟、真空冶炼等。随着科研、生产的发展，获得并保持真空已形成一门相应的技术——真空技术，包括真空的获得、测量、检漏以及真空系统的设计等。

真空度越高，压强越低，故可用气体压强表示真空度。真空的国际单位为帕（Pascal），真空还有几个常用单位，如托（Torr）、毫米汞柱（mmHg）、巴（bar）、标准大气压（atm）等。从一个标准大气压（约 $10^5 Pa$）到目前可达到的超高真空度（$10^{-12} Pa$），大约有 17 个数量级的跨度。为了更好区分真空度，通常将真空范围划分为几个区域，不同的真空区域分类及应用见表 2-2。

表 2-2　真空度分类、微观描述及应用举例

真空度	气压范围/Pa	微观描述	应用举例
粗真空	$10^2 \sim 10^5$	黏滞流,分子之间碰撞为主	真空成形、真空输运、真空浓缩,食品包装
低真空	$10^{-1} \sim 10^2$	黏滞流,分子流	真空蒸馏、干燥、冷冻,真空绝热,真空焊接等
高真空	$10^{-6} \sim 10^{-1}$	分子碰撞器壁为主	真空冶金,真空镀膜,电真空器件,粒子加速
超高真空	$10^{-10} \sim 10^{-6}$	分子撞击器壁次数很少,在器壁上形成单分子层的时间以分钟计	表面物理、热核反应、等离子体、物理、超导技术,宇航技术等
极高真空	$< 10^{-10}$	分子与器壁极少发生碰撞,统计规律发生偏离	粒子对撞机

2.3.2　真空系统抽气过程定量描述

在如图 2-9 所示的真空系统（管路）中，气体的通过能力称之为流导 C，流导可用如下公式来表示

$$C = \frac{Q}{P_1 - P_2} \tag{2-10}$$

式中，P_1 和 P_2 分别是真空系统入口处和出口处的压力；Q 是流量。真空系统中流导 C 的大小取决于真空系统（管路）的几何尺寸、气体的种类与温度、气体的流动状态（如分子流或黏滞流）等。

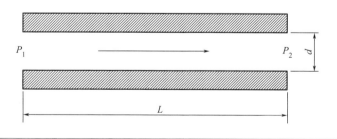

图 2-9　管路中的流导示意图

对于黏滞流，假设管路光滑、平直及足够长（$L \gg d$）时，其通孔的流导可以表示为

$$C_v = \frac{\pi d^4 P}{128 \mu L} \tag{2-11}$$

对分子流，其通孔的流导可表示为

$$C_m = \frac{1}{6} \sqrt{\frac{2\pi RT}{M}} \cdot \frac{d^3}{L} \tag{2-12}$$

对黏滞流、分子流两者共存时，其通孔的流导可表示为

$$C_t = C_v + \frac{1 + c_1 P}{1 + c_2 P} C_m \tag{2-13}$$

式中，c_1、c_2 分别为与气体种类和管径相关的常数；M 是气体摩尔质量；P 是沿管路方向的压强；R 是气体常数；T 是温度。

室温条件下（20℃），空气的黏度 μ 为 $18.2 \times 10^{-6} \mathrm{Pa \cdot s}$，上述公式可重写为

$$C_v = 1.366 \frac{d^4 P}{L} \tag{2-14}$$

$$C_v = 12.1 \frac{d^3}{L} \tag{2-15}$$

$$C_t = \frac{d^3}{L} \left[136.5 dP + 12.1 \left(\frac{1 + 192 dP}{1 + 237 dP} \right) \right] \tag{2-16}$$

由此可知，真空管路的流导取决于管径的立方及被抽气体的摩尔质量的平方根，而与气压无关。

不同流导 C_1、C_2、C_3、$\cdots$、C_n 间可相互串联或并联，构成总流导 C。串联条件下的总流导与各流导之间的关系为

$$\frac{1}{C} = \frac{1}{C_1} + \frac{1}{C_2} + \cdots + \frac{1}{C_n} \tag{2-17}$$

并联条件下，总流导与各流导之间的关系为

$$C = C_1 + C_2 + \cdots + C_n \tag{2-18}$$

由于真空腔体与真空泵之间存在气体流阻，腔体中的有效抽气体积速率（S）通常小于泵口的体积抽气速率（S_p）。S 与 S_p 之间的关系为

$$\frac{1}{S} = \frac{1}{C} + \frac{1}{S_p} \tag{2-19}$$

式中，C 是系统从真空泵到真空腔之间的有效流导，S_p 是抽气速率。

图 2-10 给出了 S/S_p 与 C/S_p 间的关系。由图 2-10 可见，当流导值等于泵的抽气速率，即 $C/S_p = 1$ 时，S/S_p 仅达到 50%；当 $C/S_p = 10$ 时，S/S_p 可达到 90%。当流导值远小于泵的抽气速率时，真空腔的有效抽气速率 S 完全取决于流导而与泵的抽气速率无关。因此，当真空系统（管路）的流导成为制约因素时，提高泵的性能或速率是没有效果的。为了保障足够大的流导，需要减小腔体与泵之间

的真空管路长度，同时增大管道直径，这对真空系统的设计极为重要。

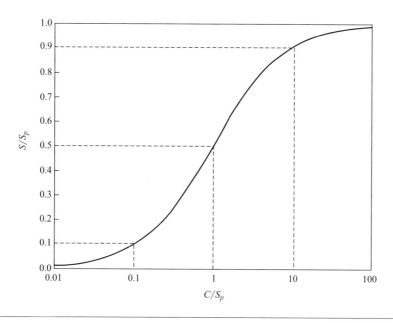

图 2-10 S/S_p 与 C/S_p 间的关系

2.3.3 真空系统及真空泵

真空系统一般由真空腔（待抽气腔室）与几个真空元器件组成：a. 抽气设备（真空泵）；b. 真空测量装置（真空计）；c. 真空导管；d. 真空阀门；e. 其他辅助元件如捕集器、真空接头、波纹管等。图 2-11 给出了一个典型真空系统的示意图。显然，真空泵是真空系统中的核心元件。

为获得真空环境，需要选用不同的真空泵，而真空泵最重要的指标就是抽速 S_p（L/s），其定义为，

$$S_p = \frac{Q}{p} \tag{2-20}$$

真空泵的抽速 S_p 与管路的流导 C 有着相同的物理量纲，且二者对维持系统的真空度起着同样重要的作用。

根据真空系统的腔室真空度的需求，需要选择不同类型的真空泵。对于粗真空、低真空系统，机械泵即可满足要求；对于高真空、超高真空系统，一般需要前级泵（如机械泵）加主泵（如扩散泵、分子泵、离子泵等）才能满足要求。

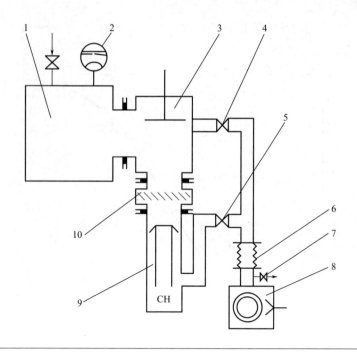

图 2-11　真空系统示意图

1—被抽容器；2—真空测量规管；3—主阀；4—预真空管道阀；5—前级管道阀；6—软连接管道；7—放气阀；8—前级泵；9—主泵；10—水冷障板

2.3.4　真空测量及真空检漏

真空测量是在低于一个标准大气压时，对气体或蒸气全压的测量。真空计（规管）是测量真空度的仪器。真空度的测量分为直接测量和间接测量。直接测量，即直接测量残余气体的压强，当气体压强很低时，直接测量很困难；间接测量，即测量与压强有关的物理量，实际的真空计都是属于间接测量。最常见的真空计有热偶真空计、电阻式真空计、电离真空计。热偶真空计主要利用低气压下热传导与压强有关的原理制成，其检测范围为 $10\sim10^{-3}$ Torr；电阻式真空计主要利用电热丝的电阻温度特性与压强变化有关原理制成，其检测范围为 $10\sim10^{-3}$ Torr；电离真空计主要利用热电子电离残余气体时离子流与压强有关的原理制成，热阴极电离真空计检测范围为 $10^{-3}\sim10^{-7}$ Torr，B-A 电离真空计检测范围为 $10^{-7}\sim10^{-12}$ Torr。

众所周知，实际的真空系统（容器或器件），不可能是绝对不漏的，其器壁因材料本身缺陷或焊缝、机械连接处存在孔洞、裂纹或间隙等缺陷，致使系统（容器或器件）达不到预期的真空度，这种现象称为漏气。造成漏气的缺陷称为漏孔，漏孔尺寸微小、形状复杂，难以用几何尺寸表示，因此在真空技术中用漏率来表示漏孔的大小。漏率是指单位时间内漏入系统的气体量，其单位为帕·米^3/秒（Pa·m^3/s）或托·升/秒（Torr·L/s）。

真空检漏技术，就是用适当的方法判断真空系统（容器或器件）是否漏气、确定漏孔位置及漏率大小的一门技术，相应的仪器称为检漏仪。真空系统检漏分为压力检漏和真空检漏。压力检漏，即是在真空容器内冲入一定压力的示漏气体，示漏气体从漏孔漏出，用传感器检测示漏气体的出现，判断漏孔的位置及大小，压力检漏法包括气压法、听音法、超声波法、气泡法、卤素检漏法、氨检漏法、同位素检漏法、质谱检漏法等。真空检漏方法，即被检容器和传感器处于真空状态，示漏气体施加在容器外，如果漏入容器内，传感器检测到，从而判断漏孔所在，包括静态升压法、放电管法、高频火花检漏、真空规检漏、卤素检漏法、离子泵检漏、氦质谱检漏法等。下面简单介绍几种常见的检漏方法。

（1）气压检漏

被检零部件内腔充以气体（一般为空气），充气压力的高低视零部件的强度而定，一般为（2～4）×10^{5}Pa。充压后的零部件如发出明显的嘶嘶声，音响源处就是漏孔位置，用这种方法可检最小漏率为5Pa·L/s的漏孔。如不能用声音直接察觉漏孔，则用皂液涂于零部件可疑表面处，有气泡出现处便是漏孔位置，用这种方法最小可检漏率为5×10^{-3}Pa·L/s的漏孔；还可将充气的零部件浸在清净的水槽中，气泡形成处便是漏孔位置。用水槽显示漏孔，方便可靠，并能同时全部显示出漏孔位置。如气泡小、成泡速度均匀、气泡持续时间长，则为（1.3×10^{-2}～13）Pa·L/s漏率的漏孔，如气泡大、成泡持续时间短，则为（13～10^3）Pa·L/s漏率的漏孔。

（2）氨敏纸检漏

将被检零部件内腔抽空后，充入压力为（1.5～2）×10^{5}Pa的氨气，在可疑表面处贴上溴酚蓝的试纸或试布，用透明胶纸封住，试纸或试布上有蓝斑点出现，即是漏孔的位置。用这种方法可检漏率为7×（10^{-4}～10^6）Pa·L/s的漏孔。

（3）荧光检漏

将被检的零部件浸入有荧光粉的有色溶液（二氯乙烯或四氯化碳）中，经一定时间后取出烘干，漏孔处留有荧光粉，在器壁另一面用紫外线照射，发光处即为漏孔位置。

（4）高频火花检漏

这种方法仅适用于玻璃真空系统。先将系统抽成真空，高频火花检漏仪的火花端沿着玻璃表面移动，火花集中成束形成亮点处即是漏孔位置。

（5）放电管检漏

将放电管接到系统上，并将系统抽成中真空，在高频电压作用下系统中残存气体（空气）产生紫红色或玫瑰色辉光放电。若在系统可疑表面处涂上丙酮、汽油、酒精或其他易挥发的碳氢化合物，有蓝色放电颜色出现之处便是漏孔位置。

（6）真空计检漏

根据相对真空计（热导真空计和电离真空计等）的读数检漏的方法。真空计的工作压力范围就是检漏适用的压力范围。检漏时在可疑处喷吹示漏气体氢、氧、二氧化碳、乙烷或用棉花涂以乙醚、丙酮、甲醇等。示漏气体进入系统后会引起真空计读数的突然变化。热导真空计可检漏率为 10^{-3}Pa·L/s 的漏孔，电离真空计可检漏率为 $(10^{-4}\sim10^{-5})\text{Pa·L/s}$ 的漏孔。

（7）氦质谱检漏法

氦质谱检漏法是最常用的一种检漏法。该方法以氦气作为示漏气体，以磁偏转质谱计作为检漏工具，具有结构简单、灵敏度高、性能稳定、操作方便等优点。根据被检漏的零件的具体情况采用不同的方法。真空容器或器件常用喷吹法、氦室法和累积法。喷吹法是用喷枪对可疑部分喷氦气，找出漏孔的位置，但效率较低；氦室法可对大容器检漏，将可疑部分用氦室罩上充入氦气，可以找到漏孔的大致范围，但漏孔位置不能精确确定。氦室法检漏效率较高。对于微小漏孔，可采用累积法，即先用氦室对可疑部分充入氦气，再将检漏仪节流阀关闭，积累一定时间，打开节流阀，观察离子流的变化。这样，检漏灵敏度可提高 $1\sim2$ 个数量级。其他方法还有吸收法、背压法等。对于容积大、放气量大、漏率大的容器可采用反流检漏法，即将被检容器接在真空系统的扩散泵和机械泵之间，利用扩散泵的反流作用，使氦气反流到质谱室而进行检漏。

2.4 CVD 系统简介

2.4.1 CVD 系统的组成

（1）气相反应室

气相反应室的核心要求是使制得的薄膜尽可能均匀。由于 CVD 反应是在基体物的表面上进行的，所以也必须考虑如何控制气相中的反应，能否及时对基底表面充分供给。此外，反应生成物还必须能方便取出。气相反应室有水平型、垂直型、圆筒型等几种。

（2）CVD 加热方式与系统

CVD 中常用的对基底加热方法是电阻加热和感应加热，其中感应加热一般是将基底放置在石墨架上，感应加热仅加热石墨，使基底保持与石墨同一温度。红外辐射加热是近年来发展起来的一种加热方法，采用聚焦加热可以进一步强化热效应，使基底或托架局部迅速加热升温。

激光加热是一种非常有特色的加热方法，其特点是使基底上微小局部温度迅速升高，通过移动光束斑来实现连续扫描加热的目的。

（3）气体控制系统

在 CVD 反应体系中使用多种气体，如原料气、氧化剂、还原剂、载气等，为了制备优质薄膜、各种气体的配比应予以精确控制。目前使用的监控元件主要为质量流量计和针形阀。

（4）排气处理系统

CVD 反应气体大多有毒性或强烈的腐蚀性，因此需要经过处理后才可以排放。通常采用冷吸收，或通过淋水水洗后，经过中和反应后排放处理。

随着全球环境恶化和环境保护的要求，排气处理系统在先进 CVD 设备中已成为一个非常重要的组成部分。

（5）其他部件

除上述所介绍的组成部分外，还可根据不同的反应类型和不同沉积物来设计沉积反应室的内部结构，在有些装置中还需增加激励能源控制部件，如在等离子体增强型或其他能源激活型的装置中，就有这样的装置存在。

2.4.2　常见 CVD 系统

（1）常压单晶外延和多晶薄膜 CVD 系统

图 2-12 是一些常压单晶外延和多晶薄膜 CVD 系统示意图，包括卧式反应器、立式反应器及桶式反应器。三种装置不仅可以用于硅外延生长，也较广泛地用于 GaAs、AsPAs、GeSi 合金和 SiC 等其他外延层生长，以及氧化硅、氮化硅、多晶硅基金属薄膜的沉积。由图 2-12 装置的变化也可以看出逐步增加每次操作的产量，从每次装置 3～4 片基底［图（a）］，到 6～18 片［图（b）］，再到 24～30 片［图（c）］。但是这样的变化仍远远满足不了集成电路迅速发展的需要。

（2）热壁 LPCVD 装置

如图 2-13 所示的热壁 LPCVD 装置及相应工艺的出现，在 20 世纪 70 年代末被誉为集成电路制造工艺中的一项重大突破性进展。LPCVD 反应器本身是以退火后的石英所构成，环绕石英制炉管外围的是一组用来对炉管进行加热的装置，因为分为三个部分，所以称为"三区加热器"。气体通常从炉管的前端距离炉门不远处送入炉管内（当然也有其他不同的设计方法）。被沉积的基底则置于同样以石英所制成的晶舟上，并随着晶舟，放入炉管中的适当位置，以便进行沉积。沉积反应所剩下的废气，则经由真空系统而从 CVD 设备里排出。

图 2-13 所示的 LPCVD 采用直立插片增加了硅片容量。由于通常只要求在硅片上单面沉积薄膜，所以每一格可以背靠背地安插两片硅片。如果每格的片间距为 5mm，那么在 600mm 长的反应区就能放置 200 片。低压下沉积气体分子的平均自由程比常压下大得多，相应的分子扩散的速率也大得多。

由于气体分子输送过程大大加快，虽然气流方向与硅片垂直，反应的气体分子仍能迅速扩散到硅片表面而得到均匀的沉积层。在现代化的大规模集成电路工艺里，

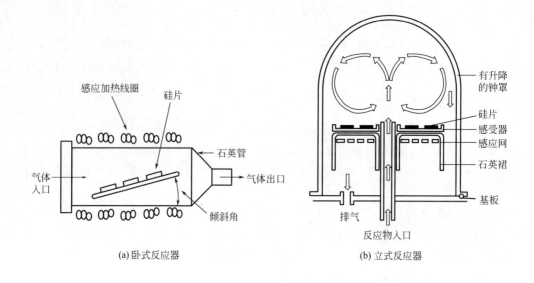

(a) 卧式反应器

(b) 立式反应器

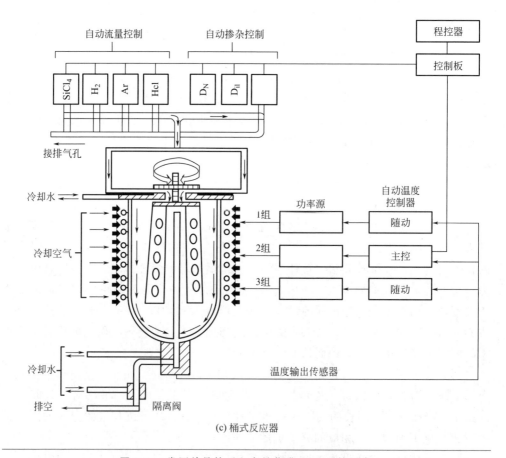

(c) 桶式反应器

图 2-12 常压单晶外延和多晶薄膜 CVD 系统示意

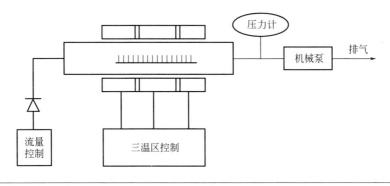

图 2-13   热壁 LPCVD 装置示意图

以热壁 LPCVD 进行沉积的材料，主要有多晶硅、二氧化硅及氮化硅等。工艺所控制的温度，大约在 400～850℃。压强则在数个 Torr 到 0.1Torr 之间。因为这种 CVD 的整个反应室都在反应温度下，因此管壁也会有对等的沉积，所以炉管必须定期加以清洗。

（3）PECVD 装置

为了降低反应所需要的温度，以达到降低工艺预算的目的，PECVD 已逐渐成为主要的薄膜沉积手段之一。现在在大规模集成电路工艺上所用的 PECVD 反应器，大都也是采用每次只处理一片基底的"单一基底式"的设计，以确保基底表面沉积的均匀性得以控制在理想的范围之内。

PECVD 装置通过等离子增强使 CVD 技术的沉积温度下降几百度，甚至有时可以在室温的基底上得到 CVD 薄膜。图 2-14 显示了几种 PECVD 装置。

图 2-14(a) 是一种最简单的电感耦合产生等离子的 PECVD 装置，可以在实验室中使用。图 2-14(b) 是一种平行板结构装置。基底放在具有温控装置的下面平板上，压强通常保持在 133Pa 左右，射频电压加在上下平行板之间，于是在上下平板间就会出现电容耦合式的气体放电，并产生等离子体。图 2-14(c) 是一种扩散炉内放置若干平行板、由电容式放电产生等离子体的 PECVD 装置。它的设计主要是为了配合工厂生产的需要，增加炉产量。在 PECVD 工艺中，由于等离子体中高速运动的电子撞击到中性的反应气体分子，就会使中性反应气体分子变成碎片或处于激活的状态容易发生反应。基底温度通常保持在 350℃ 左右就可以得到良好的 SiO_x 或 SiN_x 薄膜，可以作为集成电路最后的钝化保护层，提高集成电路的可靠性。

（4）MOCVD 装置

一般而言，MOCVD 设备由四部分组成，即反应室、气体管道系统、尾气处理和电气控制系统。该设备一般采用一炉多片的生长模式。常用的 MOCVD 系统分为两类，即立式与卧式。常规的立式设备如图 2-15 所示，样品是水平放置的，并且可以旋转，反应气体由生长室的顶部垂直于样品进入生长室；在常规的卧式设备

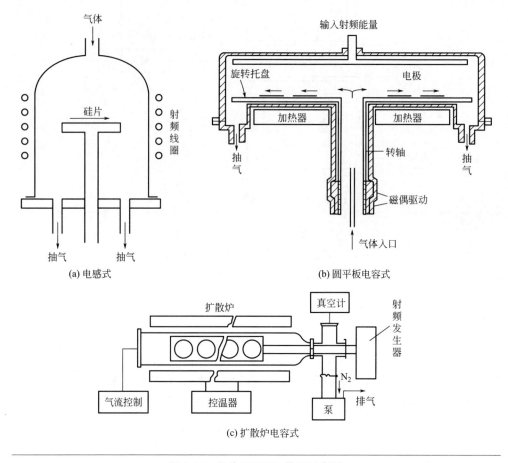

(a) 电感式　　　　　　　　　　　　　(b) 圆平板电容式

(c) 扩散炉电容式

图 2-14　几种 PECVD 装置示意图

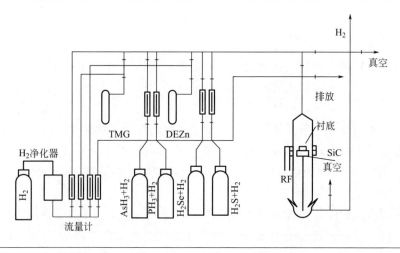

图 2-15　MOCVD 装置（立式反应室）

中，反应气体则平行于样品表面进入生长室，垂直于样品方向没有气体进入。

MOCVD 设备的进一步改进主要有三个方面：获得大面积和高均匀性的薄膜材料；尽量减少管道系统的死角和缩短气体通断的间隔时间，以生长超薄层和超晶格结构材料；把 MOCVD 设备设计成具有多用性、灵活性和操作可变性的设备，以适应多方面的要求。

（5）履带式常压 CVD 装置

为了适应集成电路的规模化生产，同时利用硅烷（SiH_4）、磷烷（PH_3）和氧在 400℃时会很快反应生成磷硅玻璃（$SiO_2 \cdot x P_2O_5$ 复合物），设计了如图 2-16 所示的履带式装置，基底硅片放在保持 400℃的履带上，经过气流下方时就被一层 CVD 薄膜所覆盖。用这一装置也可以生长低温氧化硅薄膜等。

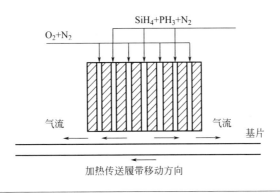

图 2-16 履带式常压 CVD 装置

（6）模块式多室 CVD 装置

制造集成电路的硅片上往往需要沉积多层薄膜，例如沉积 Si_3N_4 和 SiO_2 两层膜或沉积 TiN 和金属钨薄膜。以往的装置一般为单式批量，即只有一个反应室，每批处理单片或多片，装卸基底时反应室暴露，大气成分吸附在反应室内壁和室内零部件表面，将对工艺过程产生不良影响。

为了解决这些问题，多室 CVD 装置应运而生。这种模块式的沉积反应可以拼装组合，分别在不同的反应室中沉积不同的薄膜，如图 2-17 所示。各个反应器之间相互隔离利用机械手在低压或真空中传递基底硅片，因此可以一次连续完成数种不同的薄膜沉积工作，可以把普通的 CVD 和 PECVD 组合在一起，也可以把沉积和干法刻蚀工艺组合在一起。

（7）桶罐式 CVD 装置

对于硬质合金刀具的表面涂层常采用这一类装置，如图 2-18 所示，气体自上而下流过，它的优点是与合金刀具基底的形状关系不大，各类刀具都可以同时沉积，而且容器很大，一次就可以装上千的数量。

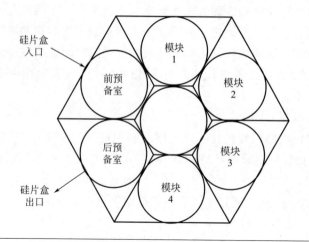

图 2-17 模块式 CVD 装置

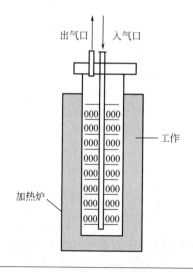

图 2-18 桶罐式 CVD 装置

2.5 CVD 反应过程控制

2.5.1 CVD 反应的主要参数

从理论上讲 CVD 反应比较简单,然而反应室中的实际反应非常复杂。要实现

CVD 反应过程控制，必须考虑很多因素，如反应室内的气体压强、基底晶片的温度、气体的流动速率、气体通过晶片的路径、反应气体的化学成分及比率；反应的中间产物起的作用，是否需要其他能量加速或诱发想得到的反应；沉积薄膜中的变数；在整个晶片内厚度的均匀性和在图形上的覆盖特性（后者指跨图形台阶的覆盖），薄膜的化学配比（化学成分和分布状态），结晶晶向和缺陷密度等。此外，沉积速率也是一个重要的因素，因为它决定着反应室的产出量，高的沉积速率常常要和薄膜的高质量折中考虑；反应生成的膜不仅会沉积在晶片上，也会沉积在反应室的其他部件上，对反应室进行清洗的次数和彻底程度也是很重要的。

2.5.2 CVD 工艺参数及过程控制

化学家和物理学家花大量时间研究如何制得高质量的材料，总结出了影响化学气相沉积制备材料质量的几个主要因素。

（1）反应混合物的供应

毫无疑问，对于任何沉积体系，反应混合物的供应是决定材料质量的最重要因素之一。在材料研制过程中，总要通过实验选择最佳反应物分压及其相对比例。

（2）沉积温度

沉积温度是最主要的工艺条件之一。温度直接影响反应系统的自由能，决定反应进行的程度和方向，不同沉积温度对涂层的显微结构及化学组成有直接的影响。由于沉积机制的不同，它对沉积物质量影响因素的程度也不同。同一反应体系在不同温度下，沉积物可以是单晶、多晶、无定形物，甚至根本不发生沉积。

（3）基底材料

CVD 法制备无机薄膜材料，都是在一种固态基体表面（基底）上进行的。对沉积层质量来说，基底材料是一个十分关键的影响因素。涂层能与基底之间有过渡层或基底与涂层线性膨胀系数差异相对较小时，涂层与基底结合牢固。

（4）系统内总压和气体总流速

这一因素在封管系统中往往起着重要作用，它直接影响输运速率，由此波及生长层的质量。尽管系统一般在常压下进行，很少考虑总压力的影响，但也有少数情况下是在加压或减压下进行的。在真空（一至几百帕）沉积工作日益增多的情况下，往往会改善沉积层的均匀性和附着性等。

（5）反应系统装置的因素

反应系统的密封性、反应管和气体管道的材料以及反应管的结构形式对产品质量也有不可忽视的影响。

（6）原材料的纯度

大量事实表明，器件质量不合格往往是由于材料问题，而材料质量又往往与原材料（包括载气）的纯度有关。

2.6 CVD 制备石墨烯概述

2.6.1 CVD 制备石墨烯的发展历程

CVD 制备石墨烯薄膜的发展可以分为几个阶段：a. 2004 年之前的前期阶段；b. 2004～2009 年的初期阶段；c. 2009 年之后的发展阶段。下面就这几个阶段分别进行简单的介绍。

2.6.1.1 石墨烯在金属表面的形成

在 2004 年之前，也就是 CVD 制备石墨烯薄膜的前期阶段，主要是表面科学家基于催化剂失活等背景而研究石墨烯在金属表面的形成行为，而不是出于制备石墨烯薄膜的目的。这一阶段的研究可以追溯到二十世纪六七十年代。A. E. Morgan 和 G. A. Somarjai 最初于 1968 年通过低能电子衍射（LEED）在 Pt(100) 表面上观测到石墨烯的形成。J. M. Blakely 及其同事对石墨烯在金属表面的偏析行为做了大量而细致的工作。他们发现，对于一些特定的金属表面，如 Ni(111)、Ni(110)、Fe(100)、Pd(100)、Pd(111)、Co(0001) 等，会发生表面偏析，如图 2-19 所示。当温度高于 T_s 时，金属表面碳的覆盖率很低，碳的浓度与金属体相中碳含量相当。随着温度的降低，在 T_s 处发生相变，在金属表面形成热力学平衡的单层石墨烯相，并且在 T_s 与 T_p 之间，金属表面碳的覆盖率不变。T_p 对应于相图上碳的溶解度相对应的温度。当温度进一步降低，随着碳的溶解度的降低，金属中碳过饱和，则会有更多的石墨析出。这一过程是可逆的。同时，石墨烯可以在诸多的金属表面偏析形成，表明石墨烯与金属表面的外延关系并非是其偏析的必要条件。在某些金

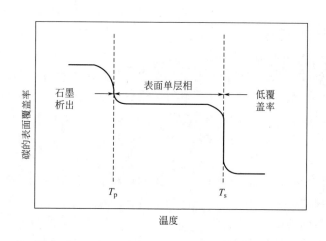

图 2-19 Ni(111) 表面碳覆盖率随温度变化的示意

属表面，如 Pt(100)，则没有石墨烯偏析。

石墨烯在金属表面的偏析也可以看作是通过在金属表面覆盖石墨烯来降低其表面能，即用一种低表面能的材料来浸润一个表面。在这种情况下，系统自由能的降低是石墨烯形成的驱动力。而更多的碳的析出，即生成多层石墨烯，并不会进一步降低系统自由能，因此不会有更多的碳向表面扩散。这也可以解释为什么单层石墨烯很容易形成而石墨烯的层数却很难控制。由于会降低系统自由能，因此热力学上倾向形成单层石墨烯；而不同层数石墨烯之间的能量差别很小，难以通过热力学的办法控制石墨烯层数。

这里需要对几个概念加以明确。首先是"偏析"。对于合金体系，"偏析"（segregation）指在晶格的失配处形成的一种或多种成分的聚集。这里的"偏析"指"平衡偏析"，即热力学平衡条件下的组分异质性，在相图上仍对应一个相的区域。这里要与"析出"（precipitation）相区分。"析出"产生的不均匀性是由于平衡的相分离，对应于相图上不同的区域。"非平衡偏析"是一种瞬态现象，并且可能发生在合金凝固或淬火过程中。在许多情况下，杂质偏析与晶体-蒸气界面上吸附或沉积的现象是相同的，只是吸附源不同，而晶体内部杂质的浓度与气体压强相对应。这两种现象的热力学处理基本上是相同的。严格地说，当晶体与另一种成分的蒸气平衡时，总会有一些气体的原子或分子溶解到晶体中，因此二元体系中固-气界面的平衡偏析和平衡吸附是同一现象。

由于偏析与吸附从本质上讲是等效的，因此石墨烯既可以通过溶解到体相中的碳在表面偏析形成，也可以由含碳原子在表面沉积形成，即 CVD 法制备。目前发现的通过偏析或沉积形成石墨烯的金属表面有 Co(0001)、Ni(111)、Ni(100)、Ru(0001)、Rh(111)、Rh(100)、Pd(111)、Pd(100)、Ir(111)、Pt(111)、Pt(100)和 Pt(110) 等。金属中的碳可以是已有的碳杂质，或者是人为掺杂的碳，如将金属高温下长时间暴露于一氧化碳中或者与石墨粉末接触。用于表面沉积的碳源可以是乙烯、甲烷、乙炔、一氧化碳，或者更大分子的碳氢化合物如苯、甲苯、正己烷等。这些碳源分子可以是在室温下吸附在金属表面，然后高温下裂解脱氢，或直接吸附在高温金属表面。

2.6.1.2 石墨烯在金属基底上的 CVD 法制备

自 2004 年 Novoselov 和 Geim 成功分离出单层石墨烯后，石墨烯的各种优异性能被广泛发掘并引起人们极大的兴趣，研究人员开始有目的的开展制备大面积石墨烯薄膜的研究。2008 年，P. W. Sutter 等在钌单晶上生长微米级的石墨烯晶畴，但并不连续，也没有将其从金属基底上分离下来。同年，Q. Yu 等用镍箔作为基底，甲烷作为碳源，通过对 CVD 过程降温速率的控制，实现了少层石墨烯薄膜的制备。2009 年，A. Reina 等与 K. S. Kim 等，分别使用沉积在 SiO_2/Si 基底上的几百纳米厚的镍薄膜作为基底制备石墨烯薄膜，并成功地将制备的石墨烯薄膜转移到非金属基底上，展示了其作为透明导电电极及场效应管的应用。

然而，这一阶段所采用的体系仍然是基于之前的研究成果，所使用的金属基底或者对碳的溶解度很高（如镍），或者具有极强的惰性并且昂贵（如钌），使得制备的石墨烯薄膜要么不均匀，要么难以分离，与石墨烯的理想性能及应用相差仍然较远。

2.6.1.3 CVD 法制备石墨烯的发展

2009 年，德州大学的李雪松和 Rodney Ruoff 等成功在铜基底上实现了单层石墨烯薄膜的 CVD 法制备，使石墨烯薄膜的制备技术获得了突破性进展。由于碳在铜中的溶解度极低，使得石墨烯在铜表面的生长容易控制；而铜又可以很容易被刻蚀掉，使石墨烯薄膜可以被分离并转移到任意基底上；又由于这一技术制备石墨烯薄膜时，其尺寸只受反应腔室及铜箔基底尺寸限制，因此可以实现大面积、大批量制备。这一技术自发明以来，迅速成为石墨烯薄膜制备研究的主要方向，也是目前石墨烯薄膜工业化制备的主要技术。

这一技术早期的研究，主要着重于工艺的优化、反应动力学的研究（如各工艺参数如温度、压强、反应气组分等对石墨烯生长行为如成核密度、生长速率的影响等）、单晶尺寸的控制、大面积制备的实现、低温制备等。近期则更加注重对制备过程的精细控制，如系统或反应物中微量杂质的影响以及由此而带来的对早期结果的重新思考和解读、对缺陷的研究与控制以及对层数的控制等。由于生长在金属基底上的石墨烯薄膜一般不能直接应用，需要转移到相应的基底上，因此，转移技术也是伴随此技术发展的一个重要研究课题。针对金属基底制备石墨烯需要转移这一缺陷，直接在非金属基底上制备石墨烯的方法也在研究与发展之中。

2.6.2 CVD 制备石墨烯的分类

石墨烯的 CVD 生长主要涉及三个方面：碳源、生长基底和生长条件（气压、载气、温度等）。可以根据不同的原则对其进行分类。

（1）按碳源分类

目前生长石墨烯的碳源主要是烃类气体，如甲烷（CH_4）、乙烯（C_2H_4）、乙炔（C_2H_2）等。其中最为常见的是甲烷，这主要是因为甲烷的热稳定性较好，在高温条件下易于控制，适合石墨烯的高温制备。在石墨烯的低温制备技术研究中，则一般采用液态碳源，如苯、二甲苯等，以及易升华的固态碳源如萘、并五苯等。这些大分子的烃类具有更低的裂解温度，有利于实现石墨烯的低温制备。

（2）按基底分类

目前使用的生长基底主要包括金属箔或特定基体上的金属薄膜。金属主要有镍、铜、钌及其合金等，选择的主要依据有金属的熔点、溶碳量以及是否有稳定的金属碳化物等。这些因素决定了石墨烯的生长温度、生长机制和使用的载气类型。

另外，金属的晶体类型和晶体取向也会影响石墨烯的生长质量。在金属基底上生长石墨烯的主要缺点是需要把石墨烯转移到目标基底上进行应用，这一过程不但容易对石墨烯造成机械破坏及引入杂质，还极大地增加了石墨烯薄膜的制备成本。相对的，是直接在目标基底（大多是非金属基底）上生长石墨烯，如 MgO、SiO_2、玻璃等。

（3）按能量提供方式分类

根据生长石墨烯的 CVD 的能量提供方式可以分为热 CVD（TCVD）法和 PECVD 法。TCVD 通常使用电阻加热，设备简单，成本低，是非常常用的一种 CVD 方法，但通常所需温度较高。PECVD 可以极大的降低制备温度，按照等离子体的产生方式又分为 RF-PECVD 法、MW-PECVD 法等。RF-PECVD 法制备石墨烯的优点是能够在较低的温度（400～700℃）下进行沉积，而且能够改变气体成分对石墨烯进行掺杂，可以大面积制备。其缺点是由于利用射频电源激发等离子体对基底进行加热会在腔体中产生电极污染，等离子体密度不高，稳定性难控制。MW-PECVD 法采用微波激发等离子体，没有电极污染，所激发的等离子体密度高，从而降低了石墨烯的生长温度，可以在不同的基底材料上制备石墨烯，容易进行掺杂。

（4）按反应气氛压强分类

根据反应室中气氛的总压强，石墨烯制备又可分为 LPCVD（生长压强大于 10^{-3} Pa 但低于大气压）、APCVD（压强为 1atm 左右）和 UHVCVD（$<10^{-3}$ Pa）。LPCVD 和 APCVD 系统的成本较低，对系统的气密性和真空度要求不高，在实验室中较为常见。LPCVD 系统中，可以获得更低的碳源反应物的偏压，从而对石墨烯的成核和生长速度进行更精确地控制，同时，低压系统中分子平均自由程更大，在基底表面的分布更加均匀，并且更容易控制碳源的供给时间。APCVD 系统比 LPCVD 系统的成本更低，但碳源的偏压较高，一般需要用氩气进行稀释。另外，压力高时，分子的平均自由程也变小，因此石墨烯生长的均匀性受基底的面积、形状、放置方式、反应室的空间与形状等影响较大。不论是 LPCVD 还是 APCVD 系统，都会有少量的杂质（如水、氧气等），来自系统的漏气及吸附在系统内壁的杂质的脱附。研究结果表明，即使是很少量的杂质，对石墨烯的生长也会有很大的影响。在研究石墨烯的生长行为时要排除杂质的影响，或对其生长进行原位观测（如通过 SEM，LEEM 等），需要使用 UHVCVD 系统。在石墨烯的工业制备中，采用哪种压强系统，需要根据实际情况，在质量与成本之间进行平衡。

—— 参考文献 ——

［1］ Milton Ohring 著. 薄膜材料科学. 刘卫国等译. 北京：国防工业出版社，2013.

［2］ Y. Xu, X. -T. Yan. *Chemical vapour deposition：an integrated engineering design for advanced materi-*

als. 2010，London：Springer-Verlag London Limited.

［3］任文才，高力波，马来鹏，成会明.石墨烯的化学气相沉积法制备.新型碳材料，（2011）**26**：71.

［4］方应翠.真空镀膜原理与技术.北京：科学出版社，2014.

［5］李爱东，刘建国.先进材料合成与制备技术.北京：科学出版社，2014.

［6］冯丽萍，刘正堂.薄膜技术与应用.西安：西北工业大学出版社，2016.

［7］王月花，黄飞.薄膜的设计、制备及应用.徐州：中国矿业大学出版社，2016.

［8］田民波，李正操.薄膜技术与薄膜材料.北京：清华大学出版社，2016.

［9］田民波.薄膜技术与薄膜材料.北京：清华大学出版社，2006.

［10］钱苗根.现代表面技术，第2版.北京：机械工业出版社，2016.

［11］许立信，范立红，童忠东.现代膜技术与制膜工艺实例.北京：化学工业出版社，2016.

［12］张永宏.现代薄膜材料与技术.西安：西北工业大学出版社，2016.

［13］石玉龙，闫凤英.薄膜技术与薄膜材料.北京：化学工业出版社，2015.

［14］张兴祥，耿宏章.碳纳米管、石墨烯纤维及薄膜.北京：科学出版社，2014.

［15］叶志镇，吕建国，吕斌，张银珠.半导体薄膜技术与物理.杭州：浙江大学出版社，2014.

［16］戴达煌等.功能薄膜及其沉积制备技术.北京：冶金工业出版社，2013.

［17］王福贞，马文.气相沉积应用技术.北京：机械工业出版社，2007.

［18］杨邦朝，王文生.薄膜物理与技术.成都：电子科技大学出版社，1994.

［19］唐伟忠.薄膜材料制备原理.北京：冶金工业出版社，2003.

［20］孙俭峰，王永东，王振廷.材料表面工程技术.哈尔滨：哈尔滨工业大学出版社，2011.

［21］郑伟涛.薄膜材料与薄膜技术.北京：化学工业出版社，2008.

［22］韩郑生等译.半导体制造技术.北京：电子工业出版社，2004.

［23］陈旭东，陈召龙，孙靖宇，张艳锋，刘忠范.石墨烯玻璃：玻璃表面上石墨烯的直接生长.物理化学学报（2016）**32**：14-27.

［24］Sun J.，Chen Y.，Cai X.，et al.，*Direct low-temperature synthesis of graphene on various glasses by plasma-enhanced chemical vapor deposition for versatile，cost-effective electrodes*. Nano Res.（2015）**8**：3496-3504.

［25］M. Eizenberg，J. M. Blakely. *Carbon monolayer phase condensation on Ni*（111）. Surf. Sci.（1979）**82**：228-236.

［26］J. Wintterlin，M. L. Bocquet. *Graphene on metal surfaces*. Surf. Sci.（2009）**603**：1841-1852.

［27］X. Li，L. Colombo，R. S. Ruoff. *Synthesis of graphene films on copper foils by chemical vapor deposition*. Adv. Mater.（2016）**28**：6247-6252.

［28］F. Qing，C. Shen，R. Jia，L. Zhan，X. Li. *Catalytic substrates for graphene growth*. MRS Bull.（2017）**42**：819-824.

第3章

石墨烯的成核与生长

研究晶体的制备，即研究晶体的成核与生长行为。理解晶体成核与生长的热力学及动力学原理及相关影响因素，才能对晶体的制备进行更好的控制。在 CVD 方法中，影响晶体成核与生长有三个主要因素，即反应器几何结构、气体输运和反应化学。而反应器的几何结构实际上主要影响的是气体的输运及气相反应，因此，首先需要理解气体输运及反应化学对晶体成核与生长的影响。当使用不同形式的反应物和不同材料的基底来进行同一种材料的制备时，尽管其具体的输运过程和反应化学可能会有所差异，但在基底表面的热力学及动力学原理一般来说是相同的，例如，在石墨烯薄膜的 CVD 制备过程中，不论使用何种碳源，从本质上讲，都是 C、H、O 三种元素在基底表面的相互作用及与基底之间的相互作用。本章在关于石墨烯的成核与生长的探讨中，在尽可能全面的前提下，将主要围绕甲烷-铜基底体系进行具体讨论。另外，本章主要介绍单层石墨烯的成核与生长，多层石墨烯的成核与生长将在第 5 章进行更详细的介绍。

3.1　石墨烯 CVD 生长过程

使用 CVD 法在金属基底上制备石墨烯的过程，可以划分为以下几个主要物理化学过程（如图 3-1 所示）[1]：a. 反应物向基底表面输运，包括反应物从反应室入口流动到基底上方区域、在此过程中发生的气相反应、在基底上方的物质经过边界层传递到基底表面；b. 前驱体在基底表面吸附与裂解；c. 活性基团在基底表面或基底内部扩散；d.活性基团在基底表面聚集形成团簇，当团簇尺寸超过临界尺寸时，即形成石墨烯晶核；e.随着碳原子（或基团）的添加，石墨烯晶畴长大；f.当基底表面完全被石墨烯覆盖后，失去对含碳前驱体的催化活性，石墨烯生长停止；g.随着温度的降低，碳在金属中溶解度降低，碳的溶解过饱和，石墨烯析出（当碳在金属中的溶解度很低时，这一步不会有明显的体现）。下面将主要针对以上各步骤展开详细讨论。

图 3-1　使用金属基底通过 CVD 法制备石墨烯薄膜的主要物理化学过程[1]

3.2　气相反应

　　Z. Li 等研究了石墨烯制备过程中气体输运的影响[2]。甲烷在气相中裂解时可发生一系列链式反应。当不考虑碳的固态沉积时，在不同温度下甲烷热解的主要气相产物在平衡态下的组分如图 3-2(a) 所示。可以看到，随着温度的增加，会有更多的热解产物出现。例如，高温时，CH_3 自由基具有不可忽略的平衡摩尔分数。作为气相链式反应的中间体，其浓度可以比石墨烯生长时在基底表面的平衡浓度高得多。在典型石墨烯生长温度（1000℃）下甲烷转化率为 $1s^{-1}$ 量级。如果在 CVD 反应室（一般为石英管）的气体停留时间是在这样的时间尺度上，则石英管中的气体混合物处于非平衡稳定状态，即，气体成分沿管的不同位置变化，但不随时间变化。气体混合物的停留时间（或路径）沿着气流方向越来越长，从而发生越来越深的裂解反应，导致产生的活性物质沿气流方向单调增加，如图 3-2(b) 所示。

　　这也就意味着当基底处于不同位置时，其所处的化学环境也会有所不同，对石墨烯的生长也会有不同的影响。在气流上游的位置，反应物停留时间短，热裂解产生的活性基团较少，生长的石墨烯主要为单层；沿气流下游方向，随着反应物停留时间的增加，热裂解产生的活性基团增加，石墨烯的层数也随之增加，如图 3-3 所示。

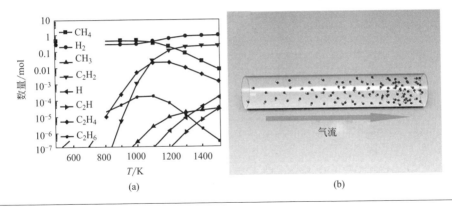

图 3-2 甲烷热解相关示意

（a）计算得出的不含固态碳情况下气相平衡时甲烷热解主要组分（压力为 20 Torr，H/C＝26∶5，即 H_2/CH_4＝3∶5）；（b）气相平衡时活性基团不均匀分布示意[2]

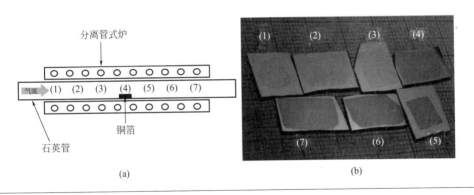

图 3-3 环境对石墨烯生长的影响

（a）在 7 个不同位置独立地用铜箔生长石墨烯的 CVD 生长示意；（b）在七个位置生长的石墨烯薄膜转移到 SiO_2/Si 基底上的照片[2]

    另外，石墨烯在铜箔上的生长同样会改变气相成分，例如，通过铜箔对 CH_3 的吸附，可以限制甲烷在气相中裂解的链式反应。如果沿着气流方向放置几个铜箔，就可以保持相对均匀的低浓度活性基团，降低热裂解的影响，获得均匀的单层石墨烯。

    在实验研究中，一方面，甲烷的脱氢过程为吸热过程，具有很好的热稳定性，且使用的甲烷偏压较低，因此由于热裂解产生的自由基相对较少；另一方面，在通常情况下，所使用的基底面积较小，位置较为固定，由热裂解导致的自由基分布的不均匀性对实验结果的重复性和均匀性影响不大，因此可只考虑其在基底表面发生的催化裂解行为，而忽略其输运过程中气相发生的热裂解。但当使用的金属基底较大或者改变金属基底的位置时，甲烷在输运过程中由于热裂解而导致反应气成分沿气流方向的差异将不可忽视。

3.3　甲烷的吸附与分解

与气相中热裂解相比，甲烷在金属表面更容易被催化裂解。各活性基团脱氢反应势垒及其在金属表面的能量如表 3-1、表 3-2 及图 3-4、图 3-5 所示。表 3-1 及图 3-4 中，计算时氢原子总数不变，即在后续脱氢过程中，氢原子总数始终为 4 个；表 3-2 及图 3-5 中，每个活性基团脱氢时，只计算该基团中的氢原子数量。计算中取 CH_4 吸附在金属表面的能量为零点。

表 3-1　甲烷脱氢各步对应的能量及势垒（计算时氢原子总数不变）（单位：eV）

基底	CH_4	势垒	CH_3+H	势垒	CH_2+2H	势垒	$CH+3H$	势垒	$C+4H$	文献
Pd(100) RPBE	0	0.89	0.27	0.96	0.34	0.65	0.37	0.23	0.73	C. J. Zhang, et. al. [3]
PW91	0	0.79	0.15	0.67	0.09	0.29	−0.73	−0.21	−1.15	
Ru(0001)	0	0.88	−0.06	0.45	−0.11	0.05	−0.58	0.54	−0.22	Ciobica, et. al. [4]
Ru(11-20)	0	0.51	−0.29	−0.21	−0.42	0.11	−0.40	0.60	0.01	Ciobica, et. al. [11]
Ni(111)	0	1.04	0.59	1.37	0.74	1.04	0.42	1.84	1.10	Bengaard, et. al. [12]
Ni(211)	0	0.84	0.39	0.99	0.46	0.93	0.13	1.04	−0.12	
Ni(111)	0	1.32	0.42	1.13	0.39	0.68	−0.05	1.39	0.50	Watwe, et. al. [13]
Cu(111)	0	1.77	0.79	2.32	1.64	2.77	2.12	4.09	3.60	W. Zhang, et. al. [6]
Cu(100)	0	1.59	0.90	2.45	1.74	2.51	1.86	3.40	2.75	
Co(111)	0	1.08	0.32	0.69	0.51	0.65	0.51	1.09	0.97	Z. Zuo, et. al. [8]

表 3-2　甲烷脱氢各步对应的能量及势垒（只计算对应基团中氢原子数量）（单位：eV）

基底	CH_4	势垒	CH_3+H	势垒	CH_2+H	势垒	$CH+H$	势垒	$C+H$	文献
Cu(111)	0	2.16	0.85	2.57	1.71	3.01	2.35	4.65	3.77	
Cu@Cu(111)	0	1.74	0.73	3.05	1.66	3.18	2.21	4.34	3.30	R. G. Zhang, et. al. [5]
RhCu(111)	0	0.87	0.41	1.57	0.96	1.93	1.19	2.68	1.91	
Rh@Cu(111)	0	0.67	0.13	1.39	0.56	1.87	0.61	1.70	1.03	

基底	CH$_4$	势垒	CH$_3$+H	势垒	CH$_2$+H	势垒	CH+H	势垒	C+H	文献
Cu(100)	0	1.50	0.73	1.93	1.40	2.15	1.74	3.50	2.76	S. Yuan,
Cu@Cu(100)	0	1.29	0.40	1.60	1.35	2.32	1.75	3.25	2.75	et. al. [7]
Ni@Cu(100)	0	0.60	0.37	1.13	0.98	1.37	1.22	2.22	1.63	
Pd(100)	0	1.06	0.29	1.28	0.55	1.45	−0.09	0.89	−0.28	Z. Jiang, et. al. [14]

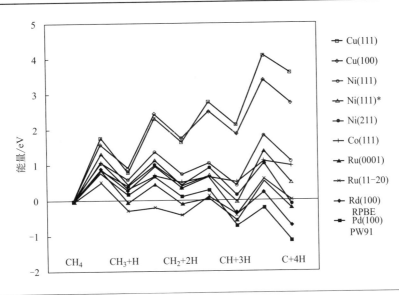

图 3-4 甲烷脱氢各步对应的能量及势垒（计算时氢原子总数不变）

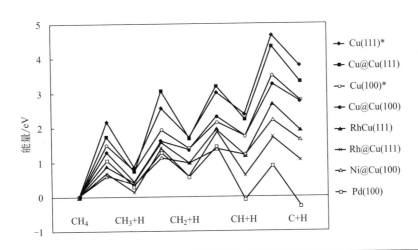

图 3-5 只计算基团中氢原子数量时甲烷脱氢的能量及势垒（"@"表示原子在基底表面上）

甲烷在一些金属表面如 Pd(100)[3] 和 Ru(0001)[4] 上的脱氢反应为放热反应，并具有较低的势垒；在铜的表面为吸热反应，势垒较高[5-7]；当铜的表面有其他原子如 Rh、Ni 等时，脱氢所需能量及势垒均降低[5,7]。

甲烷在金属表面的吸附能很低，例如，在 Co(111) 表面的吸附能为 0.12eV[8]，而在 Cu、Ni 和 Rh 等（111）表面为约 0.2eV[9,10]，在 Ir(111) 表面为 0.39eV[10]。这也意味着，相对于甲烷在金属表面较高的脱氢势垒，其转化率很低。

3.4 活性基团

石墨烯的成核与生长与金属表面的含碳基团直接相关。前文中已经提到，不论是在气相还是金属表面，甲烷都可以发生脱氢反应，因此，载气中氢气的分压会影响石墨烯生长中主要含碳基团的成分。另外，催化剂的活性也会影响活性基团的稳定性及其分布。已有研究表明，常用金属的催化活性依次为 Ru～Rh～Ir＞Co～Ni＞Cu＞Au～Ag。H. Shu 等通过理论计算研究了在 Cu（111）、Ni（111）、Ir（111）和 Rh（111）上的活性基团 CH_i（$i=0$，1，2，3，4）[10]。这些活性基团在（111）面可能的吸附位置为表面金属原子上面（T），两个金属原子之间（B），对应 hcp 排列的空位（H），对应 fcc 排列的空位（F），以及亚表面正八面体空位（O）和两种正四面体空位（TE1 和 TE2），如图 3-6(a) 所示。如图 3-6(b) 所示为活性基团在最优位置的结合能。可以看到，在 Cu（111）和 Ni（111）表面，位于亚表面正八面体空位（O）的碳原子（C-II）最为稳定。对于 Ir（111）和 Rh(111)，碳原子在表面上则要比亚表面更加稳定。

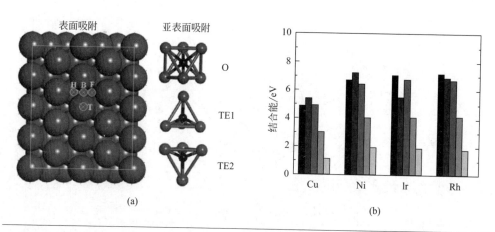

图 3-6 各 CH_i 基团在金属（Cu、Ni、Ir 和 Rh）（111）面的吸附位置（a）及结合能（b）（从左到右依次为 C-I、C-II、CH、CH_2、CH_3；C-I 和 C-II 分别表示在金属表面和亚表面的碳原子）[10]

甲烷与金属是通过较弱的范德华力相互作用，在金属表面吸附不稳定，因此不能作为参与石墨烯生长的活性基团，而活性基团 CH_i $(i=0，1，2，3)$ 则与金属形成化学键，在金属表面可以停留较长的时间，进而参与石墨烯的成核与生长。此外，H. Shu 等发现，活性基团与金属表面的结合能与氢原子的个数近似成线性降低，活性基团在铜表面的结合强度要弱于其他金属。根据 d 能带模型，金属 d 能带的宽度与能量对 CH_i 与金属表面相互作用形成 $p\text{-}d$ 杂化起关键作用，而铜与其他金属 d 能带的差异则是导致活性基团在铜表面结合能低的原因。

根据各基团的结合能，可以计算在一般的石墨烯生长温度（1000～1300K）下活性基团在金属表面的热动力学存在时间，CH_3 的存在时间为 $10^{-8}\sim10^{-4}$ s，而其他基团（C，CH，CH_2）存在时间大于 10^3 s。由于 CH_3 的存在时间很短，其在催化剂表面很难扩散足够长的距离，因此，只有 C、CH 和 CH_2 可作为石墨烯生长的主要前驱体。

活性基团的相对稳定性及分布可以通过计算其相对吉布斯自由能（ΔG_f）来确定。图 3-7 为活性基团在四种金属表面的相对吉布斯自由能随氢的化学势的变化，

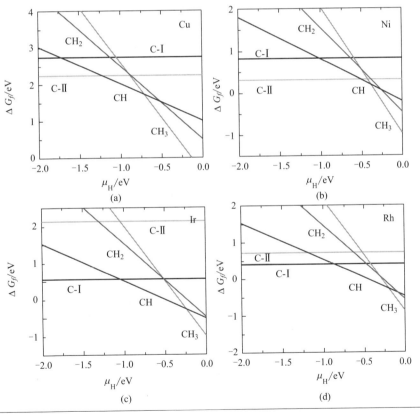

图 3-7 不同活性基团在 (a) Cu (111)、(b) Ni (111)、(c) Ir (111) 和 (d) Rh (111) 表面相对吉布斯自由能随氢化学势的变化[10]

该结果表明，较低的氢的化学势有助于脱氢。又由于氢的化学势随氢气的偏压增加而增加，随温度的增加而减小，因此高温和低氢气偏压更有助于脱氢。

H. Shu 等通过对氢气偏压 10^{-2} mbar、温度 800～1400K 时各金属表面活性基团分布的计算发现，在 Cu(111) 表面，低温时主要为 CH，随温度的增加，变为 C-II；在 Ni(111) 表面，均为 C-II；而在 Ir(111) 和 Rh(111) 表面，则是随着温度的增加，活性基团由 CH 转变为 C-I。在温度为 1200K 时，活性基团分布随氢气偏压变化的情况如图 3-8 所示。基本上，对 Cu、Ir 和 Rh 而言，随氢气偏压的增加，碳原子减少而 CH 增加，即前驱体脱氢受到抑制。总体而言，在大多数石墨烯的生长条件下，参与反应的活性基团为碳原子及 CH。温度及氢气偏压的改变会影响碳原子及 CH 的分布，进而影响石墨烯的生长动力学（如单晶形状）。计算还表明，活性基团的分布不随甲烷与氢气偏压的比值改变。

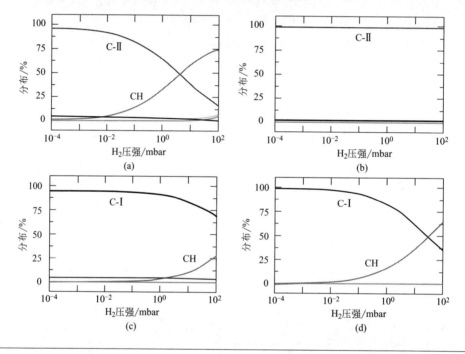

图 3-8 温度为 1200K 时，活性基团分布随氢气偏压变化的情况

(a) Cu (111)；(b) Ni (111)；(c) Ir (111)；(d) Rh (111)[10]

除了热力学因素外，活性基团的分布还要考虑其动力学过程。甲烷脱氢的过程需要跨越一系列脱氢势垒。由上节中可知，甲烷在 Cu(111) 表面具有较高的脱氢势垒，并且其中由 CH 到 C 的脱氢势垒最高，因此在 Cu(111) 表面 CH 的分布会更多。由于 CH 具有很高的活性，即使在很高的温度下（例如 1300K），两个 CH 基团也可以生成 C_2H_2，并且这一反应是放热反应，反应热为 1.94eV，势垒仅为

0.3eV，因此，C_2H_2 也是 Cu 表面石墨烯成核和生长的主要中间产物。相对而言，甲烷在其他金属表面脱氢势垒较低，脱氢效率较高，因此动力学因素对活性基团的分布影响较小。

另一项需要被考虑的因素是活性基团在金属表面的扩散。各活性基团的扩散途径及扩散势垒如图 3-9 所示。除了 CH_3 在 Ir(111) 上的情况外，CH_i（$i=1$，2，3）的优化扩散路径均为表面空位，即 H→F→H。C 原子则可以在表面空位、亚表面空位或亚表面空位和表面空位之间扩散。在 Cu(111) 表面，C-Ⅱ 和 CH 是多数石墨烯生长条件下主要的活性基团。CH 的表面扩散势垒只有 0.30eV，而 C-Ⅱ 为 0.63eV。在其他金属（Ni、Ir、Rh）表面的主要活性基团的扩散势垒均大于 0.7eV。活性基团在 Cu 表面极低的扩散势垒有利于获得较低的成核密度从而获得较大的单晶。

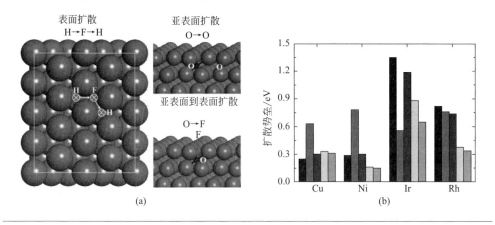

图 3-9 各活性基团 CH_i（$i=0$，1，2，3）在（111）面的扩散路径（a）和

扩散势垒（b）（从左到右依次为 C-Ⅰ、C-Ⅱ、CH、CH_2、CH_3）[10]

3.5 石墨烯的成核

R. G. van Wesep 等通过第一性原理计算得出在 Cu(111) 表面，含有 3~13 个碳原子（3C~13C）的碳链要比含有相同数目原子的网格结构更加稳定，如图 3-10 所示[15]。从图中可以看到，除了 4C 和 8C 的网格结构外，基本上，团簇的形成能（每单个原子）随原子的增加而降低。对于 4C 网格结构，可能是由于有碳原子非常靠近铜原子正上方。对于 8C 网格结构，则是因为不完整的六元环。

由第一性原理只能计算出 0K 下碳团簇的内能，而在实际石墨烯生长条件下，即一定温度、压强下，一维碳链和二维网格会同时存在。通过计算发现，打开一个六元环而形成一维碳链的势垒为 0.66eV，这在一般生长温度下很容易达到（如

图 3-11 所示）。因此，当碳团簇小于 10C 时，形成的碳环很容易被打破，因而基底表面碳原子小于 10 的团簇主要以碳链结构存在。而一旦形成 10C 具有两个六元环的网格结构，要形成碳链，则需要打破两个键，其可能性会大为降低。尽管基于能量的角度更倾向于形成 13C 纳米弓，但与形成纳米弓相比，可以有更多方式由更小的线性链形成纳米网格。而在实际生长条件下，也有很大的机会形成 13C 纳米网格，并且一旦形成，就可能会完整保持下来，因为这时要打破三个六元环更加困难。因此，尽管对于 10C～13C 的团簇来说仍然是链状结构能量最低，但实际生长条件下则更多以二维网格状结构存在。

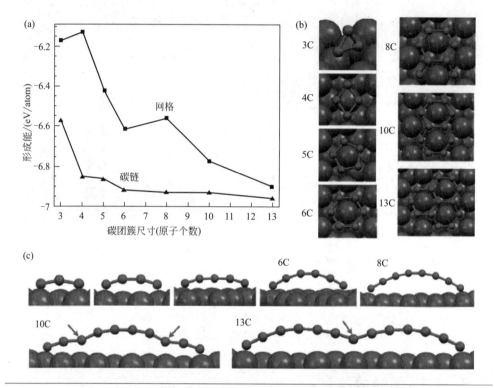

图 3-10 碳原子的碳链结构比相同数目的碳原子的网格结构稳定

(a) 在 Cu (111) 上由 3～13 个碳原子组成的一维碳链和二维致密网格的形成能（每单个原子）；(b) 在 Cu (111) 上的弛豫二维致密结构的俯视图。小球和大球分别代表碳和铜原子；(c) 在 Cu(111) 上弛豫的一维纳米弓结构的侧视图；箭头表示弓坍塌的地方[15]

J. Gao 等利用密度泛函理论及二维晶体成核理论研究了在 Ni(111) 表面包含 1～24 个碳原子的碳团簇稳定性及石墨烯的成核情况[16]。在 Ni(111) 平台上，当碳原子数 $n < 12$ 时，碳链的形成能最低，之后二维网格（包含五元环）的形成能最低，而都是六元环的二维网格的形成能最高，如图 3-12 所示。在金属平台上，一

维碳链的形成能与碳原子数近似成线性增加，二维网格的形成能与碳原子数的平方根近似成线性增加。在金属台阶上，碳团簇的形成能降低，并且碳团簇由碳链到二维网格稳定结构转变的临界原子数为 10。

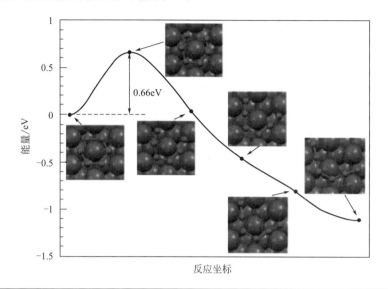

图 3-11 6C 六元环断裂为一维链的能量分布和原子结构顶视图[15]

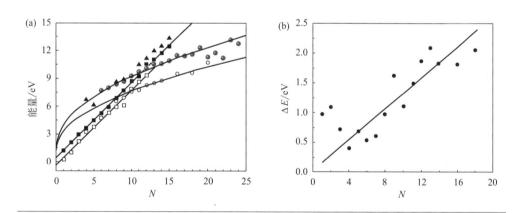

图 3-12 碳原子的碳团簇稳定性及石墨烯的成核情况示意

（a）Ni(111) 平台和台阶上的碳原子团簇的能量；正方形、三角形和圆圈线分别表示碳链、六元环和 sp^2 网格，实心和空心线分别表示在平台和台阶上；（b）平台和台阶上最优能量之差[16]

在石墨烯成核和生长的过程中，系统的吉布斯自由能为

$$G(n) = E(n) - n\Delta\mu$$

式中，$\Delta\mu$ 为石墨烯中碳原子和金属表面原子碳源的化学势之差，即过饱和度。

不同 $\Delta\mu$ 时 G 与 n 在 Ni(111) 表面平台上关系如图 3-13 所示。

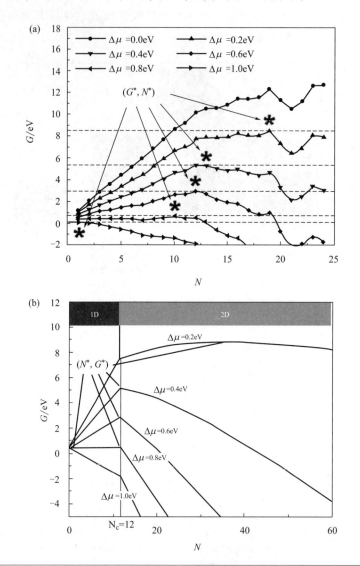

图 3-13 C1~C24 碳团簇在 Ni(111) 表面平台上的吉布斯自由能随
团簇中原子个数和碳化学势变化的函数关系

（a）原始数据；（b）根据经典成核理论拟合后数据[16]

同样的方法可以得到不同 $\Delta\mu$ 时 G 与 n 在 Ni(111) 台阶上成核时的关系，进而可以求得在平台上及台阶上临界晶核原子数及成核势垒。如图 3-14 所示，当 $\Delta\mu$ 很小时（平台 $\Delta\mu < 0.346\text{eV}$，台阶 $\Delta\mu < 0.315\text{eV}$），随着 $\Delta\mu$ 降低，势垒及临界晶核原子数迅速增加，成核概率极低；而当 $\Delta\mu$ 很大时（平台 $\Delta\mu > 0.81\text{eV}$，台阶 $\Delta\mu > $

0.775eV），成核势垒为 0，碳团簇将自发团聚，此时生长势垒由碳原子的沉积及其在金属表面扩散速率决定；当 $\Delta\mu$ 处于中间值时，临界晶核原子数 $n_c = 12$（平台）或 10（台阶），成核势垒随 $\Delta\mu$ 增加线性降低。

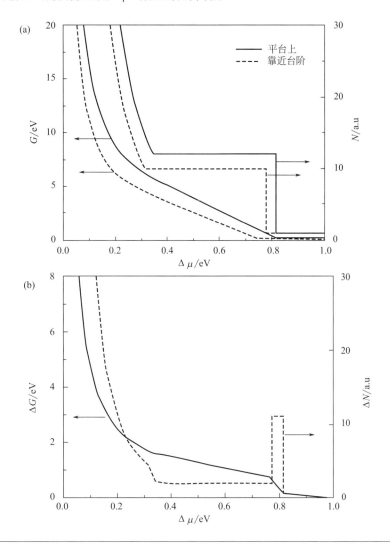

图 3-14 临界晶核尺寸及成核势垒与碳化学势变化的函数关系（a）和平台和台阶临界晶核尺寸及成核势垒差异与碳化学势变化的函数关系（b）[16]

需要注意的是，当碳化学势 $\Delta\mu$ 很大时，碳团簇的生长速率会很快，因为生长太快而来不及修复生长过程产生的缺陷，从而难以得到高质量的石墨烯。另外，与石墨烯在 Ni(111) 上更倾向于在台阶上成核相比，石墨烯在 Cu(111) 上则更容易在平台上成核。

3.6 石墨烯单晶的生长形状

晶体生长形态是指结晶界面在三维空间中的几何形态，对石墨烯而言，即其二维的几何形状。晶体的生长形态由材料本身性质和生长环境综合决定。

3.6.1 Wulff 构型

石墨烯单晶生长的本征形态，即由材料性质决定的生长形态，可以通过 Wulff 构型进行确定。自由能最小原理是控制晶体生长形态的基本热力学条件。在平衡状态下，新相的体积确定，则系统的自由能最小，即为其表面能最小。在确定体积下，表面仅与形状有关。显然，对于液滴，球状时其表面能最小。而对于晶体，由于各个晶面的表面能不尽相同，因此，晶体的平衡形状与其晶向有关。

根据 Wulff 构型理论，从一个共同顶点出发，做垂直于具有单位表面能 σ_i 的表面、长度为 h_i 的矢量（σ_i/h_i＝常数），在矢量的另一端做与矢量垂直的平面，则所有平面构成的包络图就是晶体的平衡态构型。对于二维晶体（如石墨烯），与三维晶体类似，只是表面能换为边界能。

3.6.2 热力学平衡结构

C. K. Gan 和 D. J. Srolovitz 通过第一性原理研究了真空中石墨烯的边界态及石墨烯单晶形状[17]。石墨烯边界的取向可以与定义碳纳米管手性同样的方法进行定义，即其切线矢量 $\boldsymbol{T}_e＝n\boldsymbol{a}_1+m\boldsymbol{a}_2$ 与平行于扶手椅型（Armchair，AC）边矢量 $\boldsymbol{a}_{ac}＝\boldsymbol{a}_1+\boldsymbol{a}_2$ 之间的夹角 α 来定义，如图 3-15 所示。AC 边与锯齿形（Zigzig，ZZ）边分别对应 $\alpha＝0°$ 和 $30°$。由于石墨烯蜂巢对称结构，因此只需要研究 α 在 $0°\sim30°$ 的范围。

计算表明，未发生结构重构的石墨烯纳米带边界能随纳米带宽度的增加而变化，在宽度大于 3nm 时达到稳定值。不论是否考虑自旋极化，对于未重构的边界，在有氢钝化和没有钝化的情况下，其单位长度边界能均随 α 的增加而增加，即 AC 边具有最小边界能，而 ZZ 边边界能最大。实验结果表明，AC 边最外碳原子之间的键长为 0.1258nm，远小于石墨烯体相中碳碳单键的长度（0.1427nm），说明其成键为碳碳三键，形成了自发钝化，降低了边界能。而 ZZ 边最外碳原子相距较远（0.246nm），无法自发钝化，存在悬挂键，因而边界能较高。氢的钝化则可以将石墨烯边界的形成能降低 1~2 个数量级。

另外，石墨烯边界在一定条件下可以转变为 5｜6｜7 圆环按一定排列方式重新构建，从而降低边界能。如图 3-16 和图 3-17 所示分别为较为常见的重构方式及对应的边界能[18]。

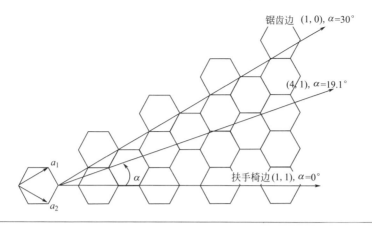

图 3-15 石墨烯边界取向为其切线矢量 $T_e = n\boldsymbol{a}_1 + m\boldsymbol{a}_2$

与 AC 边矢量 $\boldsymbol{a}_{ac} = \boldsymbol{a}_1 + \boldsymbol{a}_2$ 之间的夹角 α[17]

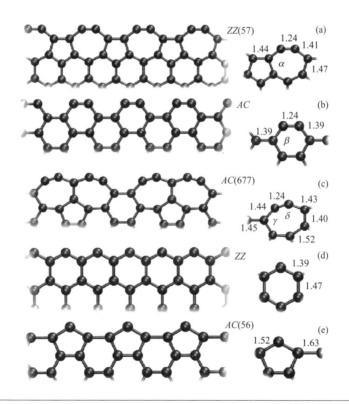

图 3-16 石墨烯边缘的几何构型

（a） $ZZ(57)$ 重构；（b） AC 重构；（c） $AC(667)$ 重构；（d） ZZ 重构；（e） $AC(56)$ 重构。重构键角为：$\alpha = 143°$，$\beta = 126°$，$\gamma = 148°$，$\delta = 147°$。所有构型均在同一平面内[18]

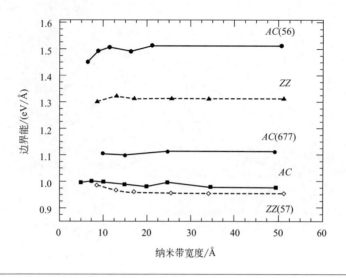

图 3-17 石墨烯纳米带的边界能与其宽度的函数关系[18]

　　基于石墨烯的边界能，石墨烯单晶的平衡形状可以通过 Wulff 构型来确定。由于石墨烯的边界能是其边界吸附氢原子的密度的函数，而氢原子的吸附密度与石墨烯所在气氛中氢气的偏压及温度有关，因此，可以通过研究与气相中氢气的化学势相关的边界自由能 G_{edge} 来代替其形成能[17]。根据石墨烯边界自由能与氢气的化学势 μ_{H_2} 的关系进行 Wulff 构型，可以得到不同氢气偏压及温度下石墨烯单晶的平衡形貌，如图 3-18 所示。当 $\mu_{H_2} = 0$ 或 $-1.0eV$ 时，石墨烯单晶平衡形状为具有氢化 AC 边的正六边形。当 $\mu_{H_2} = -2.0eV$ 时，开始出现氢化 ZZ 边，并随 μ_{H_2} 的降低而逐渐增加。随着 μ_{H_2} 的进一步降低，在 $-5.5 \sim -5.0eV$ 之间，未氢化的 AC 边开始出现，直至最终成为边界为非氢化 AC 边的正六边形（$\mu_{H_2} = -7.0eV$）。尽管对应较高（$\mu_{H_2} \geqslant 0$）和较低（$\mu_{H_2} \leqslant -7.0eV$）的氢气化学势时石墨烯单晶的平衡形状都是 AC 边正六边形，但却是分别对应氢化和非氢化两种情况。

　　在实际应用中，更多的要考虑石墨烯在基底上的情况。利用密度泛函理论，V. I. Artyukhov 等计算了石墨烯在 Fe、Co、Ni 和 Cu 上的边界能，包括其本征的 AC 边和 ZZ 边及其重构的 AC56 边（在 AC 边外加碳原子形成一个五元环）和 ZZ57 边[19]。如图 3-19（a）所示，计算表明 AC56 边并不稳定，会形成 AC5' 边（新加的碳原子不形成闭合的五元环）。从图 3-19（b）中可以看到，与真空中 ZZ57 边的边界能最低相比，在 Cu 上，ZZ 边的边界能最低，而在 Fe 和 Co 上，AC5' 的边界能最低，在 Ni 上，ZZ 边和 AC5' 边的边界能相当且最低。这是因为，在真空，重构所降低的能量优于由此而导致的应变引起的能量的增加，而在金属表

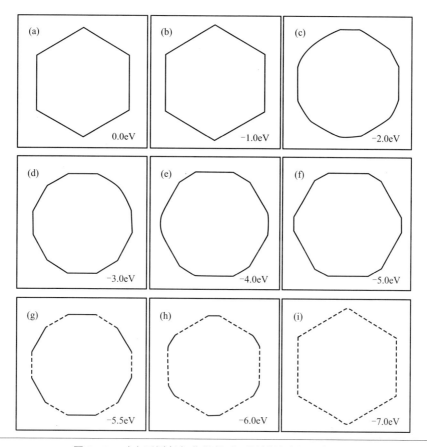

图 3-18 对应不同氢气化学势时石墨烯晶畴的平衡形状

(a)$\mu_{H_2}=0.0eV$；(b)$\mu_{H_2}=-1.0eV$；(c)$\mu_{H_2}=-2.0eV$；(d)$\mu_{H_2}=-3.0eV$；(e)$\mu_{H_2}=-4.0eV$；(f)$\mu_{H_2}=-5.0eV$；(g)$\mu_{H_2}=-5.5eV$；(h)$\mu_{H_2}=-6.0eV$；(i)$\mu_{H_2}=-7.0eV$。实（虚）线对应有（没有）氢钝化[17]

面，金属原子可以在一定程度上饱和悬键，而不必引起很大的应变；石墨烯在 Cu 上较高的边界能则与碳在 Cu 中较低的溶解度有关。

根据图 3-19（b）的结果所得到的石墨烯在各金属上的 Wulff 构型如图 3-19（c）所示。在 Ni 上，由于 ZZ 边和 AC5'边边界能差异很小，因此其平衡形状比较圆滑；在 Fe 和 Co 上，为 AC5'边的正六边形；在 Cu 上，为 ZZ 边的正六边形。

3.6.3　动力学稳定性和生长行为

只有当石墨烯处于平衡状态，或者石墨烯生长速率非常缓慢，以至于可以看作准平衡态过程时，才可以根据热力学平衡条件进行石墨烯单晶形状及边界的判定。

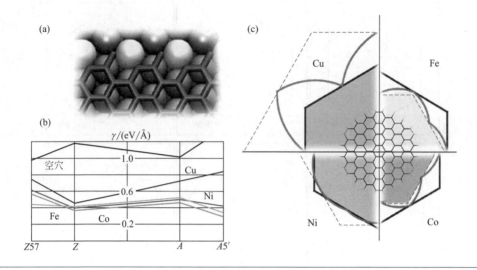

图 3-19　石墨烯的平衡形状

（a）$AC5'$ 边示意图；（b）由密度泛函理论计算的在真空中及金属表面的石墨烯的边界能；（c）金属上石墨烯的 Wulff 构型：实直线表示 ZZ 边，虚线表示 AC 边（Cu）或 $AC5'$ 边（Ni，Fe，Co），曲线为边界能极坐标图 [19]

实际应用中，石墨烯先根据平衡形貌进行成核，但大多数情况下，过饱和度较大，石墨烯生长更多是非平衡过程，其形态取决于各个晶面（边）法向生长的速度——法向生长速度越快的晶面越容易消失。

对于边缘添加控制生长过程（即与碳原子向石墨烯边界添加的速度相比，前驱体向石墨烯边界扩散的速度足够快），可以通过密度泛函理论计算各边的生长速度，进而通过动力学 Wulff 构型（即用各边法向生长速度代替边界能），确定石墨烯生长时的形状 [19]。与其他边相比，AC 边和 ZZ 边具有更小的生长速度，且 ZZ 边要小于 AC 边，并且这一关系不受金属基底影响，如图 3-20 所示。因此，与石墨烯在 Cu、Fe、Co、Ni 等金属上具有不同平衡形状相比，石墨烯生长时的形状均为具有 ZZ 边的正六边形。当碳原子向石墨烯边添加速度较快时（与其扩散相比），即生长的驱动力很大时，石墨烯的生长受前驱体的扩散速度限制，即扩散控制生长过程。在这种情况下，尖角或凸起部分更容易获得碳源，生长速度更快，最终形成枝晶结构。

3.6.4　单晶形状的实验结果

图 3-21 列举了典型的石墨烯晶畴形状，表 3-3 为典型实验条件及对应的 Cu 基底上石墨烯晶畴形状。

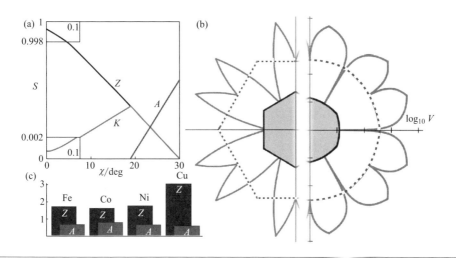

图 3-20　石墨烯生长速度的各向异性

（a）各边活性位点浓度，A、Z、K 分别对应 AC、ZZ 和扭折位点；（b）石墨烯在 Ni 上的动力学 Wulff 构型，曲线为生长速度的极坐标图，虚线和实直线表示纯 AC 和 ZZ 边的内包生长速度，左侧为设定 $kT=0.3\text{eV}$，右侧为更接近实际情况 $kT=0.1\text{eV}$ 并且使用 $\log_{10}$ 坐标；（c）密度泛函理论计算的对于 $\Delta\mu=0$ 的情况下石墨烯边界在各金属表面前进的自由能成核势垒[19]

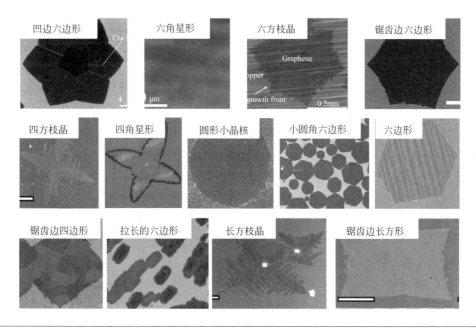

图 3-21

不规则图形

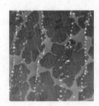   

图 3-21　典型的石墨烯晶畴形状

表 3-3　典型实验条件下 Cu 基底上石墨烯晶畴形状

晶向	石墨烯生长条件及晶畴形状	文献
多种晶向	LP,1030℃。通过连续相域模型分析石墨烯晶畴形状动力学成因,表明晶畴形状与甲烷氢气偏压比及基底表面有密切关系,石墨烯生长随时间由圆形晶核逐渐向规则形状及枝晶演化。与实验结果符合较好	E. Meca. et. al.[20]
(100) (110) (111)	LP,石墨烯生长的枝晶化程度随温度的增加而增加。LP 与 AP,石墨烯生长的枝晶化程度均随 CH_4：H_2 的增加而增加,而基本不受气体总压强变化的影响 　LP,石墨烯晶畴与 Cu 基底有明确的外延关系:Cu(100)上为四方枝晶,Cu(110)上为长方枝晶,在 Cu(111)面上,石墨烯晶畴的各向异性特征不明显,可能是由 Cu(111)的孪晶结构所致;AP,晶畴的取向与 Cu 基底无关,均为正六边形(低 CH_4：H_2)或六方枝晶(高 CH_4：H_2) 　石墨烯生长随时间由圆形晶核逐渐向规则形状及枝晶演化	R. M. Jacobberger. et. al.[21]
(111)	LP,P_{CH_4} 1～50mTorr,P_{H_2} 100mTorr,1035℃。没有氧的情况下为 ZZ 边正六边形,有氧时为六方枝晶,枝晶的角为 ZZ 方向	Y. Hao. et. al.[22]
(100)	UHV LEEM 腔室,740～895℃,E-beam 蒸发碳。四角星形,并且每个角为一个晶畴	J. M. Wofford. et. al.[23]
(100)	LP,H_2 100～300sccm(150～300Pa),CH_4 0.5～3sccm,5～20min,1035℃。锯齿边正方形	H. Wang. et. al.[24]
(111)	UHV,$P_{C_2H_4}=10^{-5}$ mbar(在 Cu 表面压力更高),1000℃。极高成核密度(约 100/μm²)。圆角六边形。相对基底 0°或 7°旋转	L. Gao. et. al.[25]
(111) 及其他	AP,H_2：Ar=1：3,600sccm;CH_4：Ar=1：4,10sccm,(CH_4：H_2：Ar=1：75：229),3min. 成核密度 0.4～0.5/μm²。990℃ 和 1000℃,正六边形 FLG;980℃,(111)面为正六边形 FLG,非(111)面为拉长的六边形 FLG	Y. A. Wu. et. al.[26]
(111)	AP,CH_4(1% CH_4/Ar)：H_2：Ar=3：50：1000sccm,1075℃。ZZ 边正六边形	V. L. Nguyen. et. al.[27]
(111)	AP,CH_4：H_2：Ar=(1～5)：10：500sccm,1030℃。正六边形	X. Xu. et. al.[28]

晶向	石墨烯生长条件及晶畴形状	文献
(100) (110) (111)	AP，H_2 100sccm，CH_4 0.1(1h)升至0.15(1.5h)，升至0.2(0.5h)，sccm，1077℃。接近(100)和(110)晶面为锯齿正方或长方形，(111)或接近(111)晶面为锯齿边六边形	Q. Chen. et. al.[29]
(100) (102)	LP，P_{H_2} 40mTorr(2sccm)，CH_4 35sccm，P_{total} 500mTorr，1000℃，10min。(100)上为四方枝晶，(102)上为六方枝晶。AP，300sccm Ar(CH_4 50ppm)，20sccm H_2，1000℃，15min。正六边形，与Cu晶向无关	D. H. Jung. et. al.[30]
液化后重结晶	AP，CH_4（0.1% CH_4/Ar）：H_2：Ar＝46：100：854sccm，1075℃。正六边形	A. Mohsin. et. al.[31]
液态铜	AP，（CH_4：Ar＝1：99）：（H_2：Ar＝1：3）＝10：（10，40，80）sccm，1090℃，15～90min，几十微米正六边形	Y. A. Wu. et. al.[32]
液态铜	AP，CH_4：H_2：Ar＝（0.5～22）：（10～300）：（800～0）sccm，1080℃，6重对称。当甲烷偏压较小时，石墨烯晶畴的枝晶化程度随甲烷偏压的增加而增加；当甲烷偏压较大时，随甲烷偏压的增加，石墨烯由六边形转变为圆形	B. Wu. et. al.[33]
液态铜	AP，CH_4：H_2＝6：300sccm，1120℃，30min，几十微米小圆角六边形。延长生长时间至38min，或提高生长温度至1140℃或1160℃，趋近于正六边形	D. Geng. et. al.[34]
不确定	AP，CH_4：H_2：Ar＝2：2：200sccm，1000℃，4min，正六边形及不规则六边形；8min，凹边六边形。CH_4 10sccm时，不规则形状。950℃时，为不规则细枝晶	L. Fan. et. al.[35]
不确定	LP，CH_4：H_2＝8（或21）mTorr：27mTorr，铜信封结构内部（实际偏压更低），1035℃。随时间增加从六角星形最终成为六方枝晶	X. Li. et. al.[36]
不确定	AP，30ppm CH_4（氩气载气），P_{CH_4}＝0.02Torr，1000℃，30min。P_{H_2}＝4Torr（CH_4：H_2＝1：200）时，为六方尖角凸起，P_{H_2}＝6Torr（CH_4：H_2＝1：300）时为不规则形状，P_{H_2}＝11Torr（CH_4：H_2＝1：550）时接近正六边形，P_{H_2}＝19Torr（CH_4：H_2＝1：950）时为正六边形，且具有最大尺寸，之后不随时间继续长大 LP，P_{CH_4}＝0.001Torr，1000℃，30min。P_{H_2}＝0.2Torr（CH_4：H_2＝1：200）时为不规则形状，P_{H_2}＝0.35Torr（CH_4：H_2＝1：350）时接近正六边形	I. Vlassiouk. et. al.[37]
不确定	AP，1000℃，CH_4：H_2＝10：300sccm，为正六边形；（20：300）～（50：300），为拉长的六边形	B. Wu. et. al.[38]
不确定	AP，Ar（含8ppm CH_4）300sccm，H_2 10sccm，1050℃，10min。正六边形	Q. Yu. et. al.[39]
不确定	AP，2.5% H_2，30～1000ppm CH_4，Ar载气，1000℃。六角星形	I. Vlassiouk. et. al.[40]
不确定	LP，CH_4：H_2＝0.5：500sccm，约10Torr，1045℃，8min，四方枝晶；15.5min，亚毫米级锯齿边四方形晶畴。增加CH_4流量或减少H_2流量会提高枝晶程度	H. Wang. et. al.[41]

3.6.4.1 连续相域模型

E. Meca 等采用连续相域模型研究石墨烯的外延生长及晶畴形状，并与实验结果进行了对照[20]。该模型根据给定的沉积通量 f 和扩散各向异性 δ 来研究一个小的圆形核的生长。Esteban Meca 等的连续相域模型综合考虑了基底和实验条件的影响，而不只单纯地强调某一个因素。

图 3-22 为选择一些特定的值所得到的不同晶畴形状的典型形态，即两种极端的情况：扩散各向同性（$\delta=0$）和差异较大的各向异性（$\delta=0.5$）。在生长初期（$t=0.25$），晶畴的形状主要由扩散决定。在各向同性的情况下，晶畴仍保持圆形，但在各向异性时，会被拉伸成椭圆形，其主轴沿最快的扩散方向。$t=0.35$ 时，晶畴面积大约增加了一倍，并且在动力学系数最小的方向出现枝晶凸起。在 $t=0.40$ 时，晶畴形状发生了明显的变化。一方面，快速的变化表明演化的时间尺度已经改

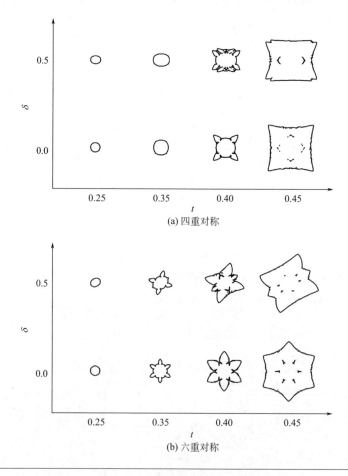

图 3-22　特定实例的生长演化

（a）为四重对称情况，（b）为六重对称情况。沉积通量 $f=4f_0$[20]

变。一些枝晶上出现新的凸起。在扩散不是各向异性的情况下，晶畴已经发展成对称形状，枝晶很快变得粗大。而当扩散是各向异性时，高扩散方向上的枝晶被大大抑制。最后，在 $t = 0.45$ 时，由于侧枝晶的生长，大多数枝晶融合在一起，并且晶畴达到更大尺寸。在某些情况下，在枝晶融合的地方仍能看到晶畴中小的基底区域。此外，相对于扩散各向同性情况下晶畴的凹边多边形形状，各向异性时晶畴的生长在快速扩散的方向上受到抑制，从而导致各种形状。

图 3-23 所示，为四重对称动力学各向异性时，不同 δ 和 f 值所对应的尺寸相当的晶畴形状。当 f 较小时，仍然可以看到主要的枝晶和初始的侧分支，而 f 较大时，晶畴成为非常规则的凹边（或锯齿边）方形形状，f 值越大，晶畴越接近动力学的 Wulff 形状。对于不同扩散各向异性 δ 值，随 δ 值增加，晶畴形状由 4 重对称转化为镜像对称。六重对称具有类似的演化规律，如图 3-24 所示。

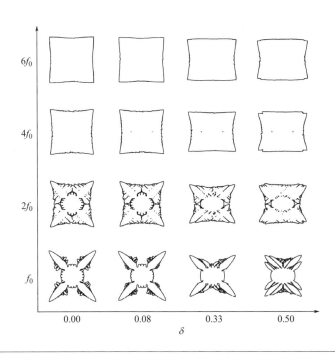

图 3-23 四重对称动力学各向异性时，不同 δ 和 f 值所对应的尺寸相当时的晶畴形状[20]

图 3-25 中所示为根据连续相域模型计算的结果与实验结果的对照。石墨烯晶畴的枝晶化程度随 $CH_4 : H_2$ 的增加而增加，晶畴的形状不但与基底有关，还和实验条件（甲烷氢气偏压比）密切相关。实验结果与理论计算较为一致。

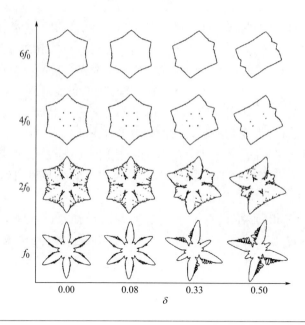

图 3-24　六重对称动力学各向异性时，不同 δ 和 f 值所对应的尺寸相当时的晶畴形状[20]

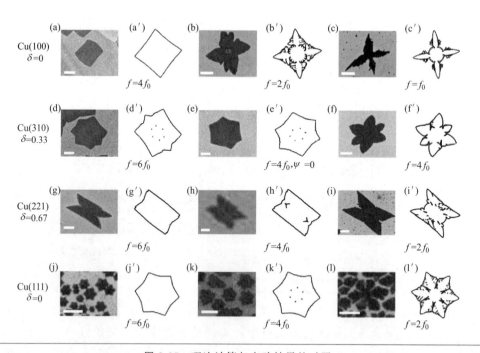

图 3-25　理论计算与实验结果的对照

生长温度为 1030℃。具体实验条件如表 3-4 所示。标尺：(a)、(d)、(e) 10；(b)、(f)、(g)、(h)、(j)4；(c)、(i)、(k)、(l) 2 (单位：μm)[20]

表 3-4　图 3-25 中实验结果对应的实验条件

图号	基底	δ	f	$CH_4 : H_2$	时间
(a)	Cu(100)	0	$4f_0$	3×10^{-4}	6min
(b)	Cu(100)	0	$2f_0$	0.028	4min
(c)	Cu(100)	0	f_0	0.81	2min
(d)	Cu(310)	0.33	$6f_0$	3×10^{-4}	20min
(e)	Cu(310)	0.33	$4f_0$	7.7×10^{-3}	10min
(f)	Cu(310)	0.33	$4f_0$	0.028	2min
(g)	Cu(221)	0.67	$6f_0$	1.6×10^{-5}	7min
(h)	Cu(221)	0.67	$4f_0$	0.028	6min
(i)	Cu(221)	0.67	$2f_0$	0.035	3min
(j)	Cu(111)	0	$6f_0$	3×10^{-6}	7min
(k)	Cu(111)	0	$4f_0$	1.6×10^{-5}	4min
(l)	Cu(111)	0	$2f_0$	0.026	3min

3.6.4.2　影响单晶形状的因素

R. M. Jacobberger 等研究了 Cu 晶向、甲烷氢气比例和气体分压以及温度对石墨烯生长形状的影响。其使用的 Cu 基底为蒸镀在 MgO(100)、MgO(110) 及蓝宝石(0001) 基底上的 Cu 薄膜，分别对应于 Cu(100)、Cu(110) 及 Cu(111)[Cu(111) 会形成较多的孪晶]（注：在其石墨烯生长实验中，基底是放在铜信封内部，因此实际压强要比测得压强低）[21]。

对于 LPCVD，石墨烯生长的枝晶化程度（周长面积比）随温度的增加而增加；不论是 LPCVD 还是 APCVD，石墨烯生长的枝晶化程度均随 $CH_4 : H_2$ 的增加而增加，而基本不受气体总压强变化的影响，如图 3-26、图 3-27 及表 3-5、表 3-6 所示。图 3-27(a)～(c) 中的枝晶形貌有可能是因为在 $CH_4 : H_2$ 较大的情况下，各分枝快速拼合到一起的结果。

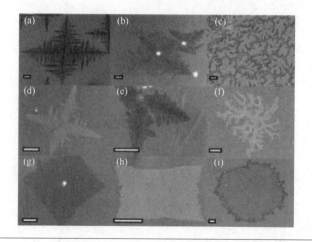

图 3-26　LPCVD 条件下石墨烯生长形状

左、中、右列分别对应 Cu（100）、Cu（110）和 Cu（111）（生长温度为 1025℃，对应甲烷和氢气偏压及比例见表 3-5；左列和中列标尺为 40μm，右列标尺为 10μm）[21]

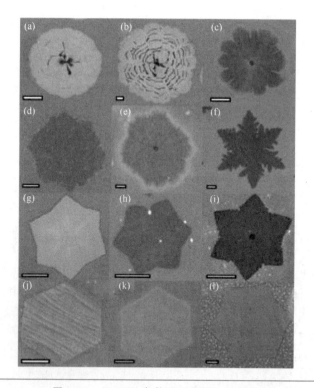

图 3-27　APCVD 条件下石墨烯生长形状

左、中、右列分别对应 Cu（100）、Cu（110）和 Cu（111）（生长温度 1025℃，对应甲烷和氢气偏压及比例见表 3-6；（d）、（j）标尺 1μm，其他为 5μm）[21]

表 3-5　对应图 3-26 的气体偏压及比例（单位：mTorr）

图号	Cu(100)			Cu(110)			Cu(111)		
	CH_4	H_2	$CH_4 : H_2$	CH_4	H_2	$CH_4 : H_2$	CH_4	H_2	$CH_4 : H_2$
(a)~(c)	0.60	2.4	0.25	0.60	2.4	0.25	0.53	1.1	0.48
(d)~(f)	0.61	9.8	0.06	0.61	9.8	0.06	0.61	9.8	0.06
(g)~(i)	1.4	140	0.01	0.086	41	0.002	0.21	41	0.005

表 3-6　对应图 3-27 的气体偏压及比例（单位：mTorr）

图号	Cu(100)			Cu(110)			Cu(111)		
	CH_4	H_2	$CH_4 : H_2$	CH_4	H_2	$CH_4 : H_2$	CH_4	H_2	$CH_4 : H_2$
(a)~(c)	0.76	1.5	0.51	0.76	1.5	0.51	0.76	0.38	2
(d)~(f)	0.76	6.1	0.12	0.76	6.1	0.12	0.76	0.96	0.79
(g)~(i)	0.73	35	0.02	0.73	35	0.02	0.76	6.1	0.12
(j)~(l)	0.18	35	0.005	0.073	35	0.002	0.18	35	0.005

比较图 3-26 和图 3-27 可以发现，在 LPCVD 条件下，石墨烯晶畴与铜基底有明确的外延关系：Cu(100) 上为四方枝晶。Cu(110) 上为长方枝晶。在 Cu(111) 面上，石墨烯晶畴的各向异性特征不明显，可能是由 Cu(111) 的孪晶结构所致。在 APCVD 中，晶畴的形状与 Cu 基底无关，均为正六边形或六方枝晶。

图 3-28 和图 3-29 分别为 LPCVD 和 APCVD 中石墨烯晶畴的生长演化过程。最初，受毛细作用的限制，晶畴为圆形，以降低界面自由能。随着尺寸增加，石墨烯晶畴的生长逐渐失去其形貌稳定性，开始出现凸起，并随着尺寸的继续增加，最终成为枝晶。当晶核之间距离减小时，枝晶程度受到抑制 [图 3-28(i)]。

Y. Hao 等发现，氧的存在会促使枝晶的生长[22]。密度泛函理论计算表明，相对于与 Cu 成键，石墨烯边缘更倾向于与氢原子结合；另外，Cu 表面活性基团主要是 CH 而不是碳原子 [如图 3-30(a) 所示]，因此，石墨烯生长时活性基团和石墨烯均需经历脱氢过程。这一过程是石墨烯生长速度的限制因素。理论研究表明，铜箔表面吸附的氧可以通过 $CH_x + O\ (Cu) \rightarrow CH_{x-1} + OH$（$x = 4, 3, 2, 1$）反应促进脱氢过程。密度泛函理论计算表明 H 以 OH 的形式存在的能量要比 H 直接在 Cu 上低 $0.6eV/H$ [图 3-30(b)、(c)]，因而具有更低的脱氢势垒。因此，没有氧的情况下，石墨烯生长速度受到边缘原子添加速度限制，石墨烯晶畴为平直 ZZ 边正六边形；有氧时，边缘原子添加势垒降低，石墨烯生长速度加快，碳源向石墨烯晶畴扩散的速度成为限制石墨烯生长的因素，石墨烯晶畴变为枝晶，且枝晶沿 ZZ 边方向生长，如图 3-31 所示。

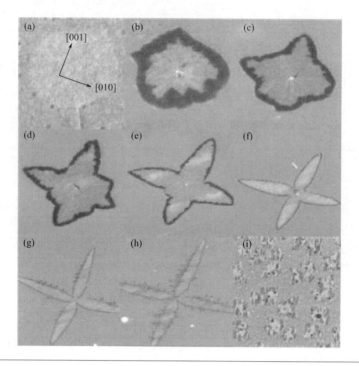

图 3-28 生长温度 1025℃、LPCVD 条件下在 Cu（100）上石墨烯晶畴生长演化过程

基于同一条件下成核时间的差别可以观测到石墨烯晶畴的各个生长阶段。(a) 中所示为 (a)～(h) Cu 基底的晶向，晶畴尺寸从 (b)～(i) 依次为 $0.7\mu m$、$1.4\mu m$、$3.1\mu m$、$4.9\mu m$、$7.9\mu m$、$22\mu m$、$59\mu m$ 和 $115\mu m$。[(a)～(h) 中甲烷和氢气的偏压均为 1mTorr，(i) 中分别为 474mTorr 和 26mTorr][21]

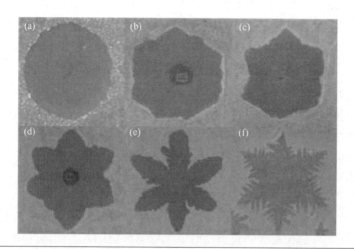

图 3-29 生长温度 1025℃、APCVD 条件下在 Cu（111）上石墨烯晶畴生长演化过程

晶畴从 (a)～(e) 依次为 $0.7\mu m$，$1.9\mu m$，$4.4\mu m$，$5.8\mu m$，$20\mu m$，$72\mu m$（甲烷和氢气的偏压分别为 0.76Torr 和 0.96Torr）[21]

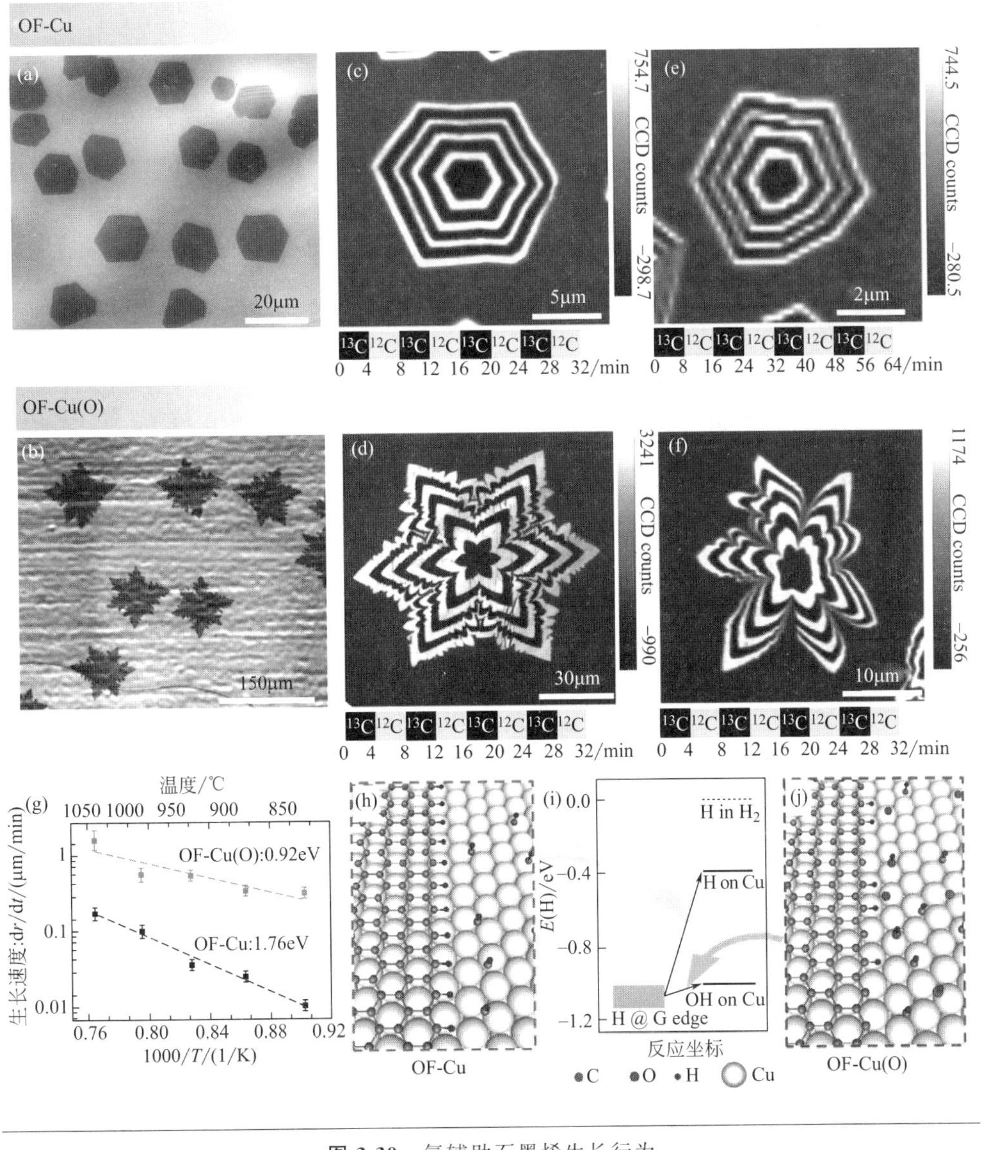

图 3-30　氧辅助石墨烯生长行为

（a）和（b）为生长在无氧铜（OF-Cu）和氧预处理的 OF-Cu（O）上的石墨烯晶畴的 SEM 图像；生长温度分别为 1035℃［（c）和（d）］和 885℃［（e）和（f）］的同位素标记石墨烯晶畴（在 SiO$_2$/Si 基底上）的拉曼 2D 峰强度扫描图（每个图像下方所示为同位素开关间隔）；（g）为石墨烯晶畴生长速度与温度的函数关系；（h）和（j）分别为没有氧和有氧的铜表面石墨烯边缘生长原子尺度示意图；（i）为密度泛函理论计算的不同形态氢的能量（相对于氢气中的氢原子；在石墨烯边缘处氢原子的能量扩散是由于石墨烯和铜之间晶格失配导致的计算不确定性）[22]

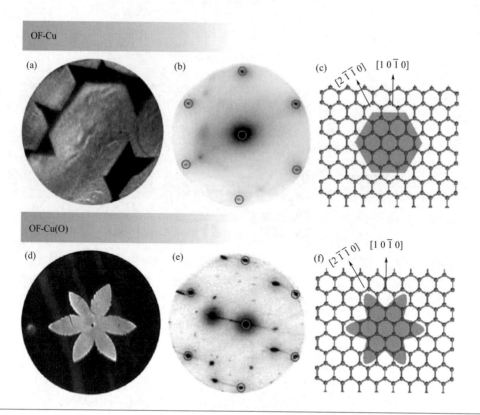

图 3-31　氧对铜上石墨烯晶畴形状的影响

(a)～(e) 分别为没有氧和有氧的铜上石墨烯晶畴的 LEEM 图像和 LEED 衍射图案（圆圈部分），额外的
LEED 斑点来自铜；(a) 和 (d) 中的视场分别为 $20\mu m$ 和 $60\mu m$；(c) 和 (f) 为两种石墨烯晶畴生长方向的
示意图[22]

　　B. Wu 等通过控制甲烷与氢气的偏压比来控制在液态铜上生长的石墨烯晶畴的
枝晶化程度，如图 3-32 所示[33]。由于液态铜本身可以看作各向同性的，因此石墨
烯晶畴不受基底影响，其形状由石墨烯自身的六重对称结构决定。当甲烷偏压较小
时 [图 3-32(a)～(h)]，石墨烯晶畴的枝晶化程度随甲烷偏压的增加而增加；当甲
烷偏压较大时 [图 3-32(i)～(l)]，随甲烷偏压的增加，石墨烯由六边形转变为
圆形。

　　实验结果中还会出现不规则形貌，这可能主要是受成核中心或生长过程中杂质
的影响，在晶畴生长过程中改变其生长取向；或受到其生长空间，即晶核间距的限
制，距离较近的晶畴之间对碳源相互竞争。总体而言，铜基底上石墨烯晶畴主要有
四方、长方及六方等形状，由石墨烯自身原子结构的对称性、石墨烯与基底的相互
作用、以及碳源在基底上的扩散共同决定。石墨烯的边缘可分为平直边（包括光滑
边）及枝晶边（包括锯齿形边）两种，分别由原子添加控制生长过程和扩散控制

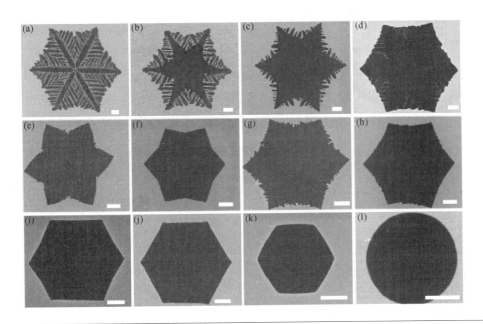

图 3-32 生长在液态铜上的不同形状的石墨烯晶畴的 SEM 图像

（APCVD，生长温度为 1080℃，使用气体参数如表 3-7 所示；标尺为 5μm）[33]

表 3-7 **图 3-32 中对应的气体参数**（气体流量单位：sccm）

图号	CH₄	H₂	Ar	CH₄：H₂	P_{CH_4}/Torr	时间/min
（a）	0.5	10	800	0.050	0.469	4～6
（b）	0.5	15	800	0.033	0.466	4～6
（c）	0.5	20	800	0.025	0.463	5～7
（d）	0.5	30	800	0.017	0.458	8～10
（e）	0.5	35	800	0.014	0.455	9～11
（f）	0.5	40	800	0.013	0.452	11～13
（g）	0.5	50	800	0.010	0.447	13～15
（h）	0.5	60	800	0.008	0.442	14～16
（i）	2	200	800	0.010	1.517	13～15
（j）	4	200	200	0.020	7.525	7～9
（k）	5	300	0	0.017	12.459	18～20
（l）	22	300	0	0.073	51.925	4～6

生长过程决定。多数情况下，在 LP 条件下石墨烯晶畴形状与基底关系密切，并且只在尺寸很小时具有平直边；随着尺寸的增加，尖角会更加突出，成为四角星形或

六角星形，进而生长侧枝晶；最后随着侧枝晶的生长，枝晶间相互融合，形成锯齿形边。这主要是因为，在 LP 条件下，甲烷偏压通常较低，碳源沉积通量较小，石墨烯的生长会受到碳源扩散的限制。而在 AP 条件下，甲烷偏压相对较高，在铜表面可以有足够的碳源，从而减小扩散的影响，而使石墨烯晶畴形状主要由石墨烯自身的六重对称性决定；同时其生长速度受碳原子向石墨烯晶畴的添加速度限制；因此，AP 条件下石墨烯晶畴形状基本不受铜基底的晶向影响，多为平直边六边形。

—— 参考文献 ——

[1] F. Qing, C. hen, R. Jia, L. Zhan, X. Li. *Catalytic substrates for graphene growth*. MRS Bull. (2017) **42**: 819-824.

[2] Z. Li, W. Zhang, X. Fan, P. Wu, C. Zeng, Z. Li, X. Zhai, J. Yang, J. Hou. *Graphene thickness control via gas-phase dynamics in chemical vapor deposition*. J. Phys. Chem. C (2012) **116**: 10557-10562.

[3] C. J. Zhang, P. Hu. *Methane transformation to carbon and hydrogen on Pd（100）: Pathways and energetics from density functional theory calculations*. J. Chem. Phys. (2002) **116**: 322-327.

[4] I. M. Ciobica, F. Frechard, R. A. van Santen, A. W. Kleyn, J. Hafner. *A DFT study of transition states for C-H activation on the Ru（0001）surface*. J. Phys. Chem. B (2000) **104**: 3364-3369.

[5] R. G. Zhang, T. Duan, L. X. Ling, B. J. Wang. *CH₄ dehydrogenation on Cu（111），Cu@Cu（111），Rh @Cu（111）and RhCu（111）surfaces: A comparison studies of catalytic activity*. Appl. Surf. Sci. (2015) **341**: 100-108.

[6] W. Zhang, P. Wu, Z. Li, J. Yang. *First-principles thermodynamics of graphene growth on Cu surfaces*. J. Phys. Chem. C (2011) **115**: 17782-17787.

[7] S. Yuan, L. Meng, J. Wang. *Greatly improved methane dehydrogenation via Ni adsorbed Cu（100）surface*. J. Phys. Chem. C (2013) **117**: 14796-14803.

[8] Z. Zuo, W. Huang, P. Han, Z. Li. *A density functional theory study of CH₄ dehydrogenation on Co （111）*. Appl. Surf. Sci. (2010) **256**: 5929-5934.

[9] J. -H. Choi, Z. Li, P. Cui, X. Fan, H. Zhang, C. Zeng, Z. Zhang. *Drastic reduction in the growth temperature of graphene on copper via enhanced London dispersion force*. Sci. Rep. (2013) **3**: 1925.

[10] H. Shu, X. -M. Tao, F. Ding. *What are the active carbon species during graphene chemical vapor deposition growth?* Nanoscale (2015) **7**: 1627-1634.

[11] I. M. Ciobica, R. A. van Santen. *A DFT study of CHₓ chemisorption and transition states for C-H activation on the Ru（1120）surface*. J. Phys. Chem. B (2002) **106**: 6200-6205.

[12] H. S. Bengaard, J. K. Norskov, J. Sehested, B. S. Clausen, L. P. Nielsen, A. M. Molenbroek, J. R. Rostrup-Nielsen. *Steam reforming and graphite formation on Ni catalysts*. J Catal. (2002) **209**: 365-384.

[13] R. M. Watwe, H. S. Bengaard, J. R. Rostrup-Nielsen, J. A. Dumesic, J. K. Norskov. *Theoretical studies of stability and reactivity of CHx species on Ni（111）*. J Catal. (2000) **189**: 16-30.

[14] Z. Jiang, B. Wang, T. Fang. *Adsorption and dehydrogenation mechanism of methane on clean and oxygen-covered Pd（100）surfaces: A DFT study*. Appl. Surf. Sci. (2014) **320**: 256-262.

[15] R. G. Van Wesep, H. Chen, W. Zhu, Z. Zhang. *Communication: Stable carbon nanoarches in the initial stages of epitaxial growth of graphene on Cu（111）*. J. Chem. Phys. (2011) **134**.

[16] J. Gao, J. Yip, J. Zhao, B. I. Yakobson, F. Ding. *Graphene nucleation on transition metal surface:*

Structure transformation and role of the metal step edge. J. Am. Chem. Soc. (2011) 133：5009-5015.

［17］ C. K. Gan，D. J. Srolovitz. *First-principles study of graphene edge properties and flake shapes.* Phys. Rev. B (2010) **81**：125445.

［18］ P. Koskinen，S. Malola，H. Hakkinen. *Self-passivating edge reconstructions of graphene.* Phys. Rev. Lett. (2008) **101**：115502.

［19］ V. I. Artyukhov，Y. Liu，B. I. Yakobson. *Equilibrium at the edge and atomistic mechanisms of graphene growth.* Proc. Natl. Acad. Sci. (2012) **109**：15136-15140.

［20］ E. Meca，J. Lowengrub，H. Kim，C. Mattevi，V. B. Shenoy. *Epitaxial graphene growth and shape dynamics on copper：Phase-field modeling and experiments.* Nano Lett. (2013) **13**：5692-5697.

［21］ R. M. Jacobberger，M. S. Arnold. *Graphene growth dynamics on epitaxial copper thin films.* Chem. Mater. (2013) **25**：871-877.

［22］ Y. Hao，M. S. Bharathi，L. Wang，Y. Liu，H. Chen，S. Nie，X. Wang，H. Chou，C. Tan，B. Fallahazad，H. Ramanarayan，C. W. Magnuson，E. Tutuc，B. I. Yakobson，K. F. McCarty，Y.-W. Zhang，P. Kim，J. Hone，L. Colombo，R. S. Ruoff. *The role of surface oxygen in the growth of large single-crystal graphene on copper.* Science (2013) **342**：720-723.

［23］ J. M. Wofford，S. Nie，K. F. McCarty，N. C. Bartelt，O. D. Dubon. *Graphene islands on Cu foils：The interplay between shape，orientation，and defects.* Nano Lett. (2010) **10**：4890-4896.

［24］ H. Wang，X. Xu，J. Li，L. Lin，L. Sun，X. Sun，S. Zhao，C. Tan，C. Chen，W. Dang，H. Ren，J. Zhang，B. Deng，A. L. Koh，L. Liao，N. Kang，Y. Chen，H. Xu，F. Ding，K. Liu，H. Peng，Z. Liu. *Surface monocrystallization of copper foil for fast growth of large single-crystal graphene under free molecular flow.* Adv. Mater. (2016) **28**：8968-8974.

［25］ L. Gao，J. R. Guest，N. P. Guisinger. *Epitaxial graphene on Cu (111).* Nano Lett. (2010) **10**：3512-3516.

［26］ Y. A. Wu，A. W. Robertson，F. Schaeffel，S. C. Speller，J. H. Warner. *Aligned rectangular few-layer graphene domains on copper surfaces.* Chem. Mater. (2011) **23**：4543-4547.

［27］ V. L. Nguyen，B. G. Shin，D. L. Duong，S. T. Kim，D. Perello，Y. J. Lim，Q. H. Yuan，F. Ding，H. Y. Jeong，H. S. Shin，S. M. Lee，S. H. Chae，Q. A. Vu，S. H. Lee，Y. H. Lee. *Seamless Stitching of Graphene Domains on Polished Copper (111) Foil.* Adv. Mater. (2015) **27**：1376-1382.

［28］ X. Xu，Z. Zhang，J. Dong，D. Yi，J. Niu，M. Wu，L. Lin，R. Yin，M. Li，J. Zhou，S. Wang，J. Sun，X. Duan，P. Gao，Y. Jiang，X. Wu，H. Peng，R. S. Ruoff，Z. Liu，D. Yu，E. Wang，F. Ding，K. Liu. *Ultrafast epitaxial growth of metre-sized single-crystal graphene on industrial Cu foil.* Sci. Bull. (2017) **62**：1074-1080.

［29］ Q. Chen，W. H. Liu，S. X. Guo，S. Y. Zhu，Q. F. Li，X. Li，X. L. Wang，H. Z. Liu. *Synthesis of well-aligned millimeter-sized tetragon-shaped graphene domains by tuning the copper substrate orientation.* Carbon (2015) **93**：945-952.

［30］ D. H. Jung，C. Kang，J. E. Nam，H. Jeong，J. S. Lee. *Surface Diffusion Directed Growth of Anisotropic Graphene Domains on Different Copper Lattices.* Sci. Rep. (2016) **6**：21136.

［31］ A. Mohsin，L. Liu，P. Liu，W. Deng，I. N. Ivanov，G. Li，O. E. Dyck，G. Duscher，J. R. Dunlap，K. Xiao，G. Gu. *Synthesis of millimeter-size hexagon-shaped graphene single crystals on resolidified copper.* ACS Nano (2013) **7**：8924-8931.

［32］ Y. A. Wu，Y. Fan，S. Speller，G. L. Creeth，J. T. Sadowski，K. He，A. W. Robertson，C. S. Allen，J. H. Warner. *Large single crystals of graphene on melted copper using chemical vapor deposition.* ACS Nano (2012) **6**：5010-5017.

[33] B. Wu, D. Geng, Z. Xu, Y. Guo, L. Huang, Y. Xue, J. Chen, G. Yu, Y. Liu. *Self-organized graphene crystal patterns*. Npg Asia Materials (2013) **5**: e36.

[34] D. Geng, B. Wu, Y. Guo, L. Huang, Y. Xue, J. Chen, G. Yu, L. Jiang, W. Hu, Y. Liu. *Uniform hexagonal graphene flakes and films grown on liquid copper surface*. Proc. Natl. Acad. Sci. (2012) **109**: 7992-7996.

[35] L. Fan, Z. Li, X. Li, K. Wang, M. Zhong, J. Wei, D. Wu, H. Zhu. *Controllable growth of shaped graphene domains by atmospheric pressure chemical vapour deposition*. Nanoscale (2011) **3**: 4946-4950.

[36] X. Li, C. W. Magnuson, A. Venugopal, R. M. Tromp, J. B. Hannon, E. M. Vogel, L. Colombo, R. S. Ruoff. *Large-area graphene single crystals grown by low-pressure chemical vapor deposition of methane on copper*. J. Am. Chem. Soc. (2011) **133**: 2816-2819.

[37] I. Vlassiouk, M. Regmi, P. F. Fulvio, S. Dai, P. Datskos, G. Eres, S. Smirnov. *Role of hydrogen in chemical vapor deposition growth of large single-crystal graphene*. ACS Nano (2011) **5**: 6069-6076.

[38] B. Wu, D. Geng, Y. Guo, L. Huang, Y. Xue, J. Zheng, J. Chen, G. Yu, Y. Liu, L. Jiang, W. Hu. *Equiangular hexagon-shape-controlled synthesis of graphene on copper surface*. Adv. Mater. (2011) **23**: 3522-3525.

[39] Q. Yu, L. A. Jauregui, W. Wu, R. Colby, J. Tian, Z. Su, H. Cao, Z. Liu, D. Pandey, D. Wei, T. F. Chung, P. Peng, N. P. Guisinger, E. A. Stach, J. Bao, S. -S. Pei, Y. P. Chen. *Control and characterization of individual grains and grain boundaries in graphene grown by chemical vapour deposition*. Nat. Mater. (2011) **10**: 443-449.

[40] I. Vlassiouk, P. Fulvio, H. Meyer, N. Lavrik, S. Dai, P. Datskos, S. Smirnov. *Large scale atmospheric pressure chemical vapor deposition of graphene*. Carbon (2013) **54**: 58-67.

[41] H. Wang, G. Wang, P. Bao, S. Yang, W. Zhu, X. Xie, W. -J. Zhang. *Controllable synthesis of submillimeter single-crystal monolayer graphene domains on copper foils by suppressing nucleation*. J. Am. Chem. Soc. (2012) **134**: 3627-3630.

石墨烯单晶制备

一般情况下，用于制备石墨烯的金属基底是多晶体，金属晶粒的表面晶向不尽相同，即使是在同一金属晶粒上，石墨烯晶畴的取向也会不同。当这些取向不同的晶畴拼接时，连接处就会出现很多五元或七元环，形成石墨烯的晶界。晶界是石墨烯的主要缺陷之一。在制备石墨烯时，如何控制晶界的形成或制备大面积的石墨烯单晶，是石墨烯制备的重要课题之一。单晶可以通过两种方法制备：一种是控制晶体的成核密度并提高其生长速度，使晶体只从一个成核点开始生长，即单核法；另一种是使用单晶基底，利用石墨烯与基底的外延关系，使所有石墨烯晶畴具有一致的取向，长大后实现无缝拼接，即多核法。

4.1 石墨烯成核密度的控制

由上一章可知，石墨烯成核和生长的过程，主要由基底、温度和碳过饱和度（即 $\Delta\mu_C$）决定。基底的表面（晶向、表面粗糙度和杂质等）影响石墨烯的成核势垒、晶畴边界能、形状、活性基团的扩散及脱氢过程等，气氛条件则与基底表面的碳过饱和度密切相关。

4.1.1 基底表面的影响

对于确定的金属基底，表面的缺陷（如台阶）和杂质会极大地降低石墨烯成核的势垒，从而增加石墨烯的成核密度。因此，使用光滑干净的表面对于生长大面积石墨烯单晶是非常必要的。

电解抛光（Electrochemcial polishing，简称 ECP）是一种常用的金属抛光方法：石墨或不锈钢等金属作为阴极，被抛光的试样（铜箔）作为阳极，置于电解液中；当接通电流后，试样的金属离子在溶液中发生溶解，在一定的电解条件下，试样表面微凸部分的溶解比凹陷处快，从而逐渐使试样表面由粗糙变平滑。需要注意的是，ECP 对于材料化学成分的不均匀性显微偏析特别敏感，非金属夹杂物处会被剧烈的腐蚀。另外，ECP 必须选择合适的电压，控制好电流密度，过低和过高都不能达到正常抛光的目的。

M. H. Griep 等研究了具有不同表面粗糙度的 ECP 铜的石墨烯生长情况[1]。铜箔表面的粗糙度随抛光时间的延长而降低，而随着铜表面粗糙度的降低，石墨烯的成核密度及面电阻均有显著的降低。

S. M. Hedayat 等研究了过程参数对基底表面粗糙度的影响[2]。对于 APCVD，石墨烯的成核密度对铜基底表面粗糙度比较敏感，随其降低而显著减小。而对于 LPCVD，石墨烯的成核密度随铜基底表面粗糙度的降低并没有显著降低。通过对不同铜基底表面在 ECP 处理及生长石墨烯后表面粗糙度的比较发现，经过 LPCVD 过程后，铜基底表面粗糙度会变的比较接近，即粗糙的表面会变光滑，而光滑的表面会变粗糙［图 4-1(a)］。尽管 APCVD 过程会有同样的变化趋势，但变化程度相对不大［图 4-1(b)］。其原因在于，由于石墨烯的生长温度较高，接近铜的熔点，铜的蒸发效果比较明显。这种铜的蒸发会使粗糙的表面变得较为平滑，但也会使原本光滑的表面变得粗糙。而 LPCVD 过程中，压强很低，因此铜的蒸发比 APCVD 过程更严重，对铜表面粗糙度的影响就更加显著。基于这一原因，作者设计了一种放置铜箔基底的方式，即将铜基底放在一个限定空间中，并且在其上方不远处再放置一块铜箔，这样可以极大程度抑制铜的蒸发，从而起到保护由 ECP 处理而得到的光滑表面的作用［图 4-1(c)］。

需要指出的是，基底表面的杂质同样会影响石墨烯的成核。S. M. Hedayat 等发现，对于具有同样表面粗糙度的铜箔，一个是经过 ECP 处理的，另一个是原始铜箔，经过 ECP 处理的铜箔具有更低的石墨烯成核密度。作者认为这是因为 ECP 处理有效地去除了基底表面的杂质。

4.1.2　碳杂质的影响

石墨烯的成核与生长是由金属基底表面的活性基团来控制，其各个阶段通过含碳前驱体的引入来控制。当系统或材料（金属基底）中含有碳杂质时，会影响石墨烯制备的可控性。

尽管普遍认为，碳在铜中的溶解度很低，但在铜箔的实际加工过程中，会在铜箔中引入一些碳，而且这种碳的引入受加工工艺影响，缺少可控性，并且在铜箔中的分布并不均匀。P. Braeuninger-Weimer 等对铜箔基底里面的碳杂质及其表面粗

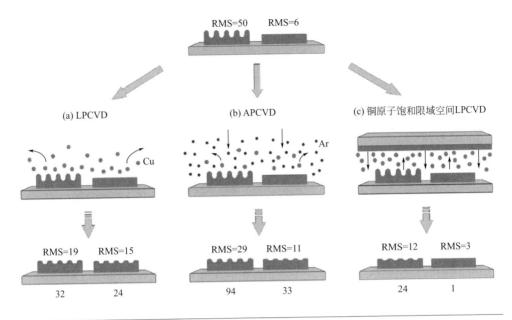

图 4-1 不同生长条件下铜基底表面形貌演变的示意图

[最下面数字为 $(100 \times 100) \mu m^2$ 面积内石墨烯晶核数]

糙度对石墨烯成核的影响归纳如图 4-2 所示[3]。对应的预处理可分为 3 类 [图 4-2 (a)]：（Ⅰ）通过表面刻蚀（将铜箔在 $FeCl_3$ 溶液中刻蚀不同时间，三角形图标）及在铜箔表面蒸镀 250nm 铜薄膜等方法去除/覆盖催化剂表面的污染层；（Ⅱ）降低铜表面粗糙度，例如电解抛光（随时间增加粗糙度及成核密度降低，方块图标）和化学机械抛光（CMP，五边形图标）；（Ⅲ）氧预处理，即背面氧化样品（BO）并在 Ar 中退火（圆圈图标对应各种氧化时间），清除体相中杂质碳。

首先，通过研究 $FeCl_3$ 溶液处理的铜箔发现，尽管随刻蚀时间的增加，铜箔的表面粗糙度有所增加，但石墨烯的成核密度却显著降低，如图 4-3(a) 所示。可以看到，未经处理的铜箔表面石墨烯成核密度很高，并且倾向于沿着铜箔压延痕成核。随着刻蚀时间的增加，成核密度可以降低约 2 个数量级。SIMS 结果证实了在铜箔表面压延痕迹周围会富集更多的碳，如图中白色虚线所示，石墨烯会在此处优先成核。碳的平均含量随深度降低，在 $150 \sim 200nm$ 处达到最低值。这些结果表明，与表面粗糙度相比，铜里的碳杂质对石墨烯的成核影响更大。在铜箔表面物理气相沉积一层约 250nm 的铜，既可以降低铜表面的含碳量，又可以保持其表面粗糙度不变。在这种情况下，石墨烯的成核密度同样会降低，再次证明铜表面碳杂质对石墨烯成核的影响。但是，这种方法只能有限地降低石墨烯的成核密度，这主要是因为铜内部碳杂质在高温下扩散速度较快，杂质可以很快在表面上富集。

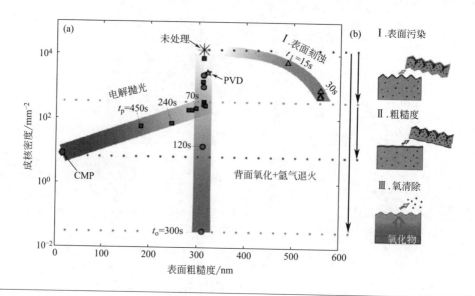

图 4-2 铜预处理及其对石墨烯成核密度和铜表面粗糙度的影响

（a）预处理、表面粗糙度及预处理方式之间的关系；（b）三类表面预处理降低成核密度的机理示意图[3]

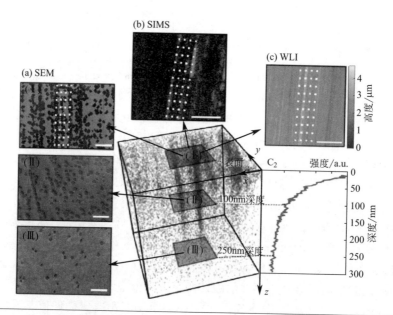

图 4-3 ToF-SIMS 测量石墨烯生长前铜箔中的碳杂质及其与石墨烯生长后石墨烯成核密度的相关性（所有标尺均为 50μm；三维 ToF-SIMS 图为对应体积按比例缩放）

（a）铜表面上石墨烯生长的 SEM 图像，铜箔分别为（Ⅰ）未经处理铜箔、（Ⅱ）$FeCl_3$ 刻蚀掉 100nm 厚度和（Ⅲ）$FeCl_3$ 刻蚀掉 250nm 厚度；三维 C_2 图和相应的碳深度分布揭示未经处理的铜箔内的碳分布；（b）铜箔表面至 5nm 厚度的 C_2 的表面 ToF-SIMS 图；（c）用白光干涉（WLI）测量的未处理铜箔的形貌[3]

当对铜箔进行 ECP 处理时，若时间较短，表面粗糙度基本不变，这时石墨烯成核密度的降低主要是去除表面碳杂质的结果，与 FeCl₃ 刻蚀的结果相似。随抛光时间的增加，表面粗糙度开始降低，石墨烯的成核密度进一步降低，则体现了表面粗糙度对成核密度的影响。

P. Braeuninger-Weimer 等引入了一种背氧化的方法，可以更加有效地去除铜中的碳杂质。这种方法在铜箔的背面（生长石墨烯时面向反应室壁的一面）制造一层厚度约为 70nm 的氧化层（铜箔自然氧化层的厚度约为 3～5nm），然后在 Ar 中进行高温退火。如图 4-4 所示，在这一过程中，氧化层中的氧会扩散到铜箔中。溶解在铜箔中的氧原子具有极高的活性，可以促进铜中固态碳杂质的裂解，形成更多的运动性的碳原子，在铜箔中的分布更均匀。同时，氧还可以氧化在铜箔表面的碳杂质，起到清洁铜表面的作用。经过这种处理，即使在表面粗糙度不变的情况下，依然可以使石墨烯的成核密度降低 6 个数量级，达到 0.027/mm²。在这一过程中，铜箔正面（面向反应室气氛生长石墨烯的一面）的表面粗糙度并没有变化，进一步表明铜箔中碳杂质是影响石墨烯成核的主要因素。

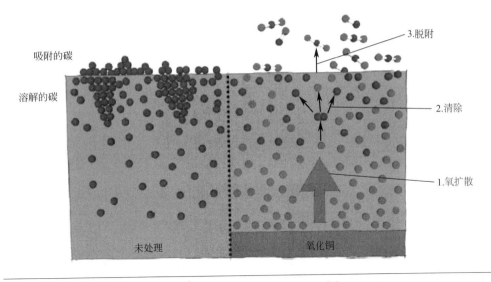

图 4-4 铜箔中氧净化碳的示意图[3]

对铜中碳杂质的认识可以很好地理解许多对铜基底进行预处理来获得低成核密度的方法的本质。例如在各种气氛中（氢气、氧气、氩气等）对铜箔进行预退火或者对铜箔进行预氧化等，从本质上讲，其主要作用都是在去除铜箔内部或表面吸附的碳杂质。相对而言，氢气的效率较低，而氧气的效率要比氢气高出 6 个数量级[4]。氩气退火之所以也会起到清洁铜表面的作用，则有可能是氩气中氧化性杂质的原因。

另外，气氛中的杂质碳源也会影响石墨烯的成核与生长。F. Qing 等发现，对于 LPCVD 系统，当所使用的真空泵为油泵时，尽管泵油的饱和蒸气压很低，却也足以促成石墨烯的成核与生长[5]。通过比较外接油泵和干泵两种系统发现，在不通入任何气体的情况下，将铜箔在高温下退火后，在接油泵的系统中的铜箔上有石墨烯生长，而在接干泵系统中的铜箔上没有。残余气体分析仪（RGA）显示，随着温度的升高，在接油泵的系统中，可以探测到小分子碳氢化合物，这些小分子碳氢化合物主要来自泵油的裂解［泵油的分子量为 400 左右，超出了 RGA 的探测范围（200）］，而在接干泵的系统中则没有。

4.1.3　温度的影响

温度是化学反应中的重要参数。石墨烯 CVD 生长过程中，温度对各环节都会有显著的影响，如碳源（甲烷）的热解、吸附与脱氢，活性基团在基底表面的扩散、成核及生长速率等。H. -K. Kim 等研究了 LPCVD 条件下 720～1050℃ 范围铜箔基底上的石墨烯成核及生长情况[6]。石墨烯的成核及生长时间对应通入甲烷的时间。在作者所使用的实验条件范围内发现（图 4-5）：a. 成核只在初始的很短时间（F. E.，约 1s）内发生，之后不会再有新的晶核出现；b. 随温度升高，成核密度降低，晶畴尺寸增加；c. 当温度低于 1000℃ 时，会存在一个石墨烯的饱和覆盖率（<1），当达到饱和覆盖率后，即使增加生长时间，覆盖率不会继续增加，而当温度为 1000℃，基底表面经过 30min 后就会被石墨烯完全覆盖。

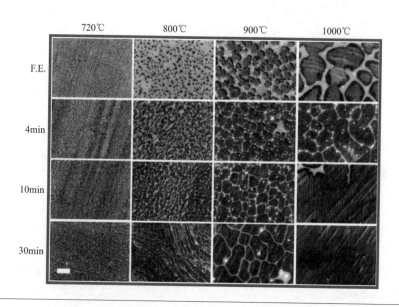

图 4-5　不同温度和生长时间铜表面石墨烯的 SEM 图像（标尺 1μm）[6]

石墨烯的成核及生长过程如图 4-6 所示。随着甲烷在铜表面的脱氢，活性基团的浓度（C_{Cu}）逐渐升高，直到达到临界过饱和水平（C_{nuc}），石墨烯成核发生（i）。由于成核和生长耗尽了吸附在其周围的活性基团，C_{Cu} 迅速降低到成核速率可忽略的水平，而晶核继续生长（ii），超过平衡浓度（C_{eq}）的过饱和的活性基团被消耗掉，从而达到石墨烯、表面活性基团和 CH_4/H_2 之间的平衡。这一平衡决定可用的活性基团过饱和度（$C_{Cu}-C_{eq}$）。随着石墨烯晶畴生长，C_{Cu} 逐渐减小，在石墨烯晶畴聚结形成连续膜前，$C_{Cu}-C_{eq}=0$，则石墨烯停止生长，最终不完全覆盖（iii）。若一直保持 $C_{Cu}-C_{eq}>0$ 直到石墨烯晶畴全部聚结成连续膜，则形成完全覆盖（iv）。

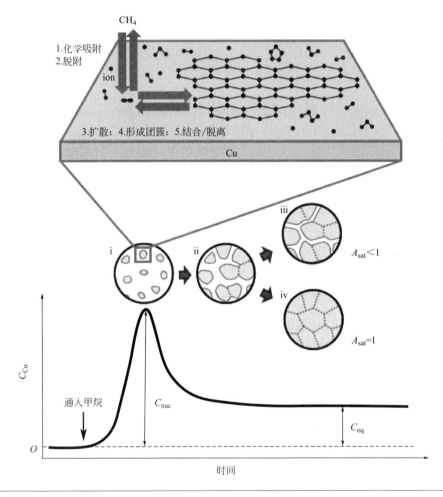

图 4-6 石墨烯在铜上成核及生长过程示意图[6]

图 4-7 所示，为石墨烯成核密度与温度之间的函数关系。两个具有明显区别的

斜率区间反映了两种不同的成核机制。根据 Robinson-Robin 模型，在临界核尺寸与温度无关的假设下，两种成核状态是活性基团添加、表面扩散和脱附过程之间竞争的结果。在低温区间（＜870℃），由于其较高的结合能（约 6eV），活性基团的脱附可被忽略，因此，表面活性基团成核或附着于石墨烯晶核边缘之前的寿命由其表面迁移率决定。这一温度区间石墨烯成核速率受限于活性基团对超临界晶核的添加。在高温区间（＞870℃），相对于活性基团的表面扩散，其脱附速率不可忽视，其寿命及成核速率由脱附控制。

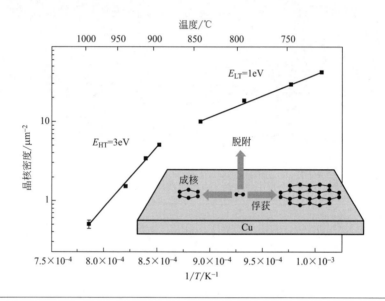

图 4-7 石墨烯成核密度与温度之间的函数关系[6]

需要指出的是，H. -K. Kim 等的工作中，石墨烯成核只在初始的很短时间内发生，之后没有新的晶核出现，这可能是由于在其特定的实验条件下，比如，甲烷偏压相对较高，成核速率较快，短时间内形成较大覆盖面积，使基底的催化活性迅速降低。当在适当的条件下，将石墨烯的成核速率控制到相对缓慢的程度时，仍可以观察到较为明显的成核密度随时间的增长。

4.1.4 甲烷和氢气的影响

过饱和度越大，成核速率越大，反之，过饱和度越小，则越难以成核。过饱和度与金属基底表面的活性基团相关。活性基团越多，则过饱和度就越大。而甲烷的偏压越高，则活性基团就越多。因此，要获得较小的成核密度，则需要降低甲烷的偏压。这在实验上已经获得了广泛的证实。

X. Li 等通过对石墨烯制备过程参数的优化发现，石墨烯的成核密度随甲烷流量及偏压的降低而减小[7]。P. Braeuninger-Weimer 等发现石墨烯的成核密度和平均生长速度均随甲烷的偏压呈指数增长，如图 4-8 所示[3]。G. Eres 等得到同样的规律，并且揭示了石墨烯成核密度和生长速度之间的关系，即低成核密度需要极低的活性基团的过饱和度，而这与要达到足够的生长速度从而获得快速大面积生长是不兼容的，如图 4-9 所示[8]。图 4-9（c）中曲线描述了成核速率和石墨烯生长速率之间的平衡。当甲烷流量高于曲线拐点时（0.75sccm 和 1sccm），石墨烯生长受成核速率的限制，而成核速率随甲烷流量增加而增加，因此石墨烯晶畴尺寸随之减小。在这个区间很容易形成完全覆盖，但晶畴较小；晶畴尺寸随甲烷流量降低而增加，并且在 0.5sccm 时，成核和生长速率达到平衡，晶畴尺寸达到最大。在低于最大值的生长限制区间，极低的甲烷流量可以导致极低的成核密度，但同样也限制了石墨烯的生长，无法获得较大的晶畴。图 4-9（c）中的生长曲线表明，石墨烯大单晶生长的最佳窗口相对窄。该曲线还表明，石墨烯晶畴的大小不能简单地通过减少 CH_4 流量（偏压）而无限增加，因为尽管成核仍然可以发生，但在某些阈值以下，总是存在寄生过程，导致快速生长终止。

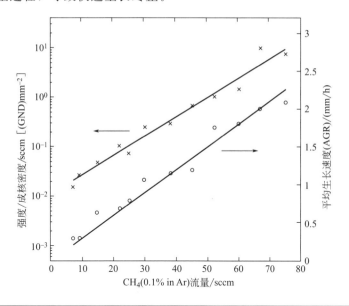

图 4-8 石墨烯成核密度及生长速度与甲烷流量的函数关系[3]

另外，通过增加氢气的偏压（或 $H_2 : CH_4$），可以对甲烷脱氢进行抑制，其效果类似于降低甲烷的偏压，这在上一章已经有较为详细的理论上的阐述。

4.1.5 限域生长

前边提到，将铜基底放在一个限定空间中，并且在其上方不远处再放置一块铜

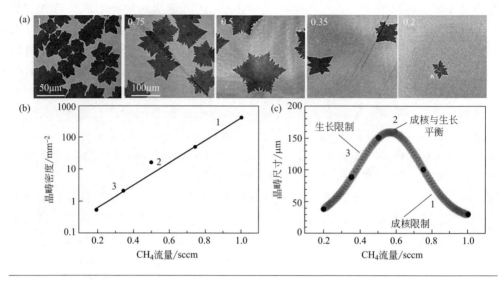

图 4-9　石墨烯的生长与甲烷流量示意

（a）不同甲烷流量下生长的石墨烯的 SEM 图像（图像中标记的数字代表甲烷流量/sccm，后三幅图像为 $100\mu m$ 比例尺）；（b）成核密度与甲烷流量的函数关系；（c）石墨烯晶畴尺寸与甲烷流量的函数关系[8]

箔，可以极大程度抑制铜的蒸发，从而起到保护由 ECP 处理而得到的光滑表面的作用。实际上，这种（或类似）铜箔装载方式的作用不止于此，其另一个主要作用是改变反应物气体向催化基底表面的输运方式，降低基底表面的反应物浓度。

X. Li 等最先使用一种铜信封的结构，在其内部生长大面积的石墨烯单晶[9]。将铜箔对折，再将其三个开口的边折起，可以做成一个如同信封一样的结构。这种信封结构，一方面，可以抑制其内部铜的蒸发，从而获得更加光滑的表面，另一方面，也限制了外部气体的进入，从而在内部获得更低的甲烷的偏压。通过这种方法，可以将石墨烯单晶的尺寸提升至亚毫米级，如图 4-10 所示。

将铜箔放置在一个有限空间里，或者将铜箔堆叠或卷绕起来，同样可以起到类似的效果。C. -C. Chen 等将铜箔置于一个位于石英管反应室中的反应器中，铜箔厚 $25\mu m$，石英管加热区长 10cm，反应器内的空间由 U 形钨片和其上下两侧的石英片限定（长 22mm×宽 13mm×高 $50\mu m$），开口背对气流进入方向[10]。有限元分析模拟结果表明，LPCVD 条件下，受限空间内的气体流速极低，可以比外部低 10 个数量级，这也意味着铜基底表面的边界层厚度大幅度增加，以覆盖铜表面和石英载玻片之间的整个空间。因此，反应物向基底表面的输运大幅降低，从而导致石墨烯的生长为扩散限制。在受限反应器空间内扩散流占主导地位，并且均匀分布。

4.1.6　氧的影响

氧在制备大面积石墨烯的过程中，可以起到两方面的作用。一方面，可以钝化

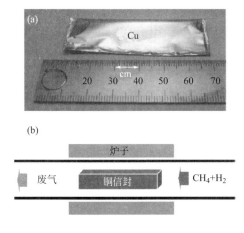
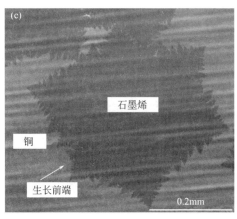

图 4-10　石墨烯单晶在铜信封结构下限域生长示意

（a）铜信封照片；（b）铜信封生长石墨烯 CVD 装载示意图；（c）生长在铜信封内壁的大面积石墨烯单晶 SEM 图像[9]

铜基底表面的活性位点，降低石墨烯的成核密度。另一方面，氧还可以加快石墨烯的生长速度。

　　在一般的铜基底中，都会含有一定量的氧杂质。Y. Hao 等通过比较在不同含氧量 [OR-Cu：约 $10^{-2}\%$（原子）；OF-Cu：约 $10^{-6}\%$（原子）] 的铜基底上石墨烯生长情况发现，在 OR-Cu 基底上，石墨烯的成核密度约为 $0.9/mm^2$，而在 OF-Cu 基底上为 $2000/mm^2$，要高出 3 个数量级，如图 4-11(a) 和 (b) 所示（注：该工作中讨论的结果均为生长在铜信封内表面）[11]。而如果将 OF-Cu 在石墨烯生长前先进行氧预处理，即在通入甲烷前，先通入 0.1mTorr 的氧气处理 1min，石墨烯的成核密度可以降至 $6/mm^2$。增加氧气处理的时间，成核密度可以进一步降低。

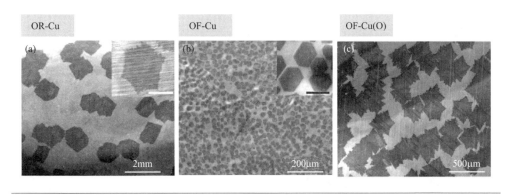

图 4-11

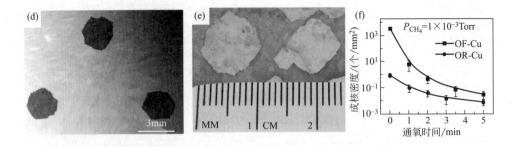

图 4-11 O 对铜的石墨烯成核密度和畴形状的影响

(a)～(c) 分别为在 OR-Cu、OF-Cu 和 OF-Cu (O) 上生长的石墨烯畴的 SEM 图像 [(a) 和 (b) 中插图的标尺分别为 $500\mu m$ 和 $20\mu m$]；(d) OR-Cu 氧气预处理后生长的低密度石墨烯晶畴的 SEM 图像；(e) OR-Cu 氧气预处理后生长的厘米级石墨烯晶畴的照片；(f) 石墨烯成核密度与氧预处理时间的函数关系[11]

上一章中提到，氧有助于降低脱氢势垒，加快石墨烯的生长速度。然而，经过氧预处理的铜箔，其表面的氧有限，随着石墨烯生长会逐渐被消耗。W. Guo 等使用 APCVD，在反应气中持续通入微量的氧，同样获得低密度、大面积石墨烯晶畴[12]。反应气中的微量氧化物可以调控石墨烯的成核和生长。然而，一般来说，反应气中的氧化物含量并不是精确可控的，例如，在氢气中通常或多或少地有一些水蒸气杂质，这会影响石墨烯制备的可靠性 [如图 4-12(a)～(d) 所示]。作者使用气体纯化器滤除反应气中的水蒸气，同时可控通入适量的氧气，从而提高石墨烯制备的可控性 [如图 4-12(e)～(h) 所示]。

X. Xu 等利用氧化物在高温下会释放出氧的特点，将铜基底置于氧化物基底上，通过氧化物基底持续的供氧能力，使石墨烯在铜基底面对氧化物基底的一面上获得很快的生长速度，可以达到 $60\mu m/s$[13]。

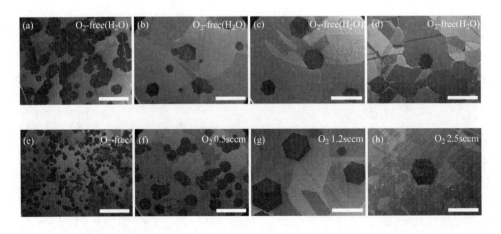

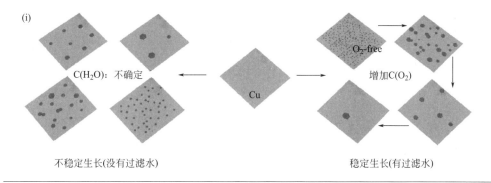

图 4-12 生长在铜基底上石墨烯晶畴的 SEM 图像（标尺 1mm）

（a）～（d）反应气没有经过滤水且不加氧；（e）反应气经过滤水但不加氧；（f）～（h）反应气经过滤水并且通入不同量的氧；（i）不同 CVD 条件下石墨烯生长示意[12]

4.1.7 基底表面钝化

与使用氧来钝化铜基底表面减少其活性位点，从而降低石墨烯成核密度相似，L. Lin 等使用三聚氰胺来钝化铜基底的表面，同样可以降低石墨烯的成核密度[14]。图 4-13 所示为使用三聚氰胺钝化铜基底表面制备石墨烯的实验装置示意图。与常规装置相比，三聚氰胺粉末置于气流上游。在进行石墨烯生长之前，三聚氰胺被加热到 120℃ 使其升华，然后由氩气带入反应区（此过程中如果有氢气通入，将不会达到降低成核密度的效果，这可能是因为氢气会与三聚氰胺反应而使其失效）。经过三聚氰胺处理后，石墨烯成核密度可以被降低至 $1/cm^2$，单晶尺寸可以达到厘米量级，对应石墨烯生长条件为 $H_2 : CH_4 = 5000$，$P_{CH_4} = 0.1Pa$，总压强为 600Pa，温度为 1020℃。

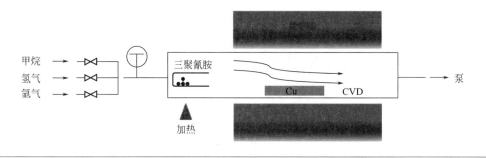

图 4-13 使用三聚氰胺钝化铜基底表面制备石墨烯实验装置示意[14]

4.1.8 多级生长

尽管通过减少碳源的供给可以降低石墨烯的成核密度，但同时也降低了石墨烯的生长速度，使得在某些阈值以下，当石墨烯生长到一定尺寸后，快速生长终止。这时可以采取多级碳源供给法，即石墨烯生长过程中不断增加碳源供给，在初始阶段，通过较低的碳源供给获得低的成核密度，然后提高碳源供给量，使得催化基底表面活性基团的浓度低于临界成核浓度（即不会形成新的晶核），但又高于生长平衡浓度（即使已有晶核继续长大）。X. Li 等最先使用这种方法，实现大晶畴连续薄膜的制备[7]。

L. Li 等将多级碳源供给与铜表面氧钝化结合起来，在保持低成核密度的基础上，进一步提高石墨烯晶畴的生长速度，如图 4-14 所示[15]。铜基底表面的氧有助于提高石墨烯晶畴的生长速度，但是在石墨烯成核的过程中，大部分表面氧会被还原掉，使得基底表面氧在石墨烯晶畴后续生长时的辅助作用减弱。作者在完成初始的石墨烯低密度成核后，停止氢气和甲烷的供给，利用系统中残余的氧气（例如，由系统自然泄露引入的空气）对铜基底进行再次钝化（氧化），在适量的氧气作用

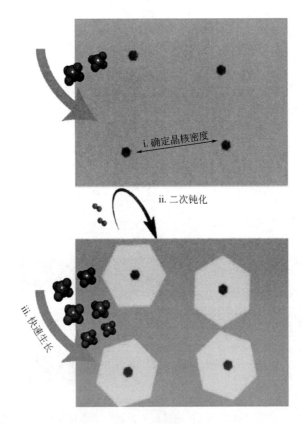

图 4-14 大面积石墨烯单晶在铜箔上多级生长示意[15]

下，不会刻蚀掉之前的晶核；然后再通入氢气和甲烷，并且可以使用更高的碳源供给（例如降低 $H_2：CH_4$），在不增加成核密度的同时获得更高的生长速度，从而获得更大尺寸的石墨烯单晶。

4.1.9 定位成核

石墨烯在基底上各位置的成核势垒会根据基底表面晶向、缺陷、杂质等的不同而有所差别，一般情况下，这些差别与实验条件相比并不明显，因此石墨烯的成核显示出较大的随机性。Q. Yu 等使用籽晶的方法来控制石墨烯的成核位置，从而获得有序的石墨烯晶畴阵列，如图 4-15 所示[16]。首先，通过电子束光刻的方法对铜箔上已经长满的多层石墨烯进行图形化处理，得到石墨烯晶籽阵列［图 4-15(a)］，然后将其放入 CVD 反应室进行石墨烯的再次生长。在适当的实验条件的，石墨烯晶畴只在晶籽上进行生长，而不会在其他区域重新成核生长，从而获得有序的石墨烯晶畴阵列。

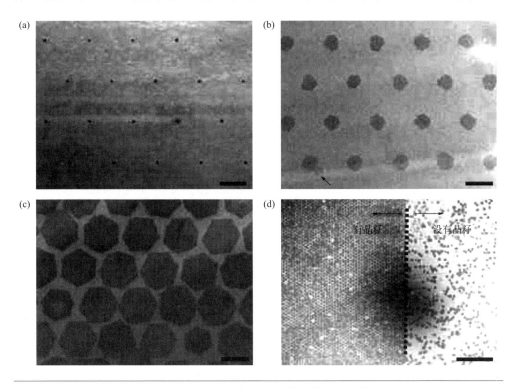

图 4-15 籽晶法生长石墨烯晶畴的 SEM 图像

（a）石墨烯晶籽；（b）、（c）逐渐长大的石墨烯晶畴；（d）同一铜箔基底上籽晶法生长的石墨烯晶畴阵列和随机生长的石墨烯的对比；（a）～（c）中标尺为 $10\mu m$；（d）中为 $200\mu m$[16]

T. Wu 等通过控制碳源进给位置来控制石墨烯成核位置，并且通过使用铜镍合金基底提高石墨烯的生长速度[17]。在常规的石墨烯 CVD 制备系统中，碳源在基底表面是近似均匀分布的。当使用一个微孔导气管将载气直接输送到基底表面时，在出气口碳源浓度最高，并且沿径向向周围逐渐降低，如图 4-16 所示。在这种情况下，先提供很少量的碳源，在出气口处形成一个晶核，然后逐步增加碳源供给，维持碳源的分布，使得只在石墨烯晶畴边缘区域碳源的浓度达到或超过石墨烯生长的平衡浓度，用于石墨烯生长。超出这一区域，碳源的浓度低于石墨烯成核的临界浓度，不会有新的晶核产生（尽管在石墨烯晶畴区域的碳源浓度更高，但根据石墨烯生长的自限制机制，对石墨烯的成核及生长不会有影响）。

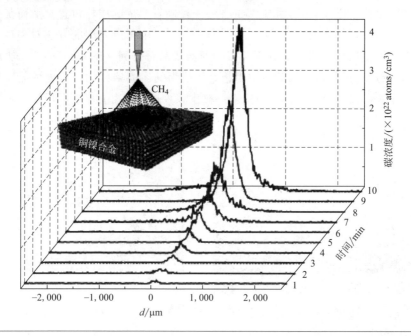

图 4-16　SIMS 扫描显示基底表面在进气孔下面碳浓度的积累（插图为局域碳源进给的示意）[17]

另外，掺杂在铜基底中的 Ni 原子可以降低甲烷的脱氢势垒及碳原子在基底中的扩散势垒（如图 4-17 所示），使石墨烯的生长从表面催化生长转变为等温偏析生长，从而极大地提高了石墨烯的生长速度。作者通过使用 15%/85%（原子百分比）的 Ni/Cu 合金基底，在优化的参数下，最终获得约 4cm 大的石墨烯单晶（生长时间为 2.5h）。

I. V. Vlassiouk 等同样使用微孔来控制碳源的进给，但同时移动催化基底，利用石墨烯晶畴快速生长晶向的自选择性，最终屏蔽掉其他生长速度较慢的取向，获得连续的大面积准单晶[18]。首先，使用如图 4-18 所示的实验装置，气流被分为反应气（CH_4/Ar）和缓冲气（H_2/Ar）两路。反应气通过微孔输气管直接输送到催化基底表面，再通过缓冲气流的大小来控制石墨烯的成核和生长区域。当缓冲气流足够大时，在石墨烯边缘前端不会成核，这就意味着当以一个合适的速度移动基底时，石墨烯前端边缘可以持续生长，但不会产生新的晶核。移动的速度不能过快，否则会影响单晶生长的连续性，其最大移动速度则由具体的实验条件决定。单晶的最初获得可以通过"进化选择"条件实现。在同时生长的多个不同取向的微晶中，向前（与铜箔移动方向相反）生长速度更快的最终会超过较慢的微晶。这最终决定了保留下来的唯一的单晶及其取向。当基底在适当的条件下移动时，该取向占优势，最终收敛于单一晶向，如图4-19所示。

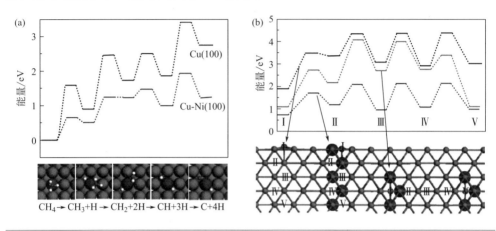

图 4-17　甲烷在铜镍合金基底上的裂解（a）和扩散的能量分布（b）[17]

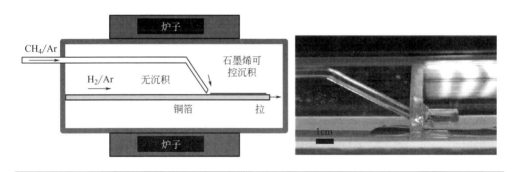

图 4-18　自选择生长 CVD 装置示意图（左）和照片（右）[18]

图 4-19　生长在铜箔上的大面积准单晶[18]

4.2 同取向外延生长

与单点成核生长石墨烯单晶相比，另一种方法是同时形成多个取向相同的晶核，当这些晶核长大并拼接形成连续薄膜时，则在连接处仍是六元环结构，如图 4-20 所示[19]。可以看到，要实现同取向外延生长，首先，要具有合适晶向的大面积金属单晶。在硅基底上生长的氢钝化 Ge（110）基底与石墨烯有较弱的相互作用并且晶格上具有很好的匹配，可以实现这种生长方式[20]。但是，石墨烯薄膜的尺寸受晶圆尺寸的限制。另外，Ge（110）表面微小的缺陷或杂质很容易破坏生长的取向一致性，难以获得很好的均匀性和重复性。相对的，Cu（111）基底与石墨烯晶格同样具有很好的匹配（晶格失配率＜4%），可以用于大面积石墨烯单晶的外延生长。另一方面，由于石墨烯与铜基底之间的相互作用较弱，需要找到合适的实验条件，使石墨烯与金属基底形成很好的外延关系且所有石墨烯晶畴的取向保持一致。

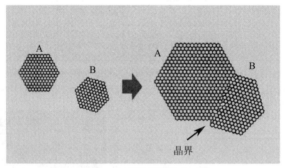

(a) 不相称拼接

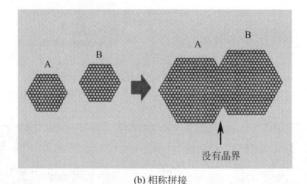

(b) 相称拼接

图 4-20 两个六边形石墨烯晶畴拼接示意[19]

4.2.1　大面积 Cu（111）单晶基底制备

大面积金属单晶可以通过高温退火重结晶的方法获得。L. Brown 等将铜箔在 1030℃、Ar/H_2 气氛中退火 12h，获得 16cm 长的 Cu（111）单晶[21]。铜箔的单晶化程度与退火时间密切相关，晶界随时间的增加而减少，如图 4-21 所示。铜箔的单晶化同样受温度影响，同样的时间内，温度越高，晶粒越容易长大，如图 4-22 所示。

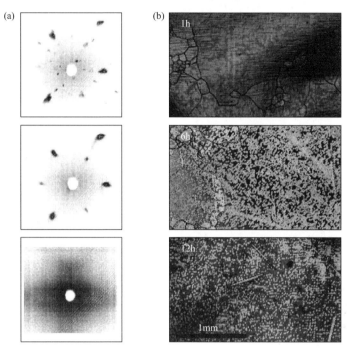

图 4-21　金属单晶通过高温退火重结晶

（a）劳厄衍射图：底部-退火前铜箔，顶部-退火后铜箔，中部-Cu（111）单晶；（b）1040℃热退火重结晶过程中铜晶粒演化的光学图像，对应退火时间分别为 1h、6h 和 12h[21]

X. Xu 等采用类似传统的利用液体和固体界面处的温度梯度作为驱动力制备单晶硅锭的"提拉法"，实现大面积 Cu（111）单晶铜箔的高效、连续制备，如图 4-23 所示[22]。将多晶铜箔缓慢滑动通过石英管中心附近热区（中心温度为 1030℃，常压，Ar 气氛），中心热区周围的温度梯度为铜箔中晶界的连续运动提供驱动力。在单晶铜箔的制备过程中，铜箔的一边是锥形的，以保证在尖端处只有一个 Cu（111）晶粒成核。将铜箔滑动通过中心热区，会驱动单晶和多晶区域之间的晶界移动，直到达到铜箔的宽度。继续滑动铜箔通过中心热区（1cm/min）约 50min，最终实现约（5×50）cm^2 的 Cu（111）单晶的制备。从原理上讲，通过使用更大的设备及对参数的适当修改，通过这种方法，可以获得更大面积的 Cu（111）单晶。

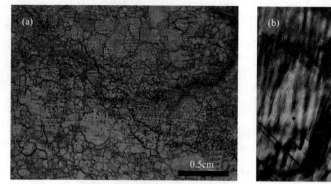

图 4-22　温度对铜箔退火的影响（光学图像）

（a）1010℃退火 3h，显示很多微晶；（b）1040℃，12h，显示单一晶粒[21]

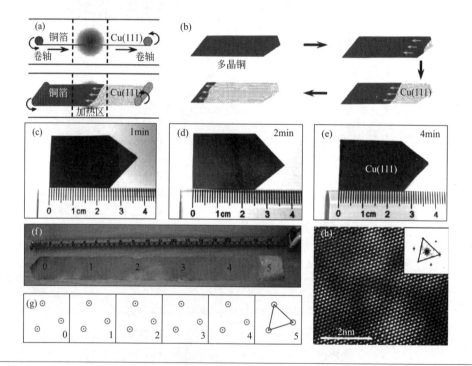

图 4-23　多晶铜箔连续退火制备 Cu（111）单晶箔

（a）在炉管中心热区连续生长 Cu（111）单晶箔的实验设计示意图；（b）退火过程中铜箔中 Cu（111）晶粒
生长演化过程的示意图；（c）～（e）Cu（111）晶粒形成和长大的照片，对应于在中心 1030℃下加热时间分别
为（c）1min、（d）2min 和（e）4min；（f）（5×50）cm² 单晶 Cu（111）照片；（g）从（f）中标记的铜箔的
六个不同区域的代表性 LEED 图案；（h）铜箔的高分辨透射电子显微镜（HRTEM）图像显示其 fcc（111）
表面取向（插图为 TEM 图像的快速傅立叶变换图样）[22]

X. Xu 等通过密度泛函理论（DFT）计算和分子动力学（MD）模拟对 Cu（111）单晶的形成进行了研究。计算表明，对于铜的三个典型低指数表面，（111）表面具有最低的表面能［如图 4-24（a）～（c）所示］，因此从多晶铜箔到 Cu（111）的转变是合理的。另一方面，MD 模拟表明，在晶界附近的铜原子的结合较弱，且靠近晶界的区域在 1300K 的温度下处于预熔化状态［如图 4-24（d）、（e）所示］。在晶界预熔化后，其迁移率急剧增加，并且可以在体相中迅速迁移［如图 4-24（e）所示，6～10ns］。在温度梯度下，它连续地向铜箔的高温侧移动［如图 4-24（e）所示，从 11.25～30ns］。晶界运动的速度与温度梯度成比例［如图 4-24（f）所示］，并随温度呈指数增加［如图 4-24（g）所示］。模拟结果表明，晶界的快速运动和优选的方向的关键驱动力是晶界的预熔化和温度梯度，与经典晶界迁移理论非常一致。

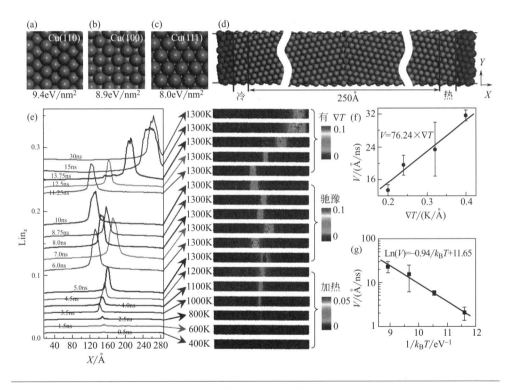

图 4-24 由温度梯度驱动制备单晶 Cu（111）

（a）～（c）三种典型的低指数铜晶面（110）、（100）和（111）的结构和形成能；（d）用于 MD 模拟的晶界模型；（e）在 MD 模拟（左）中模拟单元晶胞沿 x 轴的平均琳德曼指数（Lin_x）和相应的琳德曼指数映射图（右）；（f）不同温度梯度下的晶界迁移速度；（g）不同温度下的晶界迁移速度[22]

尽管 Cu（111）面具有最低的形成能，但与其他几个晶面，如（100）、

（110）等之间的差别并不会很大，在重结晶过程中还是会有可能形成其他晶面的单晶。J. Hu 等认为热处理过程中系统中的氧是影响基底晶向及晶粒大小的主要因素[23]。系统中的氧可能来自：a. 系统中残留的氧，b. 铜表面的氧化层，c. 气体中的杂质和系统的泄漏。他们对铜箔在不同气氛中退火（退火温度为 1040℃，常压，退火时间为 30min），发现当整个退火过程中只有 Ar 时（对应于系统中最高的氧含量），铜箔为 Cu（100）微晶，即使延长退火时间至 180min，晶向仍保持不变 [图 4-25(a)、(d)、(g)]；当在升温过程中使用氢气，但退火时停止氢气而改为 Ar（可减少系统中残留的氧及铜箔表面的氧化层，对应中等程度氧含量，这时氧主要来自气体中的杂质及系统的泄漏），铜晶粒变大（从 $50\mu m$ 增加到 1mm），且大部分为 Cu（111），少部分为 Cu（100）[图 4-25(b)、(e)、(h)]；而当在退火过程中也改用氢气时（氧的影响最大限度地被抑制），铜晶粒超过 1mm，并且基本为（111）晶向 [图 4-25(c)、(f)、(i)]。实验还表明，即使只有 1min 氢气退火，就可以获得 Cu（111）晶向。此外，尽管在常压条件下要获得 Cu（111）需要较高的温度（1040℃），降低压强则可以降低温度。快速降温也有助于抑制其他晶面的出现。

DFT 计算可以帮助进一步理解氧对铜晶向的影响[23]。没有氧时，Cu（111）的表面能比 Cu（100）低 0.15eV，表明 Cu（111）更加稳定，与之前的结果基本吻合[22]。而从 Cu（100）到 Cu（111）的势垒高达 0.24eV，因此需要更高的退火温度。但是，当铜表面有氧吸附时，O/Cu（111）则比 O/Cu（100）高 0.16eV，表明 O/Cu（100）比 O/Cu（111）更稳定。此外，由于氧而增加的能量势垒（0.07eV）进一步阻碍了从 Cu（100）向 Cu（111）的取向转变。

需要指出的是，X. Xu 等[22] 的工作中，铜箔的退火环境同样只是使用氩气，并没有使用氢气，对应于 J. Hu 等[23] 的富氧环境，却也得到大面积的 Cu（111）单晶。韩国 Ruoff 团队对铜、镍、铂等面心立方金属的单晶生长进行了更加系统的研究[24]。该团队发明了一种无接触退火方法用于制备大面积金属箔单晶。他们将铜箔悬挂起来，在氢气气氛中、接近铜熔点的温度下，通过长时间的退火，最终可以得到 Cu（111）单晶。研究认为，首先，{111} 面的最低表面能是形成（111）单晶的主要驱动力，然而，由于热应力而导致的应变能则会对这一驱动力产生影响，而悬挂的铜箔则尽可能地消除了由于与基底接触产生的热应力而导致的形变。此外，单晶铜箔的晶向与所使用的多晶铜箔晶向密切相关。用于制备 Cu（111）单晶的多晶铜箔主要具有 {112}<111> 和 {110}<112>两种织构，而当铜箔中具有较多的 {100}<001>织构时，退火后则仍为 {100} 织构。另外，氢的存在对单晶的生长具有重要影响。氢原子可以有效地降低金属中空位的形成能，增加空位的浓度，有助于金属原子的扩散，进而加速晶粒的生长。总体而言，初始材料的加工过程以及其纯度、残余应力、形变方式、晶粒织构及分布等都会影响最终的结果，包括重结晶程度及织构等。

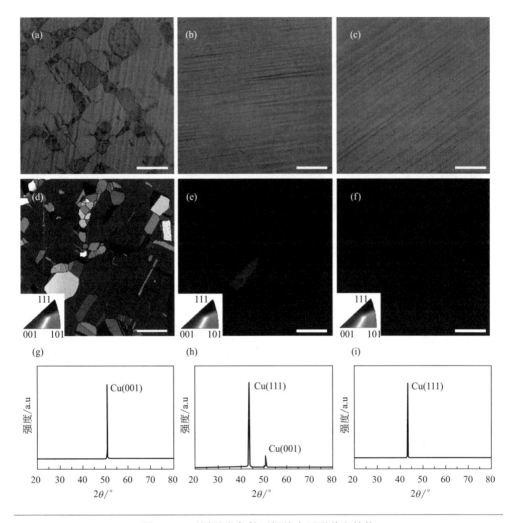

图 4-25 不同退火条件下铜箔表面形貌和结构

(a)~(c) 光学图像（标尺为 $50\mu m$）；(d)~(f) EBSD 晶向图 [（d），（e）标尺为 $200\mu m$，（f）为 $500\mu m$]；(g)~(i) XRD 谱线[23]

4.2.2　石墨烯的外延生长

石墨烯与铜基底之间的外延关系在上一章已经进行了一定的阐述。DFT 计算可以帮助揭示石墨烯在不同的晶面上的外延性质，如图 4-26 所示[19]。相比于石墨烯在金属表面生长，另一种不同的情况是石墨烯晶畴（C_{54}）倾向于嵌入到铜晶格中。嵌入到 Cu（111）表面的石墨烯会被限制在取向差角 $\theta = 0°$（石墨烯 ZZ 边相对于 Cu［110］晶向的夹角）的取向。一旦该团簇稳定下来，由于极高的旋转势垒

（≈3eV），将基本不会旋转到其他方向。这样一来，所有的石墨烯晶核都具有同样的取向。这与在相对高的温度下观察到的台阶生长非常类似。当石墨烯生长在Cu（111）表面（而非嵌入）时，最小能量对应$\theta \approx 9°$和51°，即在这种情况下，石墨烯晶核有两种较为稳定的取向，会导致不相称拼接。当生长温度较高时，铜箔表面容易形成具有台阶的铜晶格，因此推测石墨烯生长在Cu（111）表面上时可能性较小，更倾向于嵌入生长，因此，高温下在Cu（111）基底生长的石墨烯晶畴取向基本是一致。对于生长在Cu（110）和（100）表面上的石墨烯，能量最小值分别出现在0°和30°（Cu（110）上石墨烯 ZZ 边/Cu［110］）及15°和45°（Cu（100）上石墨烯 ZZ 边/Cu［100］）。而且，各取向差角的能量差相对较小，这意味着取向差角分布可以非常宽，石墨烯晶畴可以有多个取向。此外，Cu（111）表面的光滑度及清洁度对保持石墨烯晶畴确定的取向非常关键，过于粗糙的表面及杂质都有可能对晶畴取向产生扰动。实际上，很难保证铜箔基底在很大面积范围内完全光滑且没有任何杂质存在，也总会有一小部分石墨烯晶畴的取向会有所偏差，因此，严格地讲，基于这种同取向外延生长制备的石墨烯单晶更应该被称为"准单晶"。

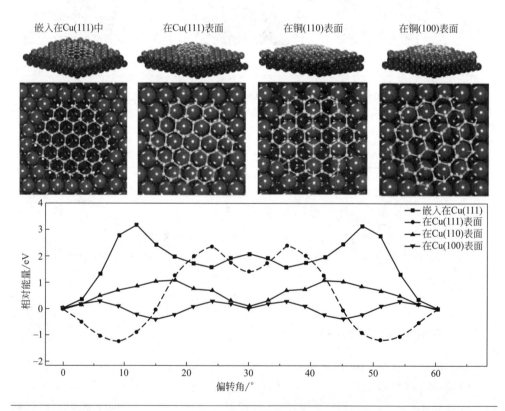

图 4-26 C_{54} 团簇在不同铜表面及 DFT 计算的在各铜表面能量差与取向差角之间的函数关系[19]

<h1 align="center">—— 参考文献 ——</h1>

[1] M. H. Griep，E. Sandoz-Rosado，T. M. Tumlin，E. Wetzel. *Enhanced graphene mechanical properties through ultrasmooth copper growth substrates*. Nano Lett. (2016) **16**：1657-1662.

[2] S. M. Hedayat，J. Karimi-Sabet，M. Shariaty-Niassar. *Evolution effects of the copper surface morphology on the nucleation density and growth of graphene domains at different growth pressures*. Appl. Surf. Sci. (2017) **399**：542-550.

[3] P. Braeuninger-Weimer，B. Brennan，A. J. Pollard，S. Hofmann. *Understanding and controlling Cu-catalyzed graphene nucleation：The role of impurities，roughness，and oxygen scavenging*. Chem. Mater. (2016) **28**：8905-8915.

[4] B. Liu，N. Xuan，K. Ba，X. Miao，M. Ji，Z. Sun. *Towards the standardization of graphene growth through carbon depletion，refilling and nucleation*. Carbon (2017) **119**：350-354.

[5] F. Qing，C. Shen，R. Jia，L. Zhan，X. Li. *Catalytic substrates for graphene growth*. MRS Bull. (2017) **42**：819-824.

[6] H. Kim，C. Mattevi，M. R. Calvo，J. C. Oberg，L. Artiglia，S. Agnoli，C. F. Hirjibehedin，M. Chhowalla，E. Saiz. *Activation energy paths for graphene nucleation and growth on Cu*. ACS Nano (2012) **6**：3614-3623.

[7] X. Li，C. W. Magnuson，A. Venugopal，J. An，J. W. Suk，B. Han，M. Borysiak，W. Cai，A. Velamakanni，Y. Zhu，L. Fu，E. M. Vogel，E. Voelkl，L. Colombo，R. S. Ruoff. *Graphene films with large domain size by a two-step chemical vapor deposition process*. Nano Lett. (2010) **10**：4328-4334.

[8] G. Eres，M. Regmi，C. M. Rouleau，J. Chen，I. N. Ivanov，A. A. Puretzky，D. B. Geohegare. *Cooperative island growth of large-area single-crystal graphene on copper using chemical vapor deposition*. ACS Nano (2014) **8**：5657-5669.

[9] X. Li，C. W. Magnuson，A. Venugopal，R. M. Tromp，J. B. Hannon，E. M. Vogel，L. Colombo，R. S. Ruoff. *Large-area graphene single crystals grown by low-pressure chemical vapor deposition of methane on copper*. J. Am. Chem. Soc. (2011) **133**：2816-2819.

[10] C. C. Chen，C. J. Kuo，C. D. Liao，C. F. Chang，C. A. Tseng，C. R. Liu，Y. T. Chen. *Growth of large-area graphene single crystals in confined reaction space with diffusion-driven chemical vapor deposition*. Chem. Mater. (2015) **27**：6249-6258.

[11] Y. Hao，M. S. Bharathi，L. Wang，Y. Liu，H. Chen，S. Nie，X. Wang，H. Chou，C. Tan，B. Fallahazad，H. Ramanarayan，C. W. Magnuson，E. Tutuc，B. I. Yakobson，K. F. McCarty，Y. -W. Zhang，P. Kim，J. Hone，L. Colombo，R. S. Ruoff. *The role of surface oxygen in the growth of large single-crystal graphene on copper*. Science (2013) **342**：720-723.

[12] W. Guo，F. Jing，J. Xiao，C. Zhou，Y. Lin，S. Wang. *Oxidative-etching-assisted synthesis of centimeter-sized single-crystalline graphene*. Adv. Mater. (2016) **28**：3152-3158.

[13] X. Xu，Z. Zhang，L. Qiu，J. Zhuang，L. Zhang，H. Wang，C. Liao，H. Song，R. Qiao，P. Gao，Z. Hu，L. Liao，Z. Liao，D. Yu，E. Wang，F. Ding，H. Peng，K. Liu. *Ultrafast growth of single-crystal graphene assisted by a continuous oxygen supply*. Nat. Nanotechnol. (2016) **11**：930-935.

[14] L. Lin，J. Li，H. Ren，A. L. Koh，N. Kang，H. Peng，H. Q. Xu，Z. Liu. *Surface engineering of copper foils for growing centimeter-sized single-crystalline graphene*. ACS Nano (2016) **10**：2922-2929.

[15] L. Li，L. Sun，J. Zhang，j. Sun，A. L. Koh，H. L. Peng，Z. Liu. *Rapid growth of large single-crystalline graphene via second passivation and multistage carbon supply*. Adv. Mater. (2016) **28**：

4671-4677.

[16] Q. Yu, L. A. Jauregui, W. Wu, R. Colby, J. Tian, Z. Su, H. Cao, Z. Liu, D. Pandey, D. Wei, T. F. Chung, P. Peng, N. P. Guisinger, E. A. Stach, J. Bao, S. -S. Pei, Y. P. Chen. *Control and characterization of individual grains and grain boundaries in graphene grown by chemical vapour deposition*. Nat. Mater. (2011) **10**: 443-449.

[17] T. Wu, X. Zhang, Q. Yuan, J. Xue, G. Lu, Z. Liu, H. Wang, H. Wang, F. Ding, Q. Yu, X. Xie, M. Jiang. *Fast growth of inch-sized single-crystalline graphene from a controlled single nucleus on Cu-Ni alloys*. Nat. Mater. (2015) **15**: 43-48.

[18] I. V. Vlassiouk, Y. Stehle, P. R. Pudasaini, R. R. Unocic, P. D. Rack, A. P. Baddorf, I. N. Ivanov, N. V. Lavrik, F. List, N. Gupta, K. V. Bets, B. I. Yakobson, S. N. Smirnov. *Evolutionary selection growth of two-dimensional materials on polycrystalline substrates*. Nat. Mater. (2018) **17**: 318-322.

[19] V. L. Nguyen, B. G. Shin, D. Dinh Loc, S. T. Kim, D. Perello, Y. J. Lim, Q. H. Yuan, F. Ding, H. Y. Jeong, H. S. Shin, S. M. Lee, S. H. Chae, V. Quoc An, S. H. Lee, Y. H. Lee. *Seamless stitching of graphene domains on polished copper (111) foil*. Adv. Mater. (2015) **27**: 1376-1382.

[20] J. -H. Lee, E. K. Lee, W. -J. Joo, Y. Jang, B. -S. Kim, J. Y. Lim, S. -H. Choi, S. J. Ahn, J. R. Ahn, M. -H. Park, C. -W. Yang, B. L. Choi, S. -W. Hwang, D. Whang. *Wafer-scale growth of single-crystal monolayer graphene on reusable hydrogen-terminated germanium*. Science (2014) **344**: 286-289.

[21] L. Brown, E. B. Lochocki, J. Avila, C. J. Kim, Y. Ogawa, R. W. Havener, D. K. Kim, E. J. Monkman, D. E. Shai, H. F. I. Wei, M. P. Levendorf, M. Asensio, K. M. Shen, J. Park. *Polycrystalline graphene with single crystalline electronic structure*. Nano Lett. (2014) **14**: 5706-5711.

[22] X. Xu, Z. Zhang, J. Dong, D. Yi, J. Niu, M. Wu, L. Lin, R. Yin, M. Li, J. Zhou, S. Wang, J. Sun, X. Duan, P. Gao, Y. Jiang, X. Wu, H. Peng, R. S. Ruoff, Z. Liu, D. Yu, E. Wang, F. Ding, K. Liu. *Ultrafast epitaxial growth of metre-sized single-crystal graphene on industrial Cu foil*. Sci. Bull. (2017) **62**: 1074-1080.

[23] J. Hu, J. Xu, Y. Zhao, L. Shi, Q. Li, F. Liu, Z. Ullah, W. Li, Y. Guo, L. Liu. *Roles of oxygen and hydrogen in crystal orientation transition of copper foils for high-quality graphene growth*. Sci. Rep. (2017) **7**: 45358.

[24] S. Jin, M. Huang, Y. Kwon, L. Zhang, B. -W. Li, S. Oh, J. Dong, D. Luo, M. Biswal, B. V. Cunning, P. V. Bakharev, I. Moon, W. J. Yoo, D. C. Camacho-Mojica, Y. -J. Kim, S. H. Lee, B. Wang, W. K. Seong, M. Saxena, F. Ding, H. -J. Shin, R. S. Ruoff. *Colossal grain growth yields single-crystal metal foils by contact-free annealing*. Science (2018) 362: 1021-1025.

石墨烯的层数控制

　　单层石墨烯（single-layer graphene，简称 SLG）的零带隙特性极大地限制了其应用。与之相比，多层石墨烯（这里指 2～10 层，few-layer graphene，简称 FLG）尤其是双层石墨烯（bilayer graphene，简称 BLG）不但具有很多与 SLG 相似的优良特性，如高载流子迁移率、高机械强度、柔性和化学稳定性等，其结构上的差异更带来大量不同的电学和光学性质，如 AB 堆垛的 BLG 在外加垂直电场的情况下可以打开带隙、Γ 点光学声子的红外活性以及由于堆垛旋转角度的变化（非 AB 堆垛）而带来更多的电学和光学性能的变化。

　　在过去的几年中，SLG 的制备技术获得了飞速的发展，尤其是基于铜基底的 CVD 制备技术，由于其自限制特性，使得 SLG 的获得较为容易。与之相比，BLG 及 FLG 的制备则较为复杂，不但要控制石墨烯的层数，还要控制层与层之间的堆垛旋转角，因此，如何有效控制 FLG 的层数和堆垛旋转角度，一直是石墨烯制备技术的一个挑战。

　　根据碳在金属基底中溶解度的不同，FLG 的生长机制总体上可以分为两种：a. 当碳在金属中溶解度较低时，活性基团只在金属表面或亚表面运动，进行石墨烯的成核与生长，这一生长过程可以称之为表面控制生长；b. 当碳在金属中溶解度较高时，碳源在金属表面裂解后会有一部分进入金属基底内部，当碳在金属中（或近表面区域）过饱和时，会在金属表面偏析或析出形成 SLG 或 FLG，这一生长过程可以称之为溶解度控制生长。本章将阐述 FLG 的生长机制以及相关的影响因素。

5.1 表面控制生长

当使用低碳溶解度的金属（例如铜）作为基底时，含碳前驱体在基底表面被催化裂解成活性基团，这些活性基团聚集成核，逐渐长大，并最终连接成完整的石墨烯薄膜；基底表面完全被石墨烯覆盖后，失去对含碳前驱体的催化活性，石墨烯停止生长，这就是石墨烯的自限制生长机制。在合适的参数条件下，石墨烯在成核的时候即为单层，生长的过程中也不会有新的层成核，直至最终停止生长，获得SLG 薄膜。然而，在某些条件下，会使石墨烯在成核的时候即为多层，或者在第一层生长过程中或完全覆盖金属表面后，继续进行新一层的成核和生长，从而实现FLG 的生长；这些 FLG 的生长同样是在等温条件下，由金属表面进行控制的。根据不同层石墨烯的生长速度与位置，可以分为以下几类，如图 5-1 所示：（a）共生长——各层石墨烯同时成核同速生长；（b）面上生长——后生长的石墨烯长在先生

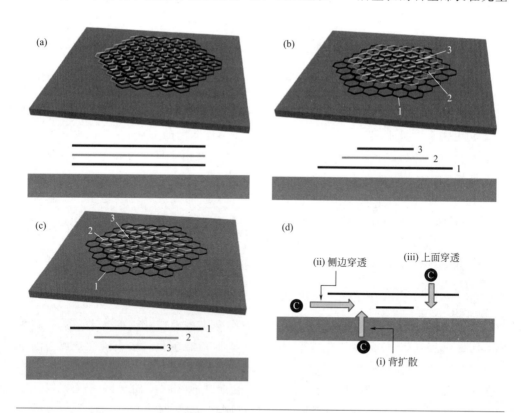

图 5-1　铜上 FLG 的生长模型[1]

（a）共生长；（b）面上生长；（c）面下生长；（d）面下生长碳源扩散途径

长的石墨烯的上面；（c）面下生长——后生长的石墨烯长在先生长的石墨烯下面，也就是先生长的石墨烯与金属基底表面之间。对于前两种情况，一般认为，活性基团是在基底表面上扩散，然后添加到石墨烯晶核，这比较容易理解。对于（c）中情况，活性基团则可能以 3 种形式向下面的附加石墨烯层添加：a.背扩散，从基底内部提供，b.侧边穿透，基底表面上的活性基团穿过上层石墨烯边界，添加到其下面的石墨烯附加层上，c.上面穿透，即穿过上面的石墨烯层，到达催化基底表面。

5.1.1 共生长

　　Z. Sun 等使用 LPCVD 系统，通过控制石墨烯生长时气氛总压力（氢气与甲烷流量恒定为 $300:10$ sccm），发现随着甲烷偏压的增加（需要注意的是，氢气的偏压同比例增加），石墨烯的层数增加，如图 5-2 所示[2]。他们使用拉曼光谱及 TEM来表征其层数并表明其制备的 FLG 均为 AB 堆垛，通过对石墨烯 FET 的电学性能测量进一步证明其 AB 堆垛特性。石墨烯的透明度也与其层数相对应。作者根据对石墨烯的拉曼区域扫描结果认为其 SLG 单层率高于 95%，BLG 双层率约 85%，具有较好的厚度均匀性。作者还发现，当 Cu 表面完全被石墨烯覆盖后，延长生长时间或增加气氛压力，石墨烯层数不增加，表明为自限制生长。而如果使用很短的生长时间，在石墨烯的晶畴连接成连续薄膜前停止其生长，并对其表征，发现这些独立的石墨烯晶畴厚度均匀（如图 5-3 所示）。基于这些结果，作者认为这些 FLG 同时成核并以相同的生长速度生长，最终连接成连续的 FLG 薄膜，反应停止。

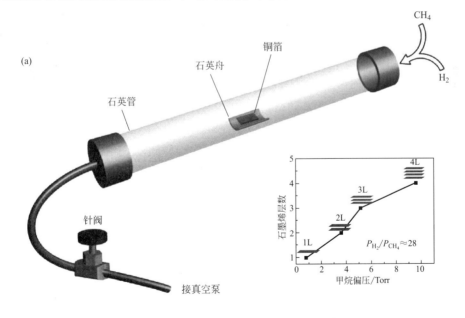

图 5-2

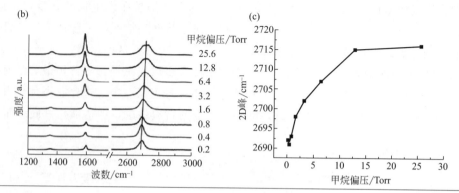

图 5-2 石墨烯制备及偏压示意

（a）石墨烯制备系统示意图，系统压力由针阀及真空泵控制（插图为固定 H_2 与 CH_4 偏压比例时石墨烯层数与甲烷偏压的关系）；（b）石墨烯拉曼光谱随甲烷偏压增加的变化；（c）图（b）中 2D 峰位置与甲烷偏压的关系[2]

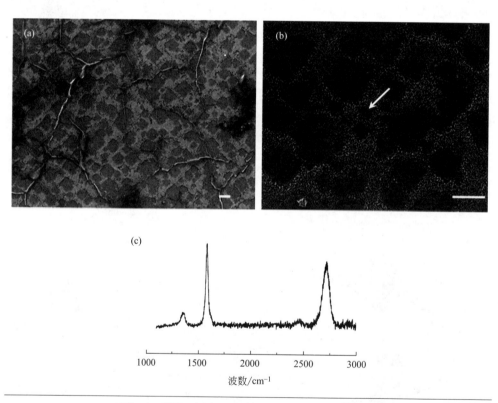

图 5-3 铜表面生长石墨烯晶核及其拉曼光谱示意

（a），（b）铜表面经过 2min 生长的 BLG 晶核不同放大倍数的 SEM 图像（标尺为 $1\mu m$）；（c）石墨烯晶核的典型拉曼光谱[2]

共生长的生长机制最有利于制备厚度及堆垛特性均匀的 FLG 薄膜，但需要指出的是，Z. Sun 等的工作中，TEM 及拉曼光谱只能在微观尺度（纳米-微米）表征石墨烯的层数及堆垛特性，并且由于特征峰位不仅与层数有关，还和掺杂及应力有关，因此用 2D 峰的位置来表征层数并不精确；而透光率测量只表明平均效果；在十微米至毫米范围内则缺少对石墨烯均匀性的明确表征，如显微光学表征等。另外，尽管作者认为图 5-3 中 SEM 表征结果显示的是独立的石墨烯晶畴，但图 5-3(a) 中显示有类似石墨烯褶皱的特征，使其看起来更像是在连续 SLG 上的附加层。因此，这一生长机制有待进一步验证。

5.1.2 面上生长

Z. Luo 等使用适当的铜箔，通过控制生长时间，实现了 BLG 及 FLG 的生长[3]。当使用 $34\mu m$ 厚 99.95% 纯度的铜箔作为生长基底，生长时间为 30min 时，铜箔表面仍然只是生长 SLG。然而，虽然铜箔表面完全被石墨烯覆盖，但随生长时间的增加，会继续生长新的一层 SLG 或 FLG。图 5-4 中所示为生长时间 210min 的转移在硅片上的石墨烯光学显微图像，可以看到，BLG 的面积可达 90%，其余 10% 主要为 TLG 及少量 SLG。通过对石墨烯进行拉曼区域扫描，可以发现，该 BLG 并不是完全的 AB 堆垛结构，如图 5-5 所示。当使用不同纯度的铜箔基底时，99.999% 的铜箔即使在 210min 时仍只生长 SLG，而 99.8% 的铜箔在 30min 时就会生长 FLG。作者认为，第二层石墨烯是长在第一层石墨烯之上，而铜箔中的杂质会促进甲烷的裂解，从而促使 FLG 的生长。

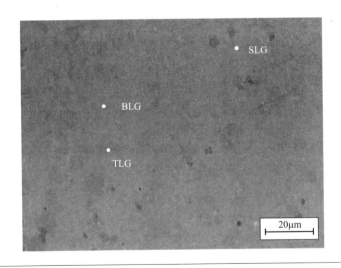

图 5-4 转移在 SiO_2/Si 基底上的石墨烯光学显微图像[3]

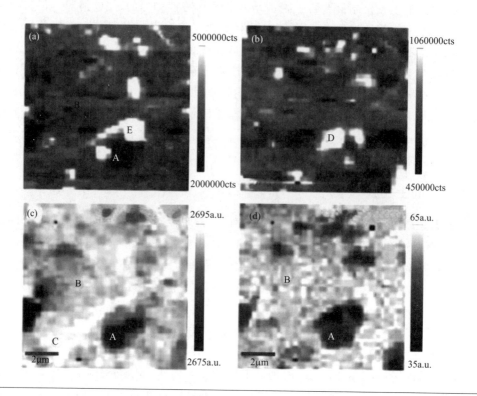

图 5-5 石墨烯区域拉曼扫描图及对应的拉曼光谱[3]

（a）G 峰强度；（b）2D 峰强度；（c）2D 峰位置；（d）2D 峰宽度

K. Yan 等使用双温区 CVD 系统，将已经长有 SLG 的铜箔放置在气流下方的温区，在上方温区放置原始铜箔，用于催化甲烷的裂解，所得到的部分活性基团可以扩散到下方铜箔表面，并且沉积生长第二层石墨烯，如图 5-6 所示[4]。通过这种方法，可以得到 67％覆盖率的 BLG。作者认为第一层石墨烯上的缺陷及杂质可以作为成核中心，第二层石墨烯沉积在第一层石墨烯上面，并且由于石墨烯晶核边缘比其表面活性更强，因此在石墨烯边缘更容易添加原子或活性基团，使得石墨烯更倾向于面内生长，利于保持石墨烯层数的均匀性；同时，在没有空间限制的情况下，沉积的活性基团在石墨烯表面更倾向于形成热力学最稳定的 AB 堆垛。但是，第二层石墨烯的晶畴形状、密度及尺寸都很不均匀，如图 5-7 所示，说明第二层石墨烯的成核及生长仍然受到铜基底的影响。

L. Liu 等基于类似的方式，但是使用长的铜条带，由气流上游裸露的铜基底催化裂解甲烷获得活性基团，然后这些活性基团被气流带到下游用于 BLG 的生长。通过这种方法他们得到近 99％的双层覆盖率，并且其中 90％为 AB 堆垛（如图 5-8 所示）[5]。

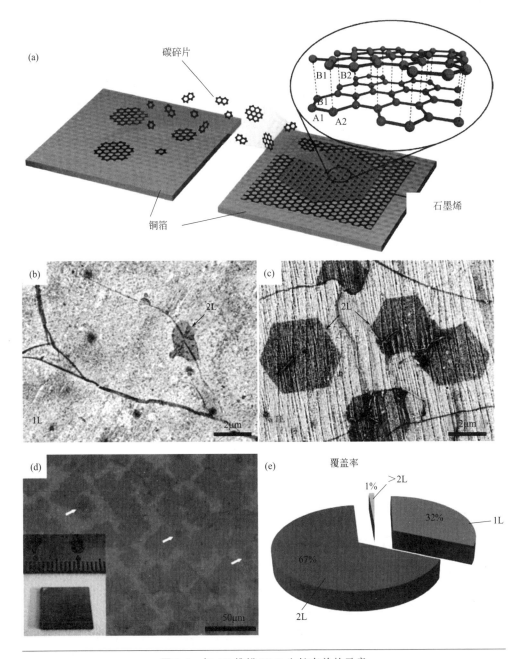

图 5-6 与 AB 堆垛 BLG 生长有关的示意

（a）AB 堆垛 BLG 生长机制示意图；（b），（c）转移在硅片上的 SLG 和 BLG 的 SEM 图像；（d）60min 生长 BLG 光学显微图像；（e）不同层数石墨烯覆盖率统计[4]

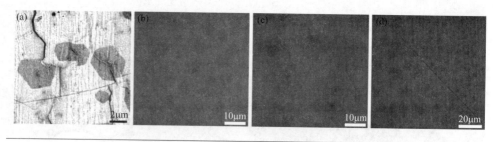

图 5-7 SEM 及光学显微图像显示第二层石墨烯的晶畴形状、密度及尺寸的不均匀性

（a）SEM 图像显示小尺寸第二层石墨烯晶畴；（b）～（d）转移在硅片上的石墨烯光学图像显示更大尺寸及不同形状的第二层石墨烯晶畴[4]

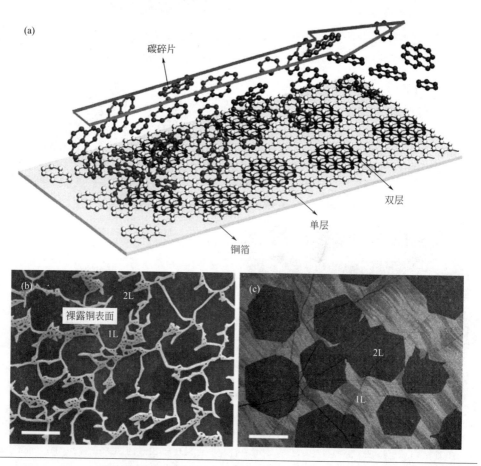

图 5-8 BLG 的生长和石墨烯在中间位置的 SEM 图像

（a）BLG 生长示意图；（b），（c）铜基底在气流上游一端及中间位置的 1 层和 2 层石墨烯的 SEM 图像[5]

与 K. Yan 等[4] 使用原始铜箔作为催化基底所不同的是，L. Liu 等[5] 使用较高的氢气比例，保持铜基底前端不被石墨烯完全覆盖，从而保持活性催化裂解甲烷，提供活性基团在后端外延沉积 BLG。此外，K. Yan 等是在第一层生长完成后再进行第二层石墨烯的生长，而在 L. Liu 等的工作中，可以观察到第二层与第一层同时成核，只是生长速度不同［M. Kalbac 等使用同位素标定的方法，观察到更短的同时成核时间（5s）[6]］，并且在适当的条件下（持续提供活性基团），即使第一层完全长满，第二层依然可以继续生长（如图 5-9 所示）。在较宽的参数范围内，双层 AB 堆垛结构占 65％左右（如图 5-10 所示）；但在极低压力及高温时，可达到 95％。L. Liu 等认为，根据 Chapman-Enskog 理论，高温低压下气体扩散及表面扩散增强，有利于活性基团扩散至最低能态，形成 AB 堆垛双层。但是，在这种条件下，基底会很快全部被石墨烯覆盖而失去对甲烷的催化活性，即使使用很长的生长时间（如 1h），总的双层覆盖率仍然很低（＜5％）。为同时获得高的双层覆盖率及 AB 堆垛结构比例，作者采用两步法来实现。首先，使用极低的压力，在较短的时间内形成高比例的 AB 堆垛的 BLG 晶核，然后，使用高一点的压力，提高第二层的生长速度从而获得更均匀的 BLG 薄膜。

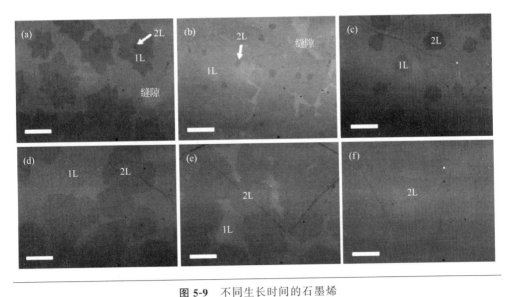

图 5-9 不同生长时间的石墨烯

(a) 2min；(b) 5min；(c) 15min；(d) 1h；(e) 2h；(f) 3h（标尺 20μm）[5]

可以看出，以上方法从本质上都是在（生长区域）铜表面完全被石墨烯覆盖失去催化活性后，通过其他的手段继续提供活性基团，以促进后续石墨烯层的生长。J. Han 等同样使用双温区系统，将铜基底置于气流下游温区（1 加热区，即生长区），但与 K. Yan 等不同的是，在气流上游温区（2 加热区，即预热区）并未放置

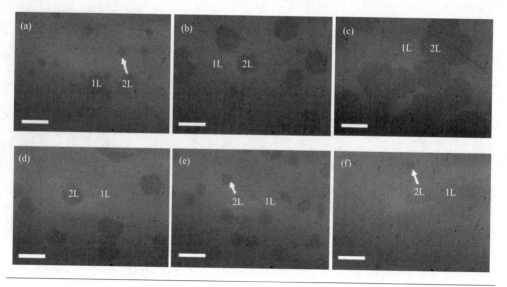

图 5-10 不同生长压力下石墨烯的显微光学图像

(a) 1mbar；(b) 2mbar；(c) 5mbar；(d) 10mbar；(e) 20mbar；(f) 100mbar（标尺 20μm）[5]

催化铜箔，而只是利用热能来促进甲烷裂解，提供活性基团，如图 5-11 所示[7]。其具体做法是，先用常规的方法，在铜箔上生长 SLG，然后调节预热区与生长区的温度，在已经生长的第一层石墨烯上进行后续石墨烯层的生长。需要注意的是，在进行后续石墨烯层的生长时，生长区的温度在 750℃ 时可以获得最佳生长效果。他们认为，当温度过高时，活性基团不易在石墨烯/铜表面吸附，而温度过低时，活性基团的脱氢效率及在基底表面扩散速率都会降低，这都会影响石墨烯的成核与生长。另外，显然更高的预热区温度更有利于促进甲烷裂解，从而提供更多的活性基团，有助于附加层石墨烯的生长。同样，更高的甲烷偏压有助于提供更多的活性基团，而氢气则会抑制甲烷的裂解与石墨烯的生长。随系统总压力的增加，附加层成核密度增加，但尺寸（生长速度）先增加而后减小。在总压力不变的情况下，随氢气比例的增加，附加层密度增加，但尺寸（生长速度）减小。显然，通过这种方法，在合适的参数条件下，只需控制生长时间，即可控制石墨烯的层数，如图 5-12 所示。作者同样比较了单温区 CVD 法与这种双温区两步法制备的 FLG 之间的差别，发现单温区 CVD 法制备 BLG 的 AB 堆垛结构与非 AB 堆垛结构比例基本相当，而双温区两步法制备 BLG 的 AB 堆垛结构可达94％。作者认为，在单温区中，FLG 同时成核，会受到铜基底的影响，从而形成非 AB 堆垛结构，而双温区两步法中，先生长的石墨烯作为基底，减小了铜基底的影响，从而使新生长的石墨烯形成更稳定的 AB 堆垛结构。

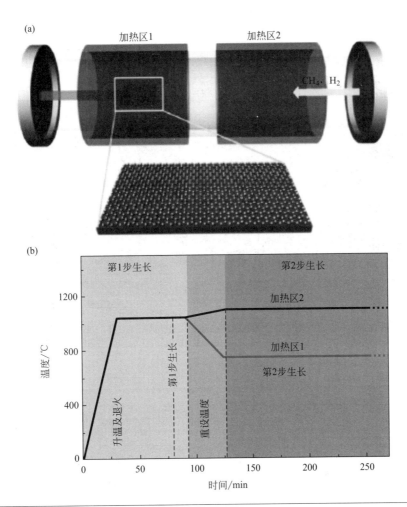

图 5-11 石墨烯在双温区生长过程示意

（a）双温区 LPCVD 系统示意图；（b）两步生长过程示意图[7]

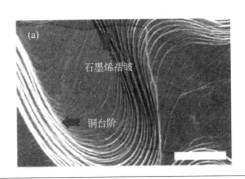

图 5-12

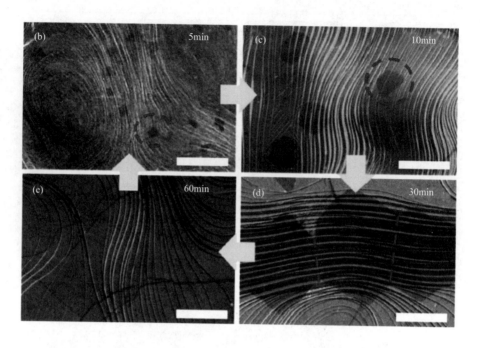

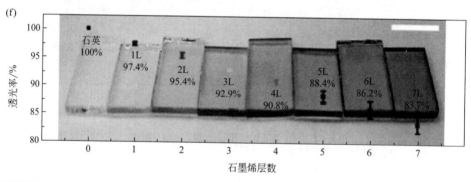

图 5-12　石墨烯生长过程示意

（a）～（e）SEM 图像显示石墨烯层层生长过程。先生长 SLG（a），然后附加层成核并逐渐长大，最终连接成连续双层薄膜［（b）～（e）］（标尺 5μm）；（f）转移在石英基底上不同层数的石墨烯照片及透光率[7]

　　P. Zhao 等使用乙醇作为碳源，并且把铜箔做成信封结构，在合适的参数下，在铜信封内部表面可以获得覆盖率约 94% 的、接近 100% 的 AB 堆垛结构的 BLG，并且使用同位素标定的方法证明第二层生长在第一层之上[8]。具体生长机制及结果如图 5-13、图 5-14 所示：首先，仍然是遵循石墨烯的表面催化自限制生长过程，生长 SLG，但随着时间的增加，石墨烯中的碳会被继续通入的乙醇中的碳替换，这可能是由于受到乙醇裂解产物如 H_2、H_2O 等刻蚀作用的影响；随时间继续增加，在适当的动力学条件下，乙醇裂解产物中的碳活性基团开始在第一层石墨烯表面成核生长成第二层石墨烯；在这一过程中，由刻蚀作用导致的碳原子替换会在两层中继续发生。较高的温度有利于提高石墨烯薄膜的连续性，如图 5-15 所示。图 5-16 显示乙醇压力对石墨烯生长的影响：压力较低时，只生长 SLG（10sccm，约 10Pa）或层数不均匀（30sccm，约 30Pa）；压力过高，FLG（三层及以上）更容易成核。

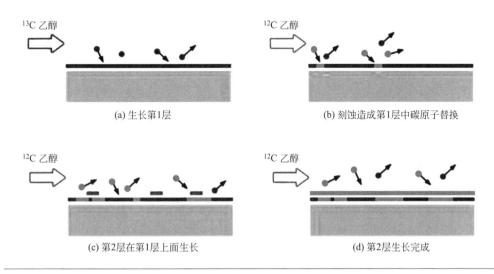

图 5-13 用乙醇作为碳源的层层外延生长示意[8]

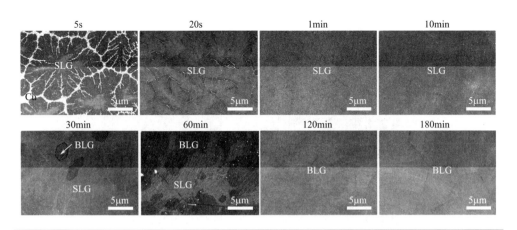

图 5-14 乙醇作为碳源生长 FLG 对应不同生长时间的 SEM 图像[8]

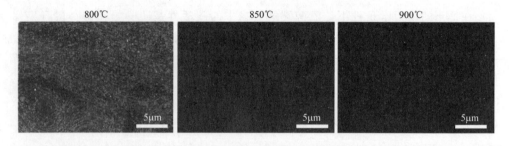

图 5-15 不同生长温度下石墨烯的 SEM 图像[8]

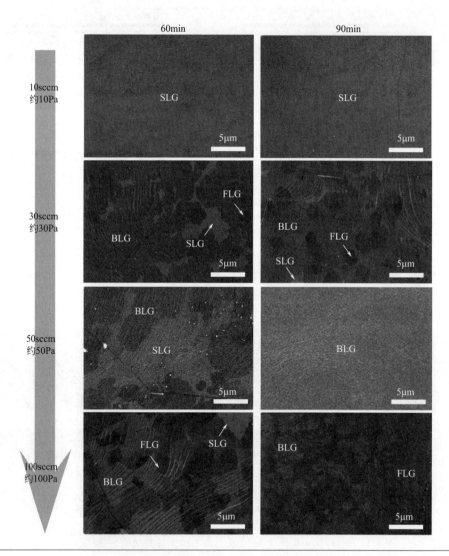

图 5-16 乙醇压力对石墨烯生长的影响[8]

5.1.3　面下生长

与后生长的石墨烯生长在先生长的石墨烯上面的面上生长机制相对的，是后生长的石墨烯长在先生长的石墨烯与金属表面之间，即面下生长。

S. Nie 等利用低能电子衍射（LEED）技术，通过比较 BLG（其中一层为面积较小的六方晶畴）各层的衍射图案发现，来自小层的衍射图案的强度要小于来自大层的，由此判断小层石墨烯在大层的下面，即大层石墨烯与金属基底之间[9,10]。

Q. Li 等使用同位素标定技术同样证明 FLG 的面下生长机制[11]。他们将铜箔做成信封状结构，然后在石墨烯生长过程中依次通入碳 12 及碳 13 甲烷，在铜信封内表面，会生长较大面积的石墨烯单晶及附加层，如图 5-17 所示。由于碳 12 和碳 13 石墨烯拉曼光谱 D 峰位置不同，通过对石墨烯进行适当的氧等离子体刻蚀，只在表面一层形成缺陷，即可通过拉曼光谱中 D 峰位置判断出上一层是那种石墨烯，进而确定两层石墨烯的生长顺序。对照图 5-17(b) 中碳 12 的分布，可以发现大层和小层中环数相同，表明第二层在初始阶段就已经成核。从图 5-18 中可以看到，经过氧等离子体处理后，出现的是碳 12 的缺陷峰（D 峰），表明含有碳 13 的小层在下面。

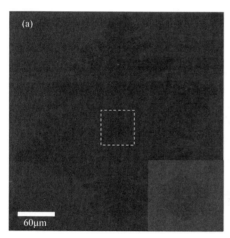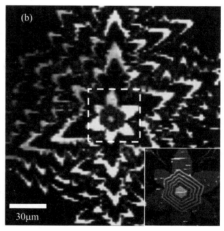

图 5-17　转移在硅片上的 BLG

（a）光学显微图像；（b）碳 12 拉曼 G 峰强度扫描图，插图对应虚线方框部分[11]

对于面下生长机制，活性基团到达石墨烯覆盖的催化基底表面给附加层提供碳源有三种可能渠道（如图 5-1 所示），即（i）背扩散、（ii）侧边穿透和（iii）上面穿透。尽管碳在铜中的溶解度很低，使得背扩散（i）提供碳源的方式看上去可能性

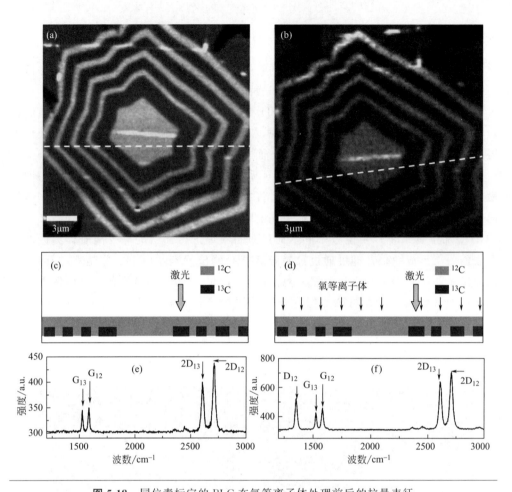

图 5-18 同位素标定的 BLG 在氧等离子体处理前后的拉曼表征

(a)，(b) 转移后的石墨烯在氧等离子体处理前后的碳 12 拉曼 G 峰强度分布图；(c)，(d) 沿 (a)，(b) 中白色虚线所示的横截面同位素分布示意图。(e)，(f) 为 (c)，(d) 中大箭头所示位置的拉曼光谱[11]

不大，实验结果却表明，在铜箔一侧的活性基团却可以（以碳原子的方式）扩散到铜箔的另一侧，为附加层的生长提供碳源。W. Fang 等比较了铜信封结构内外石墨烯的生长情况，发现在铜信封的外表面会有更多的 FLG，如图 5-19 所示[12]。其生长机制如图 5-20 所示：在第Ⅰ阶段，附加层的生长与在平的铜箔表面情况一样，基本上为 SLG 及少量附加层微晶；当第一层石墨烯完全连续后，阻止碳源通过铜箔扩散到内表面（即侧边穿透）。在第Ⅱ阶段，由于内表面的石墨烯生长速度较慢，裸露的铜表面对甲烷仍具有催化裂解作用，得到的活性基团一部分用于内表面石墨烯的生长，另一部分通过铜箔扩散到外表面，在铜箔外表面与之前生长的第一层石墨烯之间形成第二层石墨烯（或多层）；当内表面的石墨烯也完全连续后，第Ⅱ阶段的反应停止。

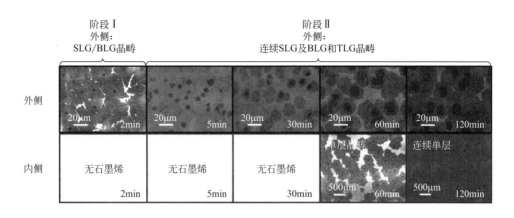

图 5-19 石墨烯在铜信封内外生长随时间的关系[12]

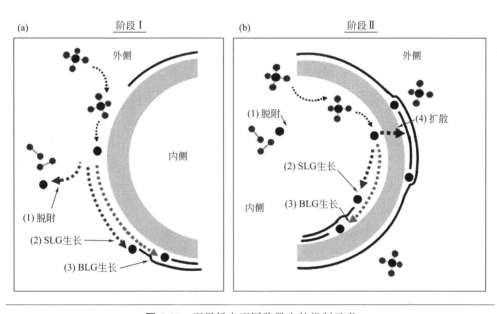

图 5-20 石墨烯在不同阶段生长机制示意

（a）在阶段Ⅰ中铜箔外侧 BLG 的生长机制；（b）在阶段Ⅱ中 BLG 的生长机制[12]

Z. Zhao 等[13] 及 Y. Hao 等[14] 分别用同位素标定的方法进一步证明了这种反应机制。Y. Hao 等将长有碳 12 石墨烯铜箔一侧的一半石墨烯刻蚀掉，然后做成铜信封，在碳 13 甲烷气氛中再次生长。实验结果表明，在铜信封内侧碳 12 石墨烯被刻蚀掉的部分，生长有不连续的碳 13 石墨烯晶畴，相对应的外侧部分则为碳 13 的石墨烯附加层；而内侧保留碳 12 石墨烯的部分，不论是内侧还是对应的外侧，都没有碳 13 石墨烯出现。他们还发现，石墨烯附加层在铜的晶界和晶粒上都有生长，并没有明显的选择性，表明尽管看上去晶界更容易，但碳源主要还是通过铜晶体扩散的。

此外，Y. Hao 等明确了在 BLG 的生长过程中，氧起到至关重要的作用[14]。这主要是因为，只有完全脱氢的碳原子可以通过铜箔进行扩散，而非其他甲烷脱氢后的中间产物。前文中已经提到，甲烷在铜表面完全脱氢的势垒非常高（3.7eV 和 4.3eV），远高于反应温度下所获得的热能（约 0.1eV），而铜表面的氧则可以极大地降低这一势垒（只有 1.4eV）。实验也表明，当使用无氧铜箔时，没有 BLG 的生长。

相比于背扩散，侧边扩散［图 5-1(d) 中（ii）］比较容易接受。在第一层石墨烯进行生长的同时，活性基团可以扩散进入石墨烯与基底表面，为附加层的生长提供碳源。尽管如此，活性基团在石墨烯与基底之间的扩散受到限制，因此附加层的生长速度大为降低。而当第一层石墨烯生长成完整的连续薄膜后，碳源也失去扩散通道，附加层的生长也随之停止。在石墨烯制备技术发展的初期，普遍认为侧边扩散是附加层生长的主要碳源供给方式，而排除了背扩散的可能。现在看来，背扩散是不可忽视的。一方面，在常规的实验操作中，铜箔是被放置在一个支撑基底上或直接放置在石英管底部，不论哪种方式，反应气到达铜箔两侧是不均匀的，下侧由于受到空间的限制，通常浓度会比上侧低，从而导致铜箔两侧石墨烯的生长速度不一致，类似铜信封内外两侧的情况。另一方面，虽然碳在铜中的溶解度非常低，但一般实验使用的铜箔，由于加工过程的原因，会含有较多的碳杂质，这些碳杂质也可以成为背扩散的碳源。

由于石墨烯致密的结构，要使碳源穿过石墨烯层［图 5-1(d) 中（iii）上面穿透］的可能性比较小，但当有缺陷存在时，则有可能发生。此外，P. Wu 等则通过理论计算提出一种交换生长机制，如图 5-21 所示[15]。首先使用常规的技术生长 SLG［如图 5-21(a) 所示］，然后在合适的动力学条件下，碳原子吸附在石墨烯表面，进而嵌入到石墨烯中并替换出另一个碳原子，被替换的碳原子进入到石墨烯与铜表面之间，用于第二层石墨烯的生长［如图 5-21(b) 所示］。当第二层石墨烯生长完成后，通入氢气清洁上层石墨烯的表面［如图 5-21(c) 所示］，最终获得均匀高品质 BLG［如图 5-21(d) 所示］。与之前基于自限制生长机制而很难获得均匀 BLG 薄膜的情况相比，该方法具有许多优势：a. 当第一层石墨烯生长很大或连续成完整薄膜时，第二层石墨烯的生长不会受到限制；b. 碳原子分布更加均匀，有利于形成均匀的 BLG；c. 第二层石墨烯的生长独立于第一层石墨烯，从而有更好的可控性。但不论哪种穿透方式，目前都还没有很好的实验验证。

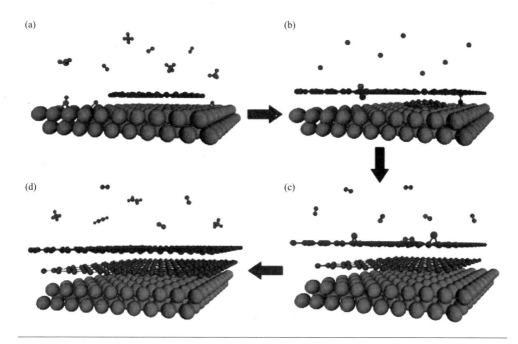

图 5-21 基于穿透（交换）机制 BLG 生长示意

（a）常规技术生长 SLG；（b）基于穿透机制，碳原子进入到石墨烯与铜表面之间，生长第二层石墨烯；（c）氢气清洁上层石墨烯的表面多余碳；（d）获得均匀高品质 BLG[15]

5.1.4　影响石墨烯层数的因素

本节将主要讨论基于铜基底的表面控制机制在生长石墨烯过程中影响石墨烯层数的因素，这些因素主要包括：铜基底的纯度及表面粗糙度、反应温度、反应气氛（比例与偏压）以及基底的装载方式等。

5.1.4.1　铜基底的影响

铜基底对石墨烯层数的影响主要体现在两个方面，即铜箔中杂质的影响以及铜表面粗糙度的影响。Z. Luo 等发现，不同纯度的铜箔基底会导致生长的 FLG 层数不同。使用高纯度（99.999%）的铜箔易于生长 SLG，使用低纯度（99.8%）的铜箔会在短时间得到均匀性不是很好的 FLG，而纯度适中（99.95%）的铜箔，会得到均匀性较好的 BLG[3]。但是，是什么杂质以及这些杂质是如何影响石墨烯层数的则还需要进一步研究与确定（需要注意的是，各铜箔中杂质的种类也不尽相同）。另外，尽管碳在铜中的溶解度很低，但实际上，最近的研究结果表明，受加工过程的影响，在铜箔中会有一些过饱和碳，这些过饱和碳会极大地增加 SLG 的成核密度[16,17]。尽管目前对这些过饱和碳如何影响石墨烯层数尚未有相关研究，这一因素却也应该被考虑。

对于基于表面控制的生长机制，基底表面，包括晶向、杂质、缺陷等，必然会对石墨烯的成核与生长有一定的影响。关于基底表面如何影响 SLG 的成核与生长，在前面章节已经有所讨论，这里只重点讨论基底表面如何影响 FLG 的成核与生长。

K. Lee 和 J. Ye 发现，尽管表面未做处理的铜箔在高温时及优化的参数下不会有附加层生长，当温度降低时，则会出现附加层[18]。同时发现，在低温时，降低甲烷流量（实际上降低了甲烷偏压），附加层密度会降低。通过对铜箔进行抛光及退火处理发现，在合适的退火条件下，可以获得较为光滑的表面，从而极大地抑制附加层的成核与生长。作者认为，附加层的产生与碳在基底表面的扩散相关：高温时，扩散系数大，在已经生长的石墨烯和铜表面之间的碳可以移动到已经生长的石墨烯的边缘并附着其上，生长 SLG；而低温时，扩散速率变小，在其移动到已经生长的石墨烯边缘前，更倾向于与相邻的碳结合，重新成核，形成附加层。同样，碳在粗糙表面扩散系数小，易于生长附加层。

5.1.4.2 温度的影响

温度对石墨烯层数的影响会根据生长条件的不同而不同。例如，在上一节中已经提到，较高的温度会抑制附加层的产生，有利于生长 SLG。这是因为温度高时，活性基团在铜表面扩散系数大，附加层成核前有足够的时间结合到已经生长的石墨烯边缘用于 SLG 的生长。对于基于面上生长机制[4,5,7,8] 及表面穿透生长机制[15] 的情况，高温有助于碳源前驱体的裂解，从而提供更多的活性基团，有助于附加层的生长。但另一方面，温度过高，活性基团在石墨烯/金属表面不易吸附，不利于附加层的生长。针对这种情况，可以采用分段处理的方法，例如使用双温区系统，一个温区使用较高的温度用于生成活性基团，另一个温区使用较低的温度用于附加层的生长[7]。但是如果温度过低，则不利于脱氢，同样不利于附加层的生长。另外，高温有助于提高 AB 堆垛的比例[5]。

5.1.4.3 气氛的影响

从本质上讲，石墨烯在铜基底表面上的生长，就是在特定温度下各种原子或基团与铜相互作用的结果。参与的元素主要是铜、碳、氢和氧。不论是来自于气体中的氧化性杂质（如氧气、水蒸气、一氧化碳、二氧化碳等），还是吸附在系统内壁或泄露进反应室中的空气或水蒸气，氧元素的含量都足以对石墨烯的生长产生影响。另外，氩气也会被经常使用。尽管惰性气体不参与化学反应，但可能会对气体或基团的扩散产生影响，而有时也有可能实际是氩气中氧化性杂质的作用。

（1）CH_4 的影响

甲烷是石墨烯制备中使用最为普遍的碳源。对于面上生长机制、表面穿透生长机制及共生长机制而言，显然，石墨烯的层数会随着碳源的增加而增加。对于背扩散及侧面穿透生长机制，则会有比较矛盾的影响：当碳源较多时，一方面，有更多的碳源可以进入到第一层石墨烯与基底表面之间，促进附加层的生长；另一方面，与此同时，第一层的生长速度也会加快，从而加大碳源从第一层边缘到第二层边缘的扩散距离，使第二层生长前端的碳源浓度反而变小；当碳源很少时，在第二层生长前端的碳源浓度也会很小，生长速度同样很小。

（2）H_2 的影响

石墨烯的生长即是甲烷脱氢的过程，这一过程是可逆的。随氢气偏压的增加，甲烷脱氢会受到抑制，即碳源的提供会受到限制，从这个角度上来讲，是不利于 FLG 生长的。然而，对于面下侧面穿透生长机制，氢对 FLG 的生长有着极其重要的作用。X. Zhang 等通过理论计算表明，单个碳原子是（面下）附加层石墨烯生长的主要碳源。并且，当氢的偏压很低时，石墨烯的边缘具有很高的活性，会与催化基底表面的金属原子键合。在这种情况下，活性含碳基团容易与石墨烯边缘结合。当氢的偏压较高时，石墨烯的边缘会被氢钝化，脱离金属表面，因而活性含碳基团可以很容易地穿过边缘，进到石墨烯与金属之间，生长附加层石墨烯[19]。计算结果表明，低温和较高的氢气压力有利于形成氢化石墨烯边缘，而高温和较低的氢气压力则有利于形成金属化石墨烯边缘，如图 5-22 所示。

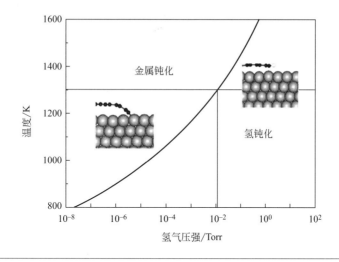

图 5-22 不同氢气压力和温度下 Cu（111）表面石墨烯 ZZ 状边缘状态图[19]

（3）O_2 的影响

前面已经提到，氧可以降低甲烷完全脱氢的势垒，从而可以得到更多的单个碳原子，有利于面下附加层的生长。J. Li 等发现，在有氧存在的情况下，会先生长 SLG，随着生长时间增加，会生长 FLG，然后被刻蚀成 SLG 碎片；这一过程会随氧浓度的增加而提前；过量的氧将不会有石墨烯生长。并且证明，FLG 的生长是基于面下生长机制，如图 5-23 所示[20]。可以看到，即使很少量的氧，对石墨烯的生长行为也会有很大的影响。回顾上一章中提到的 W. Guo 等在相似的实验条件下，同样也是在石墨烯生长过程中通入氧气，得到的却是大面积的石墨烯单晶[21]。是什么原因导致这种极大的差异，还需要深入的研究。

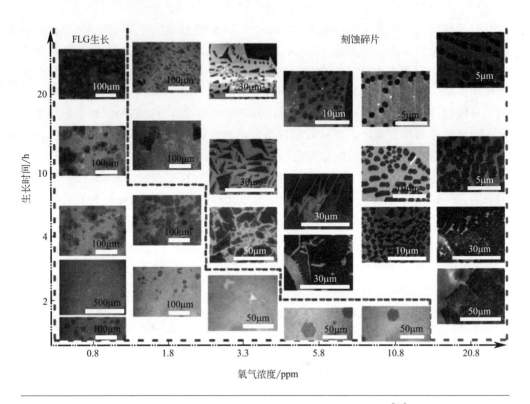

图 5-23 石墨烯的生长与氧的浓度及生长时间的关系[20]

（4）H_2O 的影响

系统中另一种常见的氧化性气氛是水蒸气。水蒸气不但是反应气中的主要杂质气体，实际上，由于水的吸附能很高，吸附在气路及反应室内壁的水极难去除，尤其是对于常规的 CVD 系统，取放样品的时候反应室都是敞开的，空气中的水很容易吸附到系统腔室及气路内壁。残留气体分析仪（RGA）测量结果表明，在系统的背底气体中，水的含量甚至远高于氧和二氧化碳等氧化性气体。[22]

M. Asif 等在 APCVD 中，逐渐增加水蒸气的含量，发现石墨烯层数随之增加，但在较高的水蒸气浓度时，由于水的刻蚀，石墨烯薄膜的连续性会被破坏[23]。从图 5-24 的拉曼光谱表征结果来看，随着水蒸气浓度的增加，I_D/I_G 随之增加，表面石墨烯的缺陷在增加。I_{2D}/I_G 及 FWHM（2D）的增加，则表示石墨烯的层数的增加。图 5-25 中的 TEM 结果进一步确定石墨烯的层数随水蒸气浓度的增加而增加。然而，从图 5-26 中可以看到，随水蒸气浓度的增加，石墨烯也被刻蚀得更加严重，变得更加不连续。通过对石墨烯薄膜透光率的测量进一步证明了这一点，如图 5-27(b) 所示，随着水蒸气浓度的增加，透光率降低，表明石墨烯层数的增加，而随着水蒸气浓度继续升高，透光率反而升高，说明石墨烯薄膜的连续性降低。

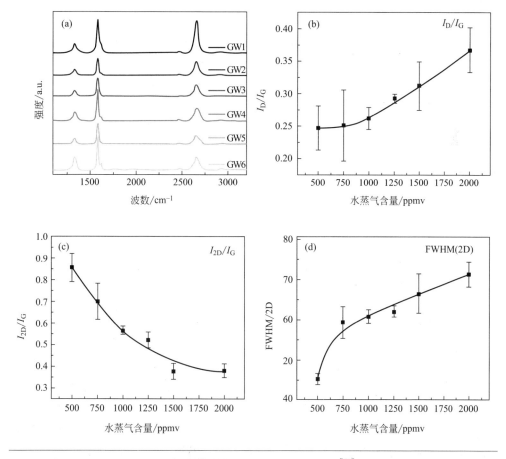

图 5-24 水蒸气浓度对石墨烯的影响[23]

(a) 各生长条件下对应的拉曼光谱；(b)~(d) 不同水蒸气浓度条件下 I_D/I_G，I_{2D}/I_G 和 FWHM（2D）的平均值。石墨烯生长温度 1010℃，时间 15min，Ar：H$_2$：CH$_4$（sccm）=1000：10：10，背底气氛水蒸气＜150ppmv，（a）中样品编号对应水蒸气浓度（ppmv）分别为：GW1—500，GW2—750，GW3—1000，GW4—1250，GW5—1500，GW6—2000

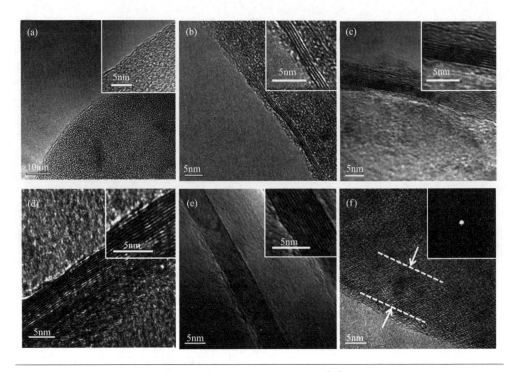

图 5-25　GW1-6 的 TEM 图像[23]

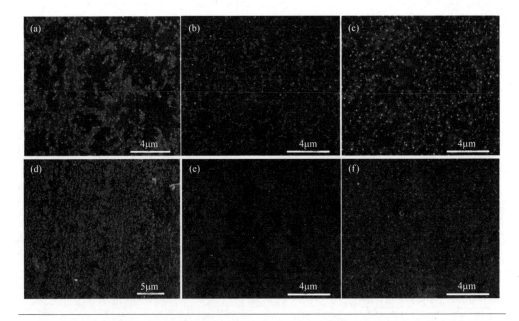

图 5-26　GW1-6 的 SEM 图像[23]

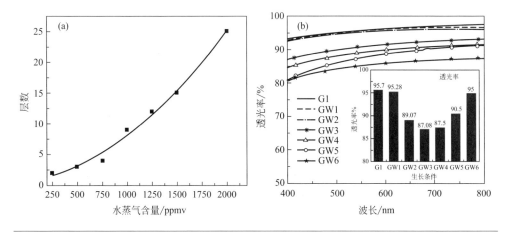

图 5-27 石墨烯水蒸气浓度的关系

(a) 石墨烯层数与生长时系统中水蒸气的浓度之间的函数关系；(b) 石墨烯透光率测试（插图为各生长条件下对应 550nm 的透光率，G1 为不通水蒸气的标准生长条件）[23]

5.1.4.4 基底加载方式的影响

前边提到的 K. Yan 等[4] 使用铜箔催化或者 L. Liu 等[5] 使用长的铜条带前端催化甲烷裂解来生长 FLG，从本质上讲，都是提供更多的碳源。同样，在第 3 章已经讲过，当反应空间较大或较长时，气相反应不可忽视（见 3.1），由热裂解引起的活性基团沿气流方向从上游向下游的增加，也会导致在不同位置石墨烯生长层数的变化。

此外，从背扩散的机制可知，当铜箔基底两侧碳源的浓度有所差异从而导致两侧的石墨烯生长速度不一致时，就会有背扩散发生，从而导致 FLG 的生长。而在常规的实验中，铜箔基底通常都是放在一个支撑基底上，或直接放在石英管底部。显然，在这种方式下，铜箔两侧碳源浓度是不对称的，铜箔上方反应气比较容易到达，碳源浓度大；而下表面空间小，反应气不易到达，碳源浓度小。C. Shen 等将铜箔悬空放在支架上，使铜箔上下表面的空间较为一致，并比较了与常规放置铜箔的方式生长石墨烯的差别，如图 5-28 所示[24]。可以看到，对应常规放置的铜箔，上表面已经被石墨烯完全覆盖，但由于下表面还有裸露的铜表面，依然可以对甲烷进行催化，提供背扩散所需的碳源，从而在上表面生长附加层。而对于悬浮的铜箔基底，两层同时被石墨烯覆盖，没有附加层产生。又由于当铜箔基底被直接放在平面支撑或石英管底部时，很难保证每次其与底部之间的空隙一致，也就意味着每次碳源向铜箔下表面扩散都会有所差异，从而导致铜箔上表面 FLG 生长的可控性较差，如图 5-29 所示。

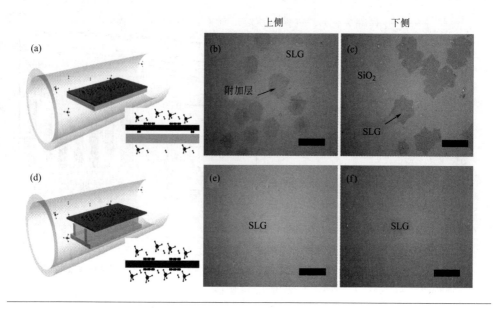

图 5-28　铜箔基底放置方式的影响[24]

（a）和（d）铜箔基底常规放置（直接放置在平板支撑上）和悬浮放置（悬挂在支架上）的示意图，插图分别显示两种情况下 Cu 基底两侧的碳源浓度；（b），（c），（e），（f）转移到 SiO_2/Si 衬底上的石墨烯的光学图像：（b），（c）铜箔放在平板支撑上；（e），（f）铜箔悬浮在支架上（标尺为 $20\mu m$）

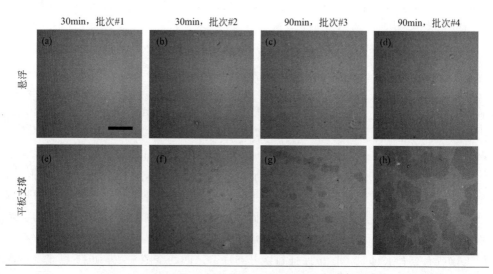

图 5-29　转移到 SiO_2/Si 衬底上的石墨烯的光学图像[24]

（a）～（d）生长在悬浮的铜箔上表面；（e）～（h）生长在常规放置的铜箔上表面（标尺为 $20\mu m$）

5.1.4.5　小结

表 5-1 简要归纳了各因素对石墨烯生长层数的影响。表 5-2 为基于影响因素的文献摘要（按照影响因素分类，每个影响因素对应多个工作），包括实验条件、参数以及对应的结果。表 5-3 为基于文献的影响因素摘要（列举每个文献中所研究的影响因素）。

总体而言，含有较多的碳杂质及表面粗糙的铜箔基底会更容易生长 FLG，但可控性较差，因此仍应该使用高纯度且表面光滑的基底，而通过其他的因素进行控制。同样，温度对 FLG 的生长也需根据具体实验条件而定，高温可能促进 FLG 的生长，也可能抑制其生长，但一般而言，在较高的温度下石墨烯的质量也会更高。FLG 的生长需要更多的碳源（或更高的碳的化学势），因此，高的甲烷的偏压，或通过其他方式促进其裂解（如热解、辅助催化等），都有助于 FLG 的生长。氢气一方面会抑制甲烷脱氢，从而抑制 FLG 的生长，另一方面，会钝化石墨烯边缘，降低碳源扩散势垒，有助于 FLG 的生长。氧有助于甲烷脱氢，因此适当的氧有助于FLG 的生长。由于基底装载方式引起两侧碳源浓度不一致而导致两侧石墨烯生长速度差异，会在生长速度快的一侧产生基于背扩散的 FLG 的生长。

需要注意的是，对氧及基底放置位置的认识都是近期的研究成果，而在早期的工作中，这些因素往往被忽视。因此，在阐释及理解早期的研究结果时，这些因素应该被重新考虑，从而对之前的结论进行新的检视。例如，相比于已经被同位素标记方法直接证明的面下生长机制，很多面上生长机制的推导是基于即使铜箔完全被石墨烯覆盖，附加层却依然可以生长并且面积随时间增加这一现象。而实际上，基于常规放置铜箔基底的方式，这一现象同样有可能是由背扩散的面下生长导致。而在研究气氛的影响时，气体中的氧化性杂质同样不可忽视。

此外，目前对石墨烯堆垛角度成因的理解非常有限，仅部分工作有提到高温低压下更有助于形成 AB 堆垛，但总体而言对堆垛旋转角度仍无法进行有效的控制，这也是多层石墨烯制备的一个极大的挑战。

表 5-1　影响石墨烯生长层数的因素

影响因素		影响结果	文献
基底	纯度	纯度高有利于生长单层；杂质多有利于生长多层	Z. Luo 等；W. Liu 等[3,25]
	表面	粗糙表面有利于生长多层	K. Lee 等；W. Liu 等[18,25]
	晶向	影响晶畴形状、密度及生长速度	K. Yan 等[4]
温度		高温有利于生长单层	J. Han 等；K. Lee 等；M. Regmi 等；C. -C. Lu 等[7,18,26,27]
		高温有利于生长多层	L. Liu 等；P. Zhao 等；L. Liu 等[5,8,28]
		高温有利于提高 AB 堆垛比例	L. Liu 等[5]

影响因素		影响结果	文献
气氛	P_{CH_4}	附加层密度随压强增加而增加	S. Ni 等；Q. Li 等；K. Lee 等；W. Liu 等；C. -C. Lu 等；L. Liu 等；S. Bhaviripudi 等；J. Zhang 等；C. Shen 等[10,11,18,24,25,27-30]
		增加活性基团，附加层增加	K. Yan 等；L. Liu 等；J. J. Han 等；Z. Li 等[4,5,7,31]
		高压下多非 AB 堆垛	S. Ni 等[10]
	P_{H_2}	附加层随偏压增加而增加	Q. Li 等；M. Asif 等；C. -C. Lu； G. Deokar 等[11,23,27,32]
		附加层随偏压增加而减少	C. Shen 等[24]
	$H:C$ ($P_{H_2}+P_{CH_4}$ 不变)	随比例增加，附加层密度增加，生长速度减小，覆盖率先增加再减小；或附加层增加	J. J. Han 等；F. T. Si 等[7,33]
		比例降低，附加层增加	M. Regmi 等；P. R. Kidambi 等[26,34]
	$P_{H_2}+P_{CH_4}$ （$H:C$ 不变）	石墨烯层数随总压力的增加而增加	Z. Sun 等；M. Regmi 等；P. R. Kidambi 等；Q. Liu 等[2,26,34,35]
		随总压强增加，附加层密度增加，生长速度及覆盖率先增加再减小	J. J. Han 等[7]
		不随总压改变	F. T. Si 等[33]
		低压下堆垛结构中 AB 堆垛比例更大	L. Liu 等[5]
	O_2	适量的氧有助于 FLG 的生长	Y. Hao 等；J. Li 等[14,20]
	H_2O	增加层数，增加缺陷，刻蚀破坏连续性	M. Asif 等[23]
基底装载方式		基底两侧碳源浓度不一致，会导致背扩散生长 FLG	W. Fang 等；Z. Zhao 等；Y. Hao 等；C. Shen 等[12-14]

表 5-2 基于影响因素的文献摘要 （按照影响因素分类，每个影响因素对应多个工作）

影响因素	CVD	纯度/%	表面	温度/℃	H_2/sccm	CH_4/sccm	H_2/CH_4	Ar/sccm	时间/min	结果	文献
基底纯度：杂质导致多层	LP	99.8	退火	1000	1000	3000	0.33	0	30	多层，非自限制	Z. Luo 等[3]
		99.95							30	单层	
		99.999							30	单层	
		99.95							210	主要双层，非自限制	
		99.999							210	单层	
	LP	99.8 99.999	光滑	980	53.6	696.6	0.077	0	13	双层（有待考证） 单层	W. Liu 等[25]

影响因素	CVD	纯度/%	表面	温度/℃	H₂/sccm	CH₄/sccm	H₂/CH₄	Ar/sccm	时间/min	结果	文献
表面：粗糙导致多层	LP	99.8	粗糙	980	53.6	696.6	0.077	0	13	压延线很多多层点，约 $3\mu m$	W. Liu 等[25]
			光滑							基本单层，非常少量多层点，约 $1\mu m$	
	LP	99.98	粗糙	1010	580	5.8	100	0	30	多层点，约 $0.5\mu m$，$73750\mathrm{mm}^{-2}$	K. Lee 等[18]
			较光滑							双层点，约 $3\mu m$，$22500\mathrm{mm}^{-2}$	
			光滑							单层	
温度：高温利于单层	LP	99.98	粗糙	1010	580	5.8	100	0	30	多层点，约 $0.5\mu m$，$73750\mathrm{mm}^{-2}$	K. Lee 等[18]
				1050						单层	
	LP	未知	清洗退火	1000	125	375	0.33	0	0.25-240	多层点，约 $1\mu m$，$22500\mathrm{mm}^{-2}$，自限制	M. Regmi et. al.[26]
温度：高温利于多层	AP	99.8	退火	1030	45600	45.6	1000	其余	5	单层约 $3\mu m$，$14000\mathrm{mm}^{-2}$	L. Liu 等[28]
				1050						单层约 $5\mu m$，少量共成核双层点，$6000\mathrm{mm}^{-2}$	
				1070						单层及共成核双层点，约 $12\mu m$，$4000\mathrm{mm}^{-2}$	
$P_{\mathrm{CH_4}}$：层数随压强增加	AP	99.8	退火	1070	45600	30.4	1500	其余	5	单层约 $5\mu m$，$4000\mathrm{mm}^{-2}$	L. Liu 等[27]
						38	1200			单层约 $9\mu m$，$4000\mathrm{mm}^{-2}$	
						45.6	1000			单层及共成核双层点，约 $12\mu m$，$4000\mathrm{mm}^{-2}$	
	AP	99.96	清洗退火	1050	12460	<30	>415	其余	20	单层约 $25\mu m$	C.-C. Lu 等[27]
						30~60	415~208		未知	单层及共成核双层（不同生长速度）	
						60~2250	208~5.5		未知	共成核双层（不同生长速度）约 $25\mu m$	

影响因素	CVD	纯度/%	表面	温度/℃	H₂/sccm	CH₄/sccm	H₂/CH₄	Ar/sccm	时间/min	结果	文献
P_{CH_4}:层数随压强增加	AP	未知	退火	1000	约76000	68	1118	其余	20-30	基本单层,少量多层点	S. Bhaviripudi等[29]
					76000	1517	50			多层点,<1μm,6000mm⁻²	
					76000	3028	25			多层点,<1μm,25000mm⁻²	
					743276	16723	45			多层点,约2μm,50000mm⁻²	
					697248	62752	11			多层点,约2μm,100000mm⁻²	
	AP	99.95	退火	1035	76000	152	500	其余	20	基本单层,少量多层点	J. Zhang等[30]
						1520	50			多层点,约1μm,20000mm⁻²	
						7600	10			多层及多层点	
						76000	1			多层及多层点	
	LP	99.98	粗糙	1010	580	0.35	1657	0	240	双层点,约6μm,2500mm⁻²	K. Lee等[18]
						0.93	624		60	双层点,约3μm,25000mm⁻²	
						2.32	250		30	多层点,约1μm,50000mm⁻²	
						5.8	100		30	多层点,约0.5μm,73750mm⁻²	
	LP	99.8	光滑	980	53.6	696.6	0.077	0	13	基本单层,非常少量多层点	W. Liu et. al[25]
					35.7	714.5	0.05			多层点,<1μm,50000mm⁻²	
					18.3	731.9	0.025			多层点,约3μm,84000mm⁻²	
P_{H_2}:层数随压强增加	AP	99.96	清洗退火	1050	5000 12460	60	83 208	其余	未知	单层枝晶 共成核双层约25μm	C.-C. Lu等[27]
	LP	99.9999	清洗退火	1060	400 769	1600 1538	0.25 0.5	8000 7692	5	单层 双层点,<0.5μm,420000mm⁻²	G. Deokar等[32]

影响因素	CVD	纯度/%	表面	温度/℃	H₂/sccm	CH₄/sccm	H₂/CH₄	Ar/sccm	时间/min	结果	文献
H：C比例（总压不变）：随比例增加，多层点减少	LP	未知	清洗退火	1000	476	24	20	—	30	基本单层	M. Regmi 等[26]
					417	83	5			基本单层	
					250	250	1			多层点，约 1μm，20000mm⁻²	
					38.5	461.5	0.08			多层点，约 1μm，30000mm⁻²	
	LP	99.999	退火	1000	625	125	5	—	30	基本单层	P. R. Kidambi 等[34]
					2727	273	10		25	单层约 6μm，多层点约 1μm，100000mm⁻²	
					2727	273	10		30	基本单层，少量多层点	
					2500	500	5		10	基本单层	
					2500	500	5		60	不均匀多层，非自限制	
					5000	1000	5		30	不均匀多层	
					1500	1500	1		5	大部分多层	
					1500	1500	1		30	较厚多层	
总压影响（H：C不变）：层数随压强增加而增加	LP	99.8	退火	1000	5600	200	28	—	15	单层	Z. Sun 等[2]
					11200	400				单层	
					22400	800				单层	
					44800	1600				1~2 层	
					89500	3700				双层	
					134400	4800				2~3 层	
					146700	5200				3 层	
					179200	6400				3~4 层	
					268800	9600				4 层	
					358400	12800				>5 层	
					537600	19200				>10 层	
					716800	25600				>10 层	
	LP	—	清洗退火	1000	25	75	0.33	—	30	单层晶粒，约 7μm	M. Regmi 等[26]
					62.5~2500	187.5~7500				多层点随压强增加而增加	
					50000	150000				表面沉积大量非石墨结构	
	LP	—	粗糙	1010	40~100	229~571	0.175	—	30	单层	Q. Liu 等[35]
					200~3000	1143~17130				双层	
					7000~30000	39970~171300				多层	

注：本表中 LPCVD 均只使用 H₂ 和 CH₄，APCVD 中均使用 Ar 稀释。

表 5-3　基于文献的结果总结（列举每个文献中所研究的影响因素）

文献	实验条件	影响因素	结果及备注
M. Asif 等[23]	APCVD,25μm 铜箔（Alfa Aesar,99.8%）,丙酮清洗。退火：$H_2/Ar=$600：300sccm,1050℃,20min。生长：1050℃,Ar：H_2：$CH_4=1000$：10：10sccm,水蒸气（0～2000ppmv）,15min	水蒸气	• 生长过程中加入水蒸气,促进多层点生长,厚度随水蒸气浓度增加而增加,但同时增加缺陷,多层点单晶尺寸变小
G. Deokar 等[32]	LPCVD,冷壁炉,背底压力 10^{-5}mbar。50μm 铜箔（99.9999%）,醋酸清洗。退火：1000～1070℃,Ar/H_2 100/10sccm,10Torr,5min。生长：+CH_4,5min	温度 H_2	• 将生长温度从1070℃降至1060℃,可少量减少附加层,但进一步降低温度并没有明显变化 • 将 H_2 从10sccm降至5sccm,可得到基本单层
J. J. Han 等[7]	LPCVD,双温区；25μm 铜箔经化学机械抛光后,置于温区 1(气流下方,生长区),1040℃ 退火 40min;然后 10sccmCH_4,300sccm H_2,1Torr,10min,生长第一层石墨烯;然后使用不同的生长区温度（750～1050℃）及温区 2(气流上方,预热区)的温度（1040～1100℃）生长更多层	温度 总压力 H_2 时间	• 预热区温度越高,可提供更多活性基团,附加层越多,附加层生长速度随预热区温度增加而增加,但成核密度随预热区增加至1080℃,而在1100℃时迅速降低;生长区优化温度为750℃;温度过高,活性基团不易吸附;温度过低,能量不足以脱氢 • 附加层密度随总压力增加而增加（H：C 比例不变）;晶粒尺寸在 1Torr 时最大;作者认为高压时面积小是氢气的原因 • 总压(10Torr)及 CH_4 流量不变,只改变 H_2 流量(比例),附加层晶粒密度(尺寸)随 H_2 增加而增加(减小) • 层数随生长时间增加而增加,面上生长 注：作者对成核密度随温度增加而增加然后又降低未做出解释;没有直接证据证明每一层的生长顺序
M. Kalbac 等[6]	LPCVD。退火：1000℃,H_2 50sccm,20min; 生长：1000℃,H_2 50sccm,$^{13}CH_4$ 3min,然后$^{12}CH_4$ 3min;0.35Torr	H_2	• 第一、二层中心都有碳 13,表明第二层成核时间在 3min 之内。使用 5s 生长时间,仍可见更小的双层核。表明一、二层基本同时成核;但碳源到达第一层比第二层更容易,使得两层生长速度逐渐拉开 • 第二层(小层)在第一层(大层)上面,即面上生长。 • 石墨烯长满后停止 CH_4,只通 H_2,可以刻蚀掉附加层,更长刻蚀时间可以刻蚀第一层 注：附加层的优先刻蚀并不能作为其在第一层石墨烯上面的直接证据

文献	实验条件	影响因素	结果及备注
P. R. Kidambi 等[34]	LPCVD,冷壁炉,背底压力约 5×10^{-6} mbar。$25 \mu m$ 铜箔(99.999%)	CH_4/H_2 总压强 生长时间	• 总压不变,高 CH_4/H_2 比导致更多附加层 • 总压高,附加层多;附加层随生长时间增加
K. Lee 等[18]	LPCVD,背底压力 7mTorr。$25 \mu m$ 铜箔(Sigma Aldrich,99.98%),铜基底电化学抛光。预退火:常压,1010℃,H_2 100sccm,Ar 200sccm,2h;退火:1010℃,低压,H_2(不同流量与时间);然后生长。	温度; CH_4 流量; 铜基底表面	• 对于原始铜箔基底,高温(1050℃)时为 SLG,降低生长温度(1010℃)会出现附加层;随 CH_4 流量降低,附加层密度降低 • 光滑表面比粗糙表面的附加层更少 • 附加层的产生与碳在基底表面的扩散相关:高温时,扩散系数大,在已经生长的石墨烯和铜表面之间的碳可以移动到已经生长的石墨烯的边缘并附着其上,生长 SLG;而低温时,扩散速率变小,在其移动到已经生长的石墨烯边缘前,更倾向于与相邻的碳结合,重新成核,形成附加层。同样,碳在粗糙表面扩散系数小,易于生长附加层 注:该工作没有石墨烯生长随生长时间增加的结果,不能确定在长满的 SLG 上是否可以继续生长 FLG
J. Li 等[20]	APCVD,背底压力 0.1Pa。$25 \mu m$ 铜箔(Alfa Aesar,99.8%),预清洗。退火:常压,1050℃,H_2 50sccm,Ar 450sccm,30min;生长:1070℃,100sccm 气体(H_2 2.5sccm,CH_4/Ar(500ppm)5sccm,O_2/Ar(50 或 500ppm)和 Ar	氧气; 生长时间	• 在有氧存在的情况下,会先生长 SLG,随着生长时间增加,会生长 FLG,然后被刻蚀成 SLG 碎片;这一过程会随氧浓度的增加而提前;氧过量将不会有石墨烯生长 • 面下生长
Q. Li 等[11]	LPCVD,背底压力 1.5mTorr。铜信封内表面。退火:1030℃,99% H_2 1sccm,30min;生长:1030℃,99% $^{12}CH_4$ 或 99.95% $^{13}CH_4$ 1sccm,H_2 1sccm,49mTorr,108min,第二层石墨烯约 $30 \mu m$;99% CH_4 0.1sccm,H_2 10sccm,150mTorr,3h,第二层石墨烯 $410 \mu m$	H_2 及 CH_4	• 同位素标定表明面下生长机制,两层石墨烯同时成核,下层石墨烯生长速度慢。侧面穿透生长 • 可以通过降低第一层石墨烯生长速度(降低 CH_4 偏压,提高 H_2 偏压)的方法,为第二层石墨烯的生长提供更长的生长时间,从而实现大面积 BLG 的制备 注:并没有对 FLG 同时成核的原因进行解释;降低 CH_4 偏压并提高 H_2 偏压,第二层的生长速度有很大提高,没有相应解释;并没有结果表明当第一层长满后,第二层停止生长;作者使用的气体纯度较低,不排除氧化性杂质的影响

文献	实验条件	影响因素	结果及备注
Z. Li 等[31]	LPCVD。25μm 铜箔(Alfa Aesar, 99.8%)。退火：1000℃，H_2 100sccm，20min；生长：1000℃，H_2 30sccm，CH_4 50sccm，18~20Torr，30min	基底位置	• CH_4 会热裂解，沿气流方向活性基团增加，因此，石墨烯生长与基底沿加热区的位置相关。靠前时，活性基团少，单层；靠后时，活性基团多，多层 • 增加 CH_4 停留时间，促进多层生长 • 7 片铜箔依次放置，前边的铜箔会消耗碳源，因此都可以得到均匀单层 • 非自限制
W. Liu 等[25]	LPCVD，冷壁，快速加热。退火：990℃，H_2 10sccm，Ar 150sccm，80mbar，20min；生长：980℃，H_2/Ar/CH_4	基底表面 CH_4 偏压	• 光滑铜表面更少多层点 • 减小 CH_4 流量/偏压可减少多层点
L. Liu 等[5]	LPCVD，背底压力 20mTorr。25μm (99.8%) Alfa Aesar 铜箔（长铜条带）。退火：1050℃，500sccm Ar/H_2，30min；生长：1050℃，H_2 10sccm，CH_4/Ar（500ppm）500sccm，（H_2：CH_4=40），5mbar，1h	H：C； 压强； 温度； 生长时间	• 低 H_2/CH_4 比(0.06)时生长 SLG，高 H_2/CH_4 比(40)时，可以使铜条带前端保持不完全被石墨烯覆盖，保持活性催化裂解 CH_4，提供活性基团在后端外延沉积 BLG，覆盖率 99%（90% 为 AB 堆垛） • 在 5mBar 时 BLG 覆盖率最高，压力过高或过低覆盖率都会降低；AB 堆垛比例随压力降低而增高，在较宽的参数范围内，双层 AB 堆垛结构占 65% 左右；但在极低压力下，可达到 95% • AB 堆垛结构比例随温度升高而增加 • 第一、二层石墨烯同时成核，并且第二层石墨烯面积随时间增加；面上生长 • 根据 Chapman-Enskog 理论，高温低压下气体扩散及表面扩散增强，有利于活性碳基团扩散至最低能态，形成 AB 堆垛双层 注：作者并没有证明第二层石墨烯在第一层石墨烯上面的直接证据；尽管可以观察到 BLG 同时成核，但没有证据排除非同步成核的可能性
L. Liu 等[28]	APCVD，背底压力 10mTorr。25μm 铜箔（Alfa Aesar，99.8%）。H_2，CH_4/Ar(500ppm)	温度 CH_4	• 随温度的升高，共成核附加层增加 • 随 CH_4 浓度增加，共成核附加层增加

文献	实验条件	影响因素	结果及备注
Q. Liu 等[35]	LPCVD,背底压力 2mTorr。25μm 铜箔。生长:1010℃,H_2 7sccm,P 0.04～30Torr,CH_4 40sccm,30min	总压力	• 非自限制,随 H_2 压力增加,石墨烯厚度增加 注:CH_4 流量不变,也就是 CH_4 偏压也会增加,因此无法排除 CH_4 偏压的影响
C.-C. Lu 等[27]	APCVD。100μm 铜箔(99.96%)经丙酮、IPA 清洗,醋酸去氧化层。退火:1050℃,Ar 300sccm,H_2 10sccm,90min;生长:1050℃,CH_4/Ar(80ppm) 300sccm,H_2 15sccm,7min	温度 CH_4	• 低温多晶任意形状双层 • 低 H_2 偏压——六方,高 H_2 偏压——枝晶 • 高 CH_4 偏压——多层
Z. Luo 等[3]	LPCVD。退火:1000℃,H_2 1Torr,30min;生长:1000℃,H_2/CH_4=10/30sccm,4Torr	铜基底纯度;生长时间	• 34μm 铜箔(99.95%),30min 时生长 SLG,继续生长 180min,可以得到 90% BLG,其余主要为 SLG 及三层;99.999% 铜箔 210min 只生长 SLG;99.8% 铜箔 30min 就会生长 FLG • FLG 面积随时间增加:非自限制,新生长的石墨烯长在原有石墨烯的上面(面上生长),铜箔中杂质提高了对 CH_4 的催化效果 注:作者并没有提供这一生长顺序的直接证据,也没有对为什么铜箔中杂质会促进 CH_4 裂解,尤其是在铜箔表面已经覆盖石墨烯的情况下,如何透过石墨烯影响 CH_4 的裂解做出解释
S. Ni 等[10]	APCVD,25μm 铜箔(99.8%)。退火:1050℃,Ar/H_2 30min;生长:950℃,30ppm CH_4,1.3% H_2,Ar,总流量 1500sccm,30min	CH_4	• 高 CH_4 浓度会导致多层,且多非 AB 堆垛
M. Regmi 等[26]	LPCVD。25μm 铜箔,丙酮及 IPA 清洗。退火:同生长温度,H_2,200mTorr,30min。生长:温度(T)压力(P),CH_4/H_2(r),时间(t)	生长时间 温度 压强 CH_4/H_2	• 初始阶段有少量附加层共成核,当第一层石墨烯完全覆盖后,延长生长时间附加层不增加(1000℃,500mTorr,r=3) • 随温度升高,附加层迅速减少(500mTorr,r=3,30min) • 附加层随压强增加而增加(1000℃,r=3,30min,100mTorr～20Torr) • 附加层随 r 增加而增加(1000℃,500mTorr,30min,r=0.01～12)

文献	实验条件	影响因素	结果及备注
C. Shen 等[24]	LPCVD,25μm 铜箔(Alfa Aesar,99.8%),背底压强<0.1Pa,原始铜箔。退火:1050℃,H$_2$ 10sccm,30min;生长:1050℃,H$_2$ 0~500sccm,CH$_4$ 0.1~1sccm	CH$_4$ H$_2$ 基底放置	• 常规放置支撑基底上的铜箔由于两侧碳源浓度的差异,导致上表面出现基于背扩散的 FLG 生长;同样条件下悬浮放置的铜箔重复性好,容易得到大面积的 SLG • H$_2$ 会抑制 FLG 的生长 • 高 CH$_4$ 浓度会导致多层
F. T. Si 等[33]	LPCVD,冷壁炉。25μm 铜箔(99.8%),丙酮、IPA、稀盐酸清洗。退火:1000℃,H$_2$,20min;生长:1000℃,10min,H$_2$/CH$_4$	总压强;H$_2$	• H$_2$/CH$_4$=25/50sccm,1~50kPa;结果基本一致,拉曼光谱体现单层特性 • 6kPa,H$_2$/CH$_4$=(0~150)/50sccm;随 H$_2$ 增加层数变多
H. -B. Sun 等[36]	APCVD;99.8% Alfa 铜箔清洗并退火;生长时通入 CH$_4$ 并从 1000℃ 以一定速度降温至 900℃	CH$_4$ 降温速度	• BLG 同时成核生长只在降温过程发生;等温过程不发生 • 碳氢化合物聚集在铜表面杂质处并成核;降温过程中基于时间的温度梯度变化会导致 BLG 成核生长 • 过多 CH$_4$ 导致 FLG(大于 2 层);过慢降温速度导致多层
Z. Sun 等[2]	LPCVD,系统背底压力<30mTorr。99.8% Alfa Aesar 铜箔,99.999% H$_2$ 300sccm,99.0% CH$_4$ 10sccm,1000℃ 退火(10min)及生长(15min)	总压强(H:C不变)	• 随总压强的增加,石墨烯层数增加,拉曼及 TEM 表征为 AB 堆垛;晶畴 1~5μm;拉曼有明显 D 峰 • 铜表面完全被石墨烯覆盖后,延长生长时间或增加气氛压强,石墨烯层数不增加——表明为自限制生长 • FLG 同时成核同速生长 注:该工作中 TEM 及拉曼光谱只能在微观尺度(纳米-微米)表征石墨烯的层数及堆垛特性,而透光率测量只显示平均效果;缺少在十微米至毫米范围的均匀性表征,如显微光学表征
P. Wu 等[15]			• 理论计算论证表面穿透生长 • 外来碳原子替换石墨烯中碳原子,石墨烯中碳原子跑到石墨烯与铜之间,使得第二层石墨烯成核生长,突破自限制

文献	实验条件	影响因素	结果及备注
K. Yan 等[4]	LPCVD,双温区。25μm(99.8%) Alfa Aesar 铜箔。在沿气流下方温区放置长有 SLG 的铜箔,上方温区放置原始铜箔 生 长:H$_2$/CH$_4$ = 2/35sccm,0.7Torr,上、下方温区温度分别为1040℃和1000℃	铜箔之间距离; 生长时间	• 30min 可以得到＞30% 覆盖率的BLG,60min 覆盖率可达到 67% • 非自限制,第二层石墨烯在第一层上面外延生长(面上生长),AB 堆垛;第二层石墨烯的晶畴形状、密度、尺寸不均匀 • 两片铜箔之间的距离影响第二层石墨烯的均匀性 注:从拉曼区域扫描结果可见仍有很少比例的非 AB 堆垛双层区域;作者并没有证明第二层石墨烯在第一层石墨烯上面的直接证据;对铜基底如何透过第一层石墨烯而影响第二层石墨烯晶畴的形状、密度、尺寸等未做解释
J. Zhang 等[30]	APCVD,铜箔(99.95%)。退火:H$_2$/Ar = 50/450sccm,20min。生长:+0.1~10sccm CH$_4$	CH$_4$	• 随 CH$_4$ 浓度的增加,附加层增加 • 晶畴随时间长大并变厚
P. Zhao 等[8]	LPCVD。10μm Nippon 铜箔做成铜信封结构。退火:1000℃,20min;生 长:1000℃,乙醇蒸气流量50sccm,压力 50Pa	温度 乙醇流量及偏压时间	• BLG 生长在铜信封内表面;先生长第一层,然后生长第二层 • 高温有利于增加第二层的连续性;乙醇流量偏压低,单层或层数不均匀,偏压高则更多层;双层为 AB 堆垛;同位素表征显示第二层长在第一层之上 注:理论上,对于面上生长,随时间增加,应该可以生长更多,但作者并没有给出这样的结果

5.2 溶解度控制生长

当碳在金属中的溶解度较大时,可以通过控制碳的析出来进行 FLG 的制备。通过溶解度控制生长的主要步骤为:a. 金属的渗碳反应。一般为高温下含碳气体(如甲烷)在金属表面催化裂解,碳源扩散进入金属基底,形成碳-金属合金。b. 金属的析碳反应,即 FLG 生长的过程。这一过程又包括等温偏析和降温析出。等温偏析是指当金属表面达到过饱和,在金属表面有石墨烯形成。等温偏析与石墨烯在碳溶解度低的金属表面的生长比较相似,都是在温度不发生改变时进行,区别在于,对碳溶解度低的金属,参与反应的活性基团只在金属表面或亚表面运动,而对碳溶解度高的金属，活性基团的活动空间则更大。降温析出是指随着温度的降低，导致碳在金属中的溶解度降低，从而使在高温中溶解的碳过饱和，使石墨烯在金属表面析出。不论是渗碳反应还是析碳反应，都主要是动力学控制过程。在金属的渗碳反应中，金属表面区域碳的浓度（$C_{surface}$）的增加，等于碳源提供的速度（J_{decomp}）与碳从基底表面向内部扩散的速度（J_{diff}）之差，即

$$dC_{surface}/dt = J_{decomp} - J_{diff} \qquad (5-1)$$

由于随着基底中碳的浓度的增加，J_{diff} 会逐渐减小，当 J_{decomp} 较大时，$C_{surface}$ 会迅速增大，使表面过饱和，进而在表面形成石墨烯，渗碳反应停止，这时基底内部据表面较远处碳的浓度仍然较低，基底整体上并未达到饱和，这也是比较常见的情况；当基底较薄或者 J_{decomp} 较小时，基底内部有足够的时间溶解更多的碳，使基底整体上碳的浓度接近饱和。

另一方面，金属的析碳反应主要通过降温速度来控制（降温析出）。由于扩散系数随温度的降低呈指数级降低，因此当温度迅速降低时，尽管此时过饱和度很大，碳原子却相当于被"冻结"在基底中，不会有石墨烯析出；而若降温速度很慢，表面附近的碳会有足够的时间向基底内部扩散，也不会有石墨烯在表面析出；只有在合适的降温速度下，才会有石墨烯析出。析出的石墨烯层数还可以通过金属基底的厚度来控制。当金属基底很薄时，从碳和金属的相图可以得到石墨烯层数与金属薄膜厚度之间的对应关系。相对的，等温偏析一般形成 SLG，但最近的研究表明，在合适的条件下，也可以通过等温偏析制备比较均匀的 BLG 薄膜。

5.2.1 降温速度控制

Q. Yu 等使用镍箔作为基底，通过对降温速度的控制来控制石墨烯薄膜的厚度，如图 5-30 所示[37]。第一步，在惰性气体保护下，将 Ni 箔置于高温反应室中。第二步（碳溶解），烃类气体作为碳源被引入到反应室。烃分子在 Ni 表面分解，碳原子扩散到金属中。碳的浓度从表面到基底内部呈指数下降。为保持较低的碳浓度，这一步骤保持时间很短，一般为 20min。最后（碳降温析出），样品冷却下来。不同的冷却速率导致不同的析出行为。非常快的冷却速率将溶质原子"冻结"在溶剂中，不会有石墨烯析出。常规的冷却速率下，有限数量的碳可以在表面上析出，形成石墨烯薄膜。极慢的冷却速率允许碳有足够的时间扩散到基底内部，因此在表面上不会有足够的碳析出。

5.2.2 容量控制

由于碳在镍中的溶解度较高，在 1000℃ 的时候可以达到约 1.3%（原子），在使用较厚的镍箔时，很容易形成微米级厚的石墨薄膜。虽然通过控制降温速度可以抑制石墨的析出，但很难精确地控制石墨烯的层数和均匀性，获得厚度均匀的单层

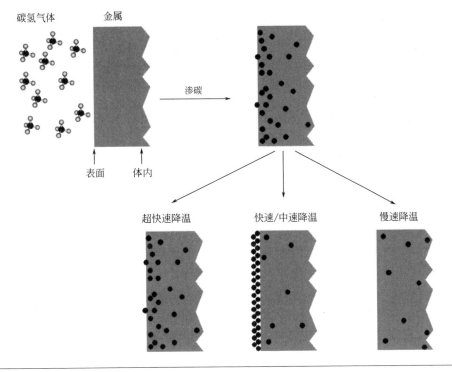

图 5-30　碳在金属表面降温析出的示意[37]

或少层石墨烯。另一方面，减少基底中的碳含量，则可以限制石墨烯薄膜的厚度。根据碳在镍中的溶解度，可以精确计算对应石墨烯厚度所需要的镍基底的厚度 d，若考虑石墨烯只从一侧析出（一般情况下镍薄膜被沉积在如 SiO_2/Si 基底上，石墨烯只会一侧析出），则

$$d = \frac{0.34\rho_{Gr}nM_{Ni}}{x\rho_{Ni}M_C} \tag{5-2}$$

式中，

$\rho_{Gr}=2.2g/cm^3$，为石墨的密度；$\rho_{Ni}=8.9g/cm^3$，为 Ni 的密度；n 为石墨烯的层数；x 为溶解度，$M_{Ni}=58.69$，$M_C=12.01$，分别为镍和碳的原子量。则

$$d = 0.41n/x \tag{5-3}$$

对于 1000℃ 的渗碳温度，每层石墨烯对应于约 31.6nm 厚的镍薄膜，即对于 31.6nm 的镍薄膜在 1000℃ 时形成的碳的饱和溶液，如果其中的碳全部析出，则形成 1 层石墨烯。实验中使用 100nm 厚的镍薄膜，可以得到 50％ 左右的 SLG 及其他 FLG[38]。石墨烯薄膜的厚度分布不均匀则主要是因为镍薄膜是由镍的微晶组成，在晶界处石墨烯的析出会更多。

5.2.3 溶解度控制

可以看到，尽管通过降低基底厚度从而控制碳的量而控制石墨烯薄膜的层数，但由于基底很薄时，晶粒也比较小，晶粒的取向和晶界都会影响石墨烯析出的均匀性。另一种控制碳的量的方法是通过溶解度来控制。由于碳在铜中的溶解度很小，因此，可以使用较厚的铜箔来生长 SLG。同时，铜箔在确定的厚度下，可以很容易获得大面积的单晶，从而可以确保 SLG 很好的均匀性。但也因为碳的溶解度很小，所以无法利用析碳反应制备 FLG。然而，可以通过在铜箔中加入高碳溶解度的金属形成合金来提高基底对碳的溶解度。由于镍具有较高的碳的溶解度，又与铜具有很好的互溶性，因此，可以通过控制铜镍合金中镍的含量来控制基底对碳的溶解度[39]。

S. Chen 等使用 $200\mu m$ 厚的多晶铜镍合金箔（成分重量百分比：31.00% Ni，67.80% Cu，0.45% Mn，0.60% Fe，0.07% Zn），在冷壁 LPCVD 系统中，通过控制渗碳温度和降温速度来控制石墨烯层数，如表 5-4 所示[40]。可以看到，层数随温度的增加而增加，随降温速度的降低而增加。与单纯的铜箔相比，铜镍合金可以得到更多层的石墨烯，而与镍箔相比，对制备少层的石墨烯的可控性更好。

表 5-4　渗碳温度和降温速度对石墨烯层数的影响（渗碳条件为 8Torr 甲烷，3min)[40]

$T/℃$	降温速度/（℃/s）	层数或厚度
930	100	亚单层
975	100	1 层
1000	100	约 2 层
1030	100	2～5 层
975	5	约 8nm
1000	5	约 11nm
1030	5	约 19nm

X. Liu 等通过控制铜镍合金的组分调节碳的溶解度，从而获得不同厚度的石墨烯薄膜，如图 5-31 所示[41]。基底为蒸镀在 SiO_2/Si 基底上的铜薄膜（约 370nm）及镍薄膜（20～130nm），镍薄膜中有约 2.6%（原子）的碳。制备好的基底在 900℃真空（$10^{-4}\sim10^{-3}$Pa）中退火 0～60min 后缓慢降至室温（2～4℃/min）。可以看到，石墨烯的层数随 Ni 含量的增加而增加，并且当镍的含量较少时，石墨烯的层数也较为均匀。

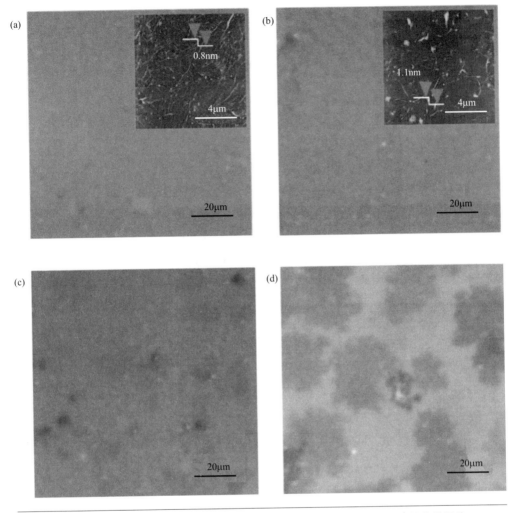

图 5-31 生长在不同的镍含量合金上的石墨烯转移在 SiO_2/Si 基底上的光学照片

对应铜镍合金中镍原子数百分比含量依次为（a）5.5%、（b）10.4%、（c）18.9%、（d）100%（插图为相应的 AFM 图像）[41]

  Y. Wu 等使用碳同位素标定技术，证明石墨烯在铜镍合金的生长为渗碳-析碳生长[42]。尽管在合适的参数下在铜镍合金基底上同样可以生长 SLG，但与铜基底所不同的是，当交替通入碳 13 和碳 12 甲烷时，在铜基底上，石墨烯中碳同位素呈区域性分布，并与其通入顺序相对应，为表面控制生长[43]；而在铜镍合金基底上，尽管碳 12 和碳 13 依序通入，但都是先分解成碳原子，进入到基底内部，在基底内部混合，而后在基底表面析出形成石墨烯，因此，可以通过控制降温速度来控制石墨烯的层数[42]。Y. Wu 等还发现，使用较小的甲烷流量及较长的渗碳时间，有利于碳源在基底中更加均匀地分布，从而获得均匀的层数，而较慢的降温速度，对应较慢的生长速度，可以获得更多的 AB 堆垛。

—— 参考文献 ——

[1] F. Qing, C. Shen, R. Jia, L. Zhan, X. Li. *Catalytic substrates for graphene growth*. MRS Bull. (2017) **42**: 819-824.

[2] Z. Sun, A. -R. O. Raji, Y. Zhu, C. Xiang, Z. Yan, C. Kittrel, E. L. G. Samuel, J. M. Tour. *Large-area bernal-stacked bi-, tr-, and tetralayer graphene*. ACS Nano (2012) **6**: 9790-9796.

[3] Z. Luo, T. Yu, J. Shang, Y. Wang, S. Lim, L. Liu, G. G. Gurzadyan, Z. Shen, J. Lin. *Large-scale synthesis of bi-layer graphene in strongly coupled stacking order*. Adv. Funct. Mater. (2011) **21**: 911-917.

[4] K. Yan, H. Peng, Y. Zhou, H. Li, Z. Liu. *Formation of bilayer bernal graphene: Layer-by-layer epitaxy via chemical vapor deposition*. Nano Lett. (2011) **11**: 1106-1110.

[5] L. Liu, H. Zhou, R. Cheng, W. J. Yu, Y. Liu, Y. Chen, J. Shaw, X. Zhong, Y. Huang, X. Duan. *High-yield chemical vapor deposition growth of high-quality large-area abstacked bilayer graphene*. ACS Nano (2012) **6**: 8241-8249.

[6] M. Kalbac, O. Frank, L. Kavan. *The control of graphene double-layer formation in copper-catalyzed chemical vapor deposition*. Carbon (2012) **50**: 3682-3687.

[7] J. Han, J. -Y. Lee, J. -S. Yeo. *Large-area layer-by-layer controlled and fully bernal stacked synthesis of graphene*. Carbon (2016) **105**: 205-213.

[8] P. Zhao, S. Kim, X. Chen, E. Einarsson, M. Wang, Y. N. Song, H. T. Wang, S. Chiashi, R. Xiang, S. Maruyama. *Equilibrium chemical vapor deposition growth of bernal-stacked bilayer graphene*. ACS Nano (2014) **8**: 11631-11638.

[9] S. Nie, A. L. Walter, N. C. Bartelt, E. Starodub, A. Bostwick, E. Rotenberg, K. F. McCarty. *Growth from below: Graphene bilayers on Ir (111)*. ACS Nano (2011) **5**: 2298-2306.

[10] S. Nie, W. Wu, S. Xing, Q. Yu, J. Bao, S. -S. Pei, K. F. McCarty. *Growth from below: bilayer graphene on copper by chemical vapor deposition*. New J. Phys. (2012) **14**: 093028.

[11] Q. Li, H. Chou, J. -H. Zhong, J. -Y. Liu, A. Dolocan, J. Zhang, Y. Zhou, R. S. Ruoff, S. Chen, W. Cai. *Growth of adlayer graphene on Cu studied by carbon isotope labeling*. Nano Lett. (2013) **13**: 486-490.

[12] W. Fang, A. L. Hsu, Y. Song, A. G. Birdwell, M. Amani, M. Dubey, M. S. Dresselhaus, T. Palacios, J. Kong. *Asymmetric growth of bilayer graphene on copper enclosures using low-pressure chemical vapor deposition*. ACS Nano (2014) **8**: 6491-6499.

[13] Z. Zhao, Z. Shan, C. Zhang, Q. Li, B. Tian, Z. Huang, W. Lin, X. Chen, H. Ji, W. Zhang, W. Cai. *Study on the diffusion mechanism of graphene grown on copper pockets*. Small (2015) **11**: 1418-1422.

[14] Y. Hao, L. Wang, Y. Liu, H. Chen, X. Wang, C. Tan, S. Nie, J. W. Suk, T. Jiang, T. Liang, J. Xiao, W. Ye, C. R. Dean, B. I. Yakobson, K. F. McCarty, P. Kim, J. Hone, L. Colombo, R. S. Ruoff. *Oxygen-activated growth and bandgap tunability of large single-crystal bilayer graphene*. Nat. Nanotechnol. (2016) **11**: 426-431.

[15] P. Wu, X. Zhai, Z. Li, J. Yang. *Bilayer graphene growth via a penetration mechanism*. J. Phys. Chem. C (2014) **118**: 6201-6206.

[16] P. Braeuninger-Weimer, B. Brennan, A. J. Pollard, S. Hofmann. *Understanding and controlling Cu-cata-*

lyzed graphene nucleation: The role of impurities, roughness, and oxygen scavenging. Chem. Mater. (2016) **28**: 8905-8915.

[17] J. Kraus, M. Boebel, S. Guenther. Suppressing graphene nucleation during CVD on polycrystalline Cu by controlling the carbon content of the support foils. Carbon (2016) **96**: 153-165.

[18] K. Lee, J. Ye. Significantly improved thickness uniformity of graphene monolayers grown by chemical vapor deposition by texture and morphology control of the copper foil substrate. Carbon (2016) **100**: 441-449.

[19] X. Zhang, L. Wang, J. Xin, B. I. Yakobson, F. Ding. Role of hydrogen in graphene chemical vapor deposition growth on a copper surface. J. Am. Chem. Soc. (2014) **136**: 3040-3047.

[20] J. Li, D. Wang, L. J. Wan. Unexpected functions of oxygen in a chemical vapor deposition atmosphere to regulate graphene growth modes. Chem. Comm. (2015) **51**: 15486-15489.

[21] W. Guo, F. Jing, J. Xiao, C. Zhou, Y. Lin, S. Wang. Oxidative-etching-assisted synthesis of centimeter-sized single-crystalline graphene. Adv. Mater. (2016) **28**: 3152-3158.

[22] F. Qing, R. Jia, B. -W. Li, C. Liu, C. Li, B. Peng, L. Deng, W. Zhang, Y. Li, R. S. Ruoff, X. Li. Graphene growth with 'no' feedstock. 2D Mater. (2017) **4**: 025089.

[23] M. Asif, Y. Tan, L. Pan, J. Li, M. Rashad, M. Usman. Thickness controlled water vapors assisted growth of multilayer graphene by ambient pressure chemical vapor deposition. J. Phys. Chem. C (2015) **119**: 3079-3089.

[24] C. Shen, X. Yan, F. Qing, X. Niu, R. Stehle, S. S. Mao, W. Zhang, X. Li. Criteria for the growth of large-area adlayer-free monolayer graphene films by chemical vapor deposition. Submitted (2019).

[25] W. Liu, H. Li, C. Xu, Y. Khatami, K. Banerjee. Synthesis of high-quality monolayer and bilayer graphene on copper using chemical vapor deposition. Carbon (2011) **49**: 4122-4130.

[26] M. Regmi, M. F. Chisholm, G. Eres. The effect of growth parameters on the intrinsic properties of large-area single layer graphene grown by chemical vapor deposition on Cu. Carbon (2012) **50**: 134-141.

[27] C. -C. Lu, Y. -C. Lin, Z. Liu, C. -H. Yeh, K. Suenaga, P. -W. Chiu. Twisting bilayer graphene superlattices. ACS Nano (2013) **7**: 2587-2594.

[28] L. Liu, H. Zhou, R. Cheng, Y. Chen, Y. -C. Lin, Y. Qu, J. Bai, I. A. Ivanov, G. Liu, Y. Huang, X. Duan. A systematic study of atmospheric pressure chemical vapor deposition growth of large-area monolayer graphene. J. Mater. Chem. (2012) **22**: 1498-1503.

[29] S. Bhaviripudi, X. Jia, M. S. Dresselhaus, J. Kong. Role of kinetic factors in chemical vapor deposition synthesis of uniform large area graphene using copper catalyst. Nano Lett. (2010) **10**: 4128-4133.

[30] J. Zhang, P. Hu, X. Wang, Z. Wang, D. Liu, B. Yang, W. Cao. CVD growth of large area and uniform graphene on tilted copper foil for high performance flexible transparent conductive film. J. Mater. Chem. (2012) **22**: 18283-18290.

[31] Z. Li, W. Zhang, X. Fan, P. Wu, C. Zeng, Z. Li, X. Zhai, J. Yang, J. Hou. Graphene thickness control via gas-phase dynamics in chemical vapor deposition. J. Phys. Chem. C (2012) **116**: 10557-10562.

[32] G. Deokar, J. Avila, I. Razado-Colambo, J. L. Codron, C. Boyaval, E. Galopin, M. C. Asensio, D. Vignaud. Towards high quality CVD graphene growth and transfer. Carbon (2015) **89**: 82-92.

[33] F. T. Si, X. W. Zhang, X. Liu, Z. G. Yin, S. G. Zhang, H. L. Gao, J. J. Dong. Effects of ambient conditions on the quality of graphene synthesized by chemical vapor deposition. Vacuum (2012) **86**: 1867-1870.

[34] P. R. Kidambi, C. Ducati, B. Dlubak, D. Gardiner, R. S. Weatherup, M. -B. Martin, P. Seneor, H.

Coles, S. Hofmann. *The parameter space of graphene chemical vapor deposition on polycrystalline Cu*. J. Phys. Chem. C (2012) **116**: 22492-22501.

[35] Q. Liu, Y. Gong, J. S. Wilt, R. Sakidja, J. Wu. *Synchronous growth of AB-stacked bilayer graphene on Cu by simply controlling hydrogen pressure in CVD process*. Carbon (2015) **93**: 199-206.

[36] H.-B. Sun, J. Wu, Y. Han, J.-Y. Wang, F.-Q. Song, J.-G. Wan. *Nonisothermal synthesis of abstacked bilayer graphene on cu foils by atmospheric pressure chemical vapor deposition*. J. Phys. Chem. C (2014) **118**: 14655-14661.

[37] Q. Yu, J. Lian, S. Siriponglert, H. Li, Y. P. Chen, S.-S. Pei. *Graphene segregated on Ni surfaces and transferred to insulators*. Appl. Phys. Lett. (2008) **93**: 113103.

[38] K. S. Kim, Y. Zhao, H. Jang, S. Y. Lee, J. M. Kim, K. S. Kim, J.-H. Ahn, P. Kim, J.-Y. Choi, B. H. Hong. *Large-scale pattern growth of graphene films for stretchable transparent electrodes*. Nature (2009) **457**: 706-710.

[39] M. E. Nicholson. *The solubility of carbon in nickel-copper alloys at 1000 ℃*. Trans. Metall. Soc. of AIME (1962) **224**: 533-535.

[40] S. Chen, W. Cai, R. D. Piner, J. W. Suk, Y. Wu, Y. Ren, J. Kang, R. S. Ruoff. *Synthesis and characterization of large-area graphene and graphite films on commercial Cu-Ni alloy foils*. Nano Lett. (2011) **11**: 3519-3525.

[41] X. Liu, L. Fu, N. Liu, T. Gao, Y. F. Zhang, L. Liao, Z. F. Liu. *Segregation growth of graphene on cu-ni alloy for precise layer control*. J. Phys. Chem. C (2011) **115**: 11976-11982.

[42] Y. Wu, H. Chou, H. Ji, Q. Wu, S. Chen, W. Jiang, Y. Hao, J. Kang, Y. Ren, R. D. Piner, R. S. Ruoff. *Growth mechanism and controlled synthesis of ab-stacked bilayer graphene on Cu-Ni alloy foils*. ACS Nano (2012) **6**: 7731-7738.

[43] X. Li, W. Cai, L. Colombo, R. S. Ruoff. *Evolution of graphene growth on ni and cu by carbon isotope labeling*. Nano Lett. (2009) **9**: 4268-4272.

第6章
CHAPTER 6

石墨烯薄膜的转移

在使用金属基底制备大面积石墨烯薄膜时，金属基底仅作为石墨烯生长的催化剂和载体，不利于石墨烯的表征及应用，因此通常要先把石墨烯从金属基底转移至目标基底上。转移过程对石墨烯的性质及器件良率和性能有重要影响。

理想的石墨烯转移技术应该具有如下几个特征：a. 转移后的石墨烯应该保持干净，没有杂质的残留，不对石墨烯形成掺杂；b. 转移后的石墨烯应该保持连续性，没有褶皱、裂纹以及孔洞等缺陷；c. 转移工艺稳定可靠、适用性高、可用于工业化生产。研究人员已经开发出多种转移石墨烯薄膜的方法，其中许多都有利于工业化生产。毫无疑问，这些转移方法的发展将促进大面积石墨烯薄膜的研究和应用。本章将从聚合物辅助基底刻蚀转移技术、聚合物辅助剥离转移技术及直接转移技术等方面对石墨烯转移技术进行介绍，重点关注各类转移技术的基本原理。

6.1 聚合物辅助基底刻蚀法

尽管理论上石墨烯具有很好的机械性能，但 CVD 法制备的石墨烯仍然存在缺陷，导致其实际的机械强度很低，在转移过程中容易破损。一种解决方案是在石墨烯表面覆盖一层聚合物支撑层，以保证石墨烯在转移过程中的完整性。

聚合物辅助基底刻蚀法就是在金属基底上生长出石墨烯薄膜后，在石墨烯表面覆盖一层聚合物，通过腐蚀液将金属基底溶解，得到聚合物/石墨烯结合体，将其转移到目标基底后，再将聚合物支撑层去除。聚合物材料有多种，能够在石墨烯转移过程中提供支撑并能在转移结束后去除干净是选择聚合物支撑材料时应遵循的基本原则。常用的聚合物支撑层材料有聚二甲基硅氧烷（polydimethylsiloxane，简称 PDMS）、聚甲基丙烯酸甲酯（polymethyl methacrylate，简称 PMMA）和热剥离胶带（Thermal Release Tape，简称 TRT）等。腐蚀液在能溶解金属基底的同时，应尽量避免与石墨烯及支撑层反应。常用的腐蚀液有硝酸铁、三氯化铁和过硫酸铵等的水溶液。有时腐蚀液会有多种成分，例如三氯化铁溶液中加入少量的盐酸，以提高对金属基底的刻蚀效率。

6.1.1 PDMS 辅助转移

PDMS 是 CVD 法生长石墨烯技术中最早被用作转移支撑材料的聚合物之一，具有稳定耐用、可塑性强、高弹性等特点，是用作软刻蚀技术的重要材料。在转移过程中 PDMS 和石墨烯之间的结合力小于石墨烯与基底之间的黏附力，从而能使石墨烯从 PDMS 上转移至氧化硅基底，并容易移除。

K. S. Kim 等率先将 PDMS 用于石墨烯转移，转移步骤为：将 PDMS 压印在长有石墨烯的镀在二氧化硅基底上的镍薄膜表面，再将整个结构浸泡在腐蚀液中溶解掉镍，得到 PDMS/石墨烯的结合体，将其用去离子水清洗并用氮气吹干，"按压"到目标基底上，最后揭掉 PDMS 完成转移[1]。这种转移方法虽然能有效完成转移，但从整个实验过程来看，腐蚀液在溶解镍时，仅与镍薄膜的边缘有接触，如此小的接触面积，需要相当长的时间才能溶解完成，随着生长的石墨烯面积增大，刻蚀时间增加，这将成为转移的主要障碍。

为了提高转移效率，Y. Lee 等针对缩短镍基底的溶解时间提出了改进方法[2]。他们发现，在水中轻微超声将 PDMS 与石墨烯/镍的结合体从氧化硅表面剥离，增大镍在溶解过程中与溶液的接触面积，从而有效缩减溶解镍的时间，大大加快了石墨烯转移的速度，如图 6-1 所示。

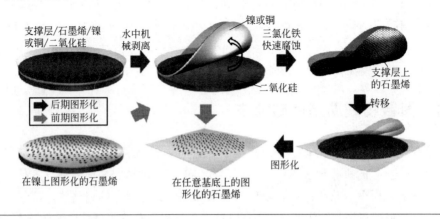

图 6-1 水中机械剥离辅助刻蚀和转移示意图[2]

PDMS 用作支撑层的同时，也可用于简化石墨烯器件的制备过程。一些报道已经证明了使用 CVD 生长的石墨烯可用作有机薄膜晶体管（OTFT）的源和漏极电极[3-7]。尽管光刻和干刻技术已被用于制备石墨烯电子器件，但这些过程与有机器件不能兼容。因此，S. J. Kang 等提出了一种方法可以使有图案的石墨烯转移到任何没有传统光刻的基底上，并用该技术转移石墨烯作为源和漏电极，制备了高性能的底部接触有机场效应晶体管，制备流程如图 6-2 所示[8]。

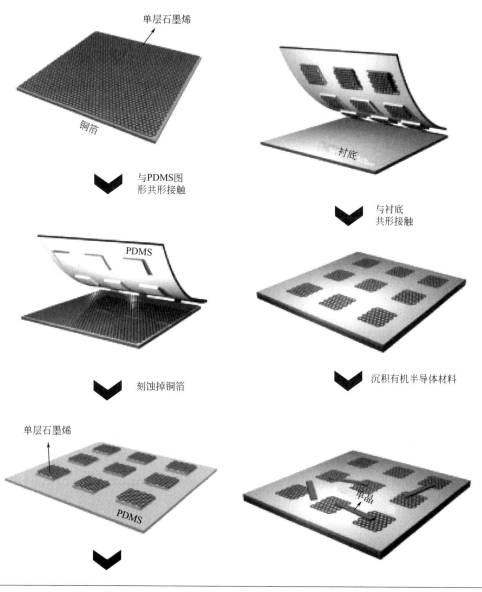

图 6-2 石墨烯源漏电极 OTFT 制备流程[8]

PDMS 支撑转移的方法虽可以有效实现石墨烯从金属基底转移至目标基底，但因为转移过程中采用剥离法将 PDMS 与石墨烯分离，而石墨烯与基底间的结合并不十分牢固，所以容易导致石墨烯破损，破坏薄膜的连续性，而且该方法溶解金属的时间较长，不适合用于大面积石墨烯薄膜的转移。

6.1.2 PMMA 辅助转移

PMMA 常用作电子束光刻胶，早期也被用于碳纳米管阵列的转移。PMMA 转移技术是目前使用最广、研究得最彻底的石墨烯转移方法，是实验室研究的主流转移方法。与 PDMS 相比，PMMA 与石墨烯之间的作用力要强得多，其可以轻易地旋涂在任意基底生长的石墨烯上并转移至任何需要的基底上。2009 年，X. Li 等用 PMMA 实现了生长在铜箔基底上的石墨烯的转移，其转移流程为：首先将质量分数为 4% 的 PMMA 乳酸乙酯溶液旋涂在生长好的石墨烯表面并加热固化，然后用腐蚀液刻蚀掉铜箔得到 PMMA/石墨烯薄膜并在去离子水中漂洗，再用目标基底将 PMMA/石墨烯"捞取"，烘干后用丙酮去除 PMMA 即完成转移[9]。

尽管与 PDMS 相比，以 PMMA 作为支撑物转移石墨烯的完整性得到了很大的改善，但仍然存在一些裂纹和褶皱。另外，并且 PMMA 很难被彻底去除。这将严重影响转移后石墨烯的性能。

要解决石墨烯在转移过程中出现的裂纹和褶皱等问题，关键在于如何实现 PMMA 膜与目标基底的紧密贴合。Rouff 课题组发现，在 CVD 中使用的铜箔的表面并不光滑，在高温退火和生长过程中由于表面的重建而变得更加粗糙。石墨烯在生长过程中遵循了铜基底的表面形态，而 PMMA 固化之后使石墨烯保持了与金属表面一致的形貌。在去除铜箔后，石墨烯不会平展在目标基底上，导致石墨烯与基底之间总是存在一些细小的缝隙，也就是说石墨烯并未完全与基底表面接触，而未与基底接触的地方的石墨烯在去除 PMMA 之后容易破裂。主要原因是 PMMA 固化后是硬质涂层，石墨烯在除胶时不能自发弛豫。针对该问题，他们指出，在 PMMA/石墨烯转移至二氧化硅基底之后，再次旋涂一层 PMMA 可以使之前固化的 PMMA 部分溶解，从而"释放"下面的石墨烯，增加其与基底之间的贴合度，有效减少转移后石墨烯裂缝的密度[10]。

然而，很多基础研究如 TEM、热传输效应、力学性质、光学测量等需要将石墨烯转移至多孔基底或带凹槽的基底上，形成悬浮状，从而消除石墨烯与界面之间的交互作用。Suk 等提出了一种干法转移石墨烯到"#"型基底的方法[11]。在该方法中，PDMS 可以作为一个灵活的框架来支撑 PMMA/石墨薄膜，使薄膜可以从液体中取出、干燥、放置在目标基板上，并进行热处理。在转移过程中对 PMMA 进行高温处理可以增强石墨烯与基底之间的接触，因为当 PMMA 被加热至其玻璃化温度以上时，将变得柔软，从而减小石墨烯与基底之间的间隙，增强他们之间的黏附性，并且剥离 PDMS 时不会损坏 PMMA/石墨烯膜。当采用湿法转移过程时，热处理步骤同样增加了转移到平面和带孔基底上石墨烯的质量，覆盖率达到 98% 以上，仅有少量的裂纹和孔洞，面电阻也变得更低。

为了使 PMMA 与目标基底贴合更好，对基底的处理也是一种重要手段。G. Zheng 等提出用超声清洗基底的方式，提高基底的亲水性，从而使 PMMA 膜在基底上平铺，减少褶皱等[12]。K. Nagashio 等用氢氟酸处理二氧化硅表面，减少褶皱形成[13]。M. T. Ghoneim 等考虑到铜箔两面都生长有石墨烯，先用硝酸或氧等离子体将铜箔未涂胶的一侧石墨烯去除，转移质量明显改善[14]。

虽然转移过程中引起的石墨烯的褶皱、破裂等问题得到很大改善，但还有更重要的问题需要解决，即 PMMA 的残留。PMMA 高分子量、高黏度的性质，使得即使用丙酮去除之后也不可避免在石墨烯表面留有残留，从而影响石墨烯的性能。为了获得一个干净的表面，经常通过一系列的热处理（150～300℃）以去除石墨烯表面的 PMMA 残余物。

Y. C. Lin 等研究表明，石墨烯表面吸附的 PMMA 残留有 1～2nm 厚[15]。随后 Y. C. Lin 等采用 HRTEM 研究了解决 PMMA 分解的关键问题以及退火对石墨烯的影响[16]。他们指出，根据 PMMA 残留物与石墨烯之间的相互作用强弱，PMMA 残留物的分解分两步，采用空气中退火之后再在氢气环境中退火的两步退火方式，可以得到更干净的石墨烯表面。但是，长时间或高温退火也会导致石墨烯晶格缺陷及 sp^3 杂化的增加。研究表明，在 200℃ 温度下经过长时间的退火，虽然石墨烯薄膜表面没有产生像裂缝或撕裂这样的宏观损伤，但是在该温度下长时间（＞2h）的退火对石墨烯表面的清洁几乎没有帮助。TEM 的观测结果显示，根据 PMMA 残留物与石墨烯之间的相互作用强弱，PMMA 的分解可分为两个步骤：与空气接触的 PMMA（PMMA-a）的分解，其反应温度较低，160℃ 就开始分解，但是 200℃ 对于 PMMA-a 的清除更有效；与石墨烯接触的 PMMA（PMMA-g）分解，其反应发生在较高的温度（＞200℃）。退火后，PMMA-a 形成包裹纳米颗粒的带状条纹。这些粒子被认为是一种非晶态的 CuO_x，可以抑制带电粒子散射，从而缓和迁移率降低。在相同退火条件下，温度升高到 250℃ 时，PMMA-a 残留的密度与 200℃ 退火相似，然而大部分的 PMMA-g 都被烧掉了。与 PMMA-a 类似，更高的温度（＞250℃）不会使 PMMA-g 进一步分解，反而会导致石墨烯的结构损伤。即使 700℃ 退火之后，石墨烯表面的洁净度仍远不能达到满意程度。

通常用腐蚀液刻蚀掉铜箔等金属基底之后，在石墨烯薄膜上会有金属氧化物等微粒残留，当石墨烯转移至用于器件制备的基底上时，这些金属污染物将存在于石墨烯与基底之间，不能被清洗掉。这些被困的污染物往往会成为散射中心降低载流子输运特性及最终器件的性能。可以将半导体制造工艺中广泛使用的 RCA 清洗技术用于石墨烯的转移。传统的 RCA 清洗包括三个步骤：a. 用 5∶1∶1 的 H_2O∶ H_2O_2∶ NH_4OH 溶液除去难以溶解的有机物；b. 用 50∶1 的 H_2O∶HF 溶液去除可能累积有金属杂质的氧化硅；c. 用 5∶1∶1 的 $H_2O/H_2O_2/HCl$ 溶液清洗掉金属污染物。X. Liang 等提出了一种改进的石墨烯 RCA 清洗技术[17]。在金属基底被刻蚀后，先后采用稀释到 20∶1∶1 的 $H_2O/H_2O_2/HCl$ 和 $H_2O∶H_2O_2∶NH_4OH$ 溶液漂浮清洗 PMMA/石墨烯薄膜，再用去离子水冲洗。图 6-3 所示为未使用 RCA 步骤转移的石墨烯，可以看到其表面高密度污染物颗粒。图 6-4 显示引入 RCA 清洗后，被转移的石墨烯薄膜非常干净，几乎没有在光学显微镜下观察到的残余粒子，即使在整个石墨烯区搜索之后，仍然很少观察到如图 6-3 所示的大型金属剩余粒子。

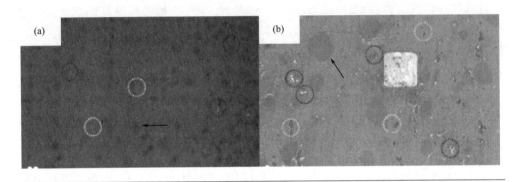

图 6-3　传统方法转移到 SiO_2/Si 上的石墨烯的光学图像（a）和 SEM 图像（b）[17]

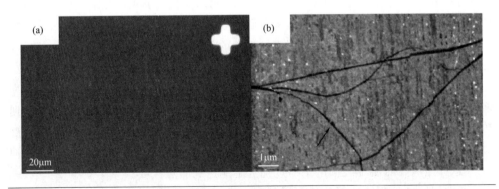

图 6-4　RCA 清洗后转移到 SiO_2/Si 上的石墨烯的光学图像（a）和 SEM 图像（b）[17]

　　PMMA 还可用于多层石墨烯转移，降低薄膜的面电阻，在透明导电领域可替代传统的 ITO 薄膜。最初采用的转移方式是一层一层的堆叠，每转移一层都需要去除 PMMA，不仅增加了转移步骤，而且有大量 PMMA 残留。Y. Wang 等提出了一种直接叠层转移石墨烯的方法，可以避免在石墨烯层与层之间引入 PMMA[18]。普通湿转移和直接耦合转移方法的区别是：与普通湿法相对应的是 PMMA 需要在 N 层的转移过程中被旋涂并移除 N 次，直接耦合转移方法只需要在第一次石墨烯上旋涂一次 PMMA，然后将有 PMMA 涂层的石墨烯（第一层）直接转移到铜箔上的第二层石墨烯上，通过在 120℃ 中进行 10min 的退火，在两层石墨烯之间形成 π-π 相互作用使他们连在一起，在刻蚀完铜箔之后，双层石墨烯薄膜可以直接被转移到第三层的铜箔上，形成一个三层的石墨薄膜。重复这些步骤，可以得到 N 层的石墨烯薄膜，而石墨烯之间没有任何有机杂质。最后，多层石墨烯可以被转移到其他基底上，然后用丙酮去除顶部的 PMMA。

6.1.3　TRT 辅助转移

虽然 PMMA 转移法工艺路线相对成熟，能够得到较完整、干净的石墨烯薄膜，但因为它需要复杂的处理技巧，而且需要很长时间来去除支撑聚合物的残留，因而不适合制备大规模的石墨烯薄膜。使用 TRT 作为临时支撑的卷对卷（roll to roll，简称 R2R）转移法成功地克服了这些缺点，并且还使石墨烯薄膜在柔性基板上的连续生产得以实现。其方法为：将生长好的石墨烯/铜箔与 TRT 平整紧密地贴合在一起，然后用腐蚀液刻蚀铜箔，并用去离子水清洗，晾干；再将 TRT/石墨烯与目标基底紧密贴合，烘烤加热至热剥离温度以上，胶带自发从石墨烯表面脱落，即完成转移。

韩国成均馆大学 Hong 课题组率先利用 TRT 在柔性 PET 基底上转移石墨烯[2]。之后，他们再次报道了利用 R2R 法在 PET 上得到了 30 英寸石墨烯薄膜[19]。转移过程分为三步：a.将热剥离胶带用辊压的方式与生长好石墨烯的铜箔贴合在一起；b.腐蚀液刻蚀铜箔；c.释放石墨烯层并转移到目标基板上。

虽然使用 TRT 的 R2R 转移方法可以制作出一种大面积的导电薄膜，而且 TRT 能自发快速脱离，无需复杂的除胶过程，但在石墨烯薄膜转移后，通常会发现裂纹和撕裂。一方面主要缘于石墨烯/铜箔平整度较差，强烈的机械压力在局部应用于热辊之间的石墨烯薄膜上。另一方面，当它被应用到像 SiO_2/Si 薄片这样的刚性基板上时，R2R 的转移有时会在石墨烯薄膜上产生不理想的机械缺陷，这大大降低了石墨烯薄膜的电学性能。因此，该课题组再次提出了一种叫作"热压"的干式转移方法，它使用两个热金属板相互挤压，精确控制温度和压力，会产生相对较小的缺陷和更好的电学性能，这种方法同时适用于柔性基底和刚性 SiO_2/Si 基底[20]。

6.2　聚合物辅助剥离法

利用腐蚀液刻蚀掉催化金属层的基底刻蚀法转移技术有很多不足之处，如工艺时间较长、高成本（金属基底不能回收利用）、在化学刻蚀金属过程中会导致石墨烯结构的化学损伤、金属颗粒的残留以及不可避免的需要对废液进行处理。这些因素毫无疑问制约了大面积石墨烯的低成本制备的工业化发展。另一方面，基底刻蚀法转移并不适合转移铂、金等金属基底生长的石墨烯，因为这些金属很难被刻蚀并且非常昂贵。因此，其他如"干法"等简化流程的转移技术相继提出。

6.2.1 机械剥离

石墨烯与生长的铜箔之间的结合能为 33meV 每碳原子，而石墨晶面间的耦合强度为 25meV 每碳原子。原则上，石墨烯可以借助外力从铜箔上剥离下来，如同机械剥离一样。Lock 等提出了转移石墨烯至柔性聚合物基底的方法，转移过程如图 6-5 所示[21]。

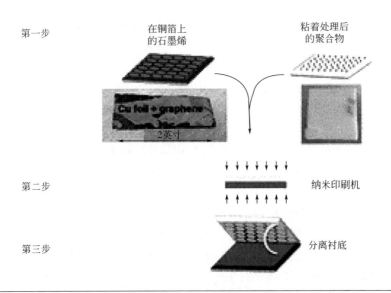

图 6-5 纳米压印石墨烯转移流程图[21]

其原理是利用交联分子与石墨烯键合，使石墨烯与聚合物之间的作用力远大于石墨烯与金属基底之间的作用力，从而将石墨烯从金属基底上分离。转移过程主要分为三步，首先，对聚合物表面进行处理以增强与石墨烯之间的黏附力，表面处理过程包括等离子体表面活性处理和沉积一种叠氮化交联分子 4-重氮基-2，3，5，6-四氟苯甲酸乙胺（TFPA-NH$_2$），然后将 TFPA 处理的聚合物面贴在石墨烯覆盖的铜箔上，并用 NX2000 纳米压印机热压，最后分离聚合物/石墨烯与金属基底。

此方法转移第一步的关键是处理聚合物表面，增强与石墨烯的黏附力。等离子体仅活化表面并非刻蚀，并不足以支撑转移的整个过程，所以在等离子体处理之后又在表面浸泡黏附了一层叠氮交联分子，使石墨烯与聚合物之间形成强的共价键。需要注意的是，聚合物基底不能用典型的无机材料，应该能溶入有机溶剂如丙酮、甲苯等，且与叠氮分子反应温和，不能在浸泡涂层时溶解在溶剂中。在第二步转移过程中，TFPA 处理的聚合物层与石墨烯铜箔贴合需要 500psi 压印 30min，叠氮化的官能团 TFPA-NH$_2$ 分子在沉积时并不活跃，而加热之后则与石墨烯之间形成碳碳共价键。

T. Yoon 等为了精确控制石墨烯与铜箔之间的分层过程，利用高精度的微机械测试系统通过双悬臂梁断裂力学试验，首次直接测量了单层石墨烯在金属基底上的附着力，如图 6-6 所示[22]。在测试中，两个硅梁都以恒定的位移速率加载和卸载，而施加的负载作为位移的函数被监控。为了测量石墨烯在铜上的裂纹长度和附着力，进行了多次循环。每一个样本都是以 5μm/s 恒定的位移速率加载和卸载，施加的负载作为位移的函数被持续监测。可以观察到，其位移速率低于 5μm/s 时，石墨烯不是从铜上而是从环氧树脂分离。基于此，他们证明了在没有任何蚀刻工艺的情况下，石墨烯可以从铜基底直接转移到目标基板上。

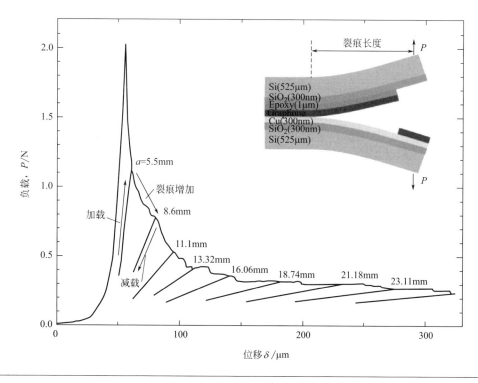

图 6-6　通过断裂力学测量石墨烯与铜箔之间的附着力[22]

在此基础上，S. R. Na 等研究了石墨烯如何与铜箔分离，并将它转移到目标基板上[23]。他们通过将长有石墨烯的铜箔夹在两个硅条之间，使其在不同的剥削率下进行分离，证明了石墨烯与铜或石墨烯与环氧树脂界面分离是可以精确控制的。后者在考虑随后的转移步骤时很有用，因为石墨烯可能需要从聚合物支撑层中移除。他们测量了与每个界面相关的相互作用的强度和范围以及附着力的大小。实验发现，当施加的分离速度为 254.0μm/s 时，在环氧树脂和石墨烯之间的应力更集中并导致裂纹穿透石墨烯，然后沿着石墨烯/铜界面生长。而在 25.4μm/s 的位移速率下，情况大不相同，石墨烯与环氧树脂界面的裂纹增加。

这种转移方法的缺点在于它的成功取决于聚合物和石墨烯之间的附着力，而且必须克服石墨烯和金属基体之间的附着力。B. Marta 等提出了一种可以在不影响石墨烯质量的情况下，将高质量石墨烯薄膜转移到聚乙烯醇（PVA）上[24]。它可以在 PVA 薄膜上生成可随时使用的石墨烯，以及进行光学、形貌和光谱分析。其原理是利用 PVA 与石墨烯之间的黏附力大于石墨烯与铜之间的黏附力，可直接将PVA/石墨烯直接从铜箔上剥离下来，如图 6-7 所示。

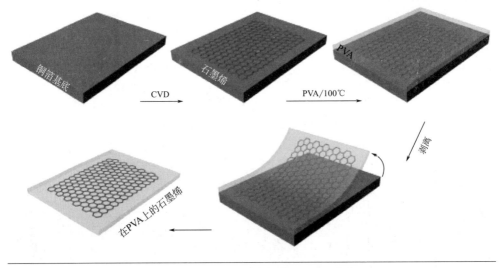

图 6-7 剥离转移石墨烯至 PVA 示意[24]

为了制备 PVA 薄膜，在连续搅拌的情况下，将 1.25g PVA 和 7mL 去离子水混合，直到所有 PVA 被溶解，得到一种均匀且黏稠的液体。然后将 PVA 溶液涂覆在石墨烯/铜箔表面，并在 100℃环境中加热 15min，这一过程是为了蒸发水分子，从而获得 PVA 的连续固体膜。此外，为了实现从铜基到 PVA 薄膜的石墨烯的转移，一段透明胶带附着在 PVA 薄膜的上表面边缘。将铜箔固定，通过移除

PVA 薄膜，石墨烯从铜箔上分离到了 PVA 胶片上。

6.2.2　电化学剥离转移

传统的湿法转移采用腐蚀液溶解金属基板，时间长，成本高，且容易留下金属微粒残留物及带来严重的环境污染。聚合物辅助剥离可能引起石墨烯裂纹等损伤，无法实现石墨烯完整转移。电化学剥离的转移方法可以获得结构完整的石墨烯薄膜，转移效率高，金属基板可以被重复使用，而被转移的石墨烯不含金属。

Y. Wang 等通过电化学剥离转移石墨烯的方法如图 6-8 所示[25]。这种技术的优点是该过程的工业可适用性，以及铜箔在多个生长和转移循环中的可重复利用。转移步骤如下：a. 将 PMMA 旋涂在石墨烯/铜箔表面作为支撑层；b. 将 PMMA/石墨烯/金属作为阴极插入 $K_2S_2O_8$（0.05mM）电解溶液中，玻璃碳棒用作阳极；c. 通入 5V 直流电，由于水解反应 $2H_2O(l) + 2e^- \rightarrow H_2(g) + 2OH^-(aq)$，在石墨烯和铜箔之间出现氢气气泡，提供一种温和而持久的力量将石墨烯薄膜从其边缘的 Cu 箔中分离出来；d. 将石墨烯转移至目标基底。

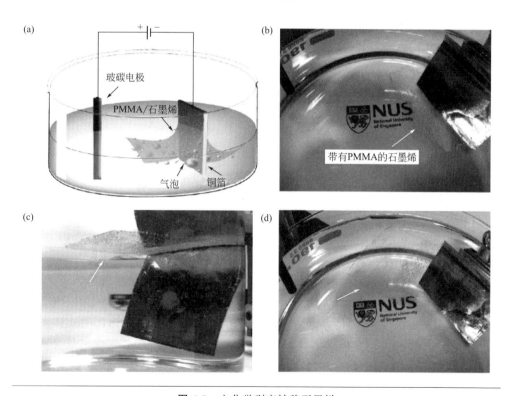

图 6-8　电化学剥离转移石墨烯

（a）电化学剥离原理图；（b）～（d）从铜箔剥离石墨烯的过程[25]

在转移过程中，电极表面发生化学腐蚀和电化学沉积，铜箔在电解溶剂中会发生反应：$Cu(s)+S_2O_8^{2-}(aq) \rightarrow Cu^{2+}+2SO_4^{2-}(aq)$。与此同时，由水解产生的羟基离子引起的局部碱化也导致铜箔上 CuO 和 Cu_2O 的析出：$3Cu^{2+}(aq)+4OH^-(aq)+2e^- \rightarrow Cu_2O(s)+CuO(s)+2H_2O(l)$，进而阻止铜箔进一步刻蚀。XPS 分析结果表明，石墨烯生长之后在铜箔表面是无氧的。一旦石墨烯剥离，铜箔将被氧化。AFM 测试结果显示，铜箔在整个转移过程中被刻蚀不超过 40nm，考虑 CVD 生长过程中铜箔被蒸发（1000℃下约 30nm/h），25μm 厚的铜箔可以重复生长剥离上百次。在 60min 内可实现将石墨烯从铜箔上转移至任意基底，效率上大大高于常规的湿法刻蚀转移技术。电化学剥离的时间可以通过调节电压和电解液浓度控制。

AFM 图像显示，循环三次生长转移石墨烯至二氧化硅上，石墨烯的表面形貌得到明显改善，如图 6-9 所示。第一个周期如图 6-9(a) 所示，表面有高密度的周期性纳米条纹；在第二个周期，如图 6-9(b) 所示，从相同的 Cu 箔中分层的纳米波纹的密度已经大大减少了；第三个周期，如图 6-9(c) 所示，减少的更多。拉曼光谱分析显示，缺陷密度随周期逐渐减少；电学性质测量也显示载流子迁移率也相应地提高，与拉曼测量结果相吻合。

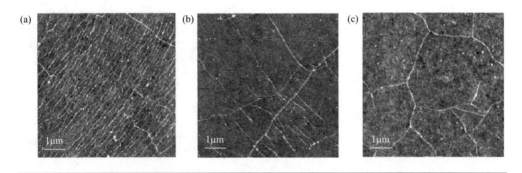

图 6-9 石墨烯薄膜的形貌演化的 AFM 图像，连续 3 个周期的生长和电化学剥离[25]

从铜基底回收的观点来看，这种电化学剥离方法为大规模制备高质量的 CVD 石墨烯提供了一种经济有效的途径，且铜箔的电化学抛光和热重组过程中所产生的质量改进尤其值得一提。此外，这种非破坏性的方法可以应用于石墨烯在抛光单晶上的生长和转移，而不会牺牲昂贵的晶体，从而提供使用单晶基板产生高质量石墨烯的可能性。

这种电化学剥离转移的方法尤其可以应用于刻蚀法所不能使用的惰性基底上，例如，一般的基底刻蚀法并不适合转移铂基底生长的石墨烯，因为铂呈化学惰性不容易溶解，且铂相比铜、镍等价格昂贵。L. Gao 等利用类似的方法将生长在铂上的单晶石墨烯几乎没有破坏地转移到其他基底[26]。

值得注意的是，在这种转移过程中，铂基底在化学上是惰性的，不涉及任何化学反应。因此，气泡的分层方法不会破坏铂基底，并允许在无限制的情况下，重复使用铂来获得石墨烯的生长。这种鼓泡的方法提供了一种通用的策略，可以将石墨烯在化学惰性的惰性物质上进行转移，如铂、钌、铱等。然而，不同于化学惰性的惰性物质，铜和镍在转移过程中容易被氧化和轻微溶解，因为它们与电解液的化学反应性非常高。因此，石墨烯在铜和镍上的转移本质上是一种局部的亚层刻蚀过程，而不是完全无损的过程。例如，在 $0.5mol/L$ 的硫酸溶液中，$0.03A$ 电流、$0.5V$ 电压情况下，它足以迅速腐蚀铜箔。

上面的电化学剥离方法可以称为"气泡转移法"，或简称"鼓泡法"，因为金属基板上石墨烯的剥离是由电解水产生的氢气气泡引起的。然而，典型的电化学剥离产生的氢气泡会导致石墨烯的机械损伤。C. T. Cherian 等提出了一种不产生气体的电化学剥离技术[27]。在"无气泡"的转移方法中，从金属基体上剥离石墨烯的过程是通过刻蚀在空气中形成的金属氧化物基底而完成，如图 6-10 所示。由于多晶金属基底上生长的石墨烯有大量晶界及其他形式的缺陷，并不能完全隔绝空气，这导致了在 CVD 石墨烯/铜箔存储在空气中时，在界面之间有氧化铜的形成。Y. H. Zhang 等指出，空气也可以渗透到 CVD 石墨烯的褶皱中[28]。因此，无论石墨烯的大小如何，铜基底在空气中的氧化都会发生，利用选择性化学腐蚀这种氧化物层，可降低基体材料的损失。事实上，还原氧化铜比有氢气形成需要的电势更低，有选择性地将原生氧化物层溶解，可在"无气泡"条件下将石墨烯从铜上剥离下来。为了确定完全无气泡剥离的最优可能范围，他们将裸露的铜设置为标准三电极装置中的工作电极作对比，表征了铜的电化学反应，其中，$0.5mol/L$ 的 NaCl水溶液作为电解质溶液。电压低于 $-1.5V$ 时，可以观察到大量的氢气气泡产生，在负极形成大的电流。在铜箔被氧化的情况下，$-0.8V$ 左右在阴极形成电流峰还原氧化亚铜：$Cu_2O+H_2O+2e \rightarrow 2Cu(s)+2OH^-$，且电势恒定或低于 $-0.8V$，并没有导致石墨烯剥离出现。无气泡的快速（约 $1mm/s$）剥离仅当达到 $-1.4V$ 的阈值电位时产生，如图 6-10(b) 所示。因此，可以通过控制电压的范围，确保石墨烯剥离过程中没有明显的气泡产生。当然，"无气泡"并不意味着没有氢，因为开始阈势与析氢反应的开始是一致的。在这种电位下，气泡的缺失被归结为一个非常慢的氢生成速率，它使得氢在溶液中扩散，而不会在电极上形成气相。随着剥离进行，为了不过度弯曲漂浮的薄膜以减少石墨烯层上的应变，样本在溶液中逐渐倾斜成约 $45°$ 角。

拉曼光谱表征显示，I_{2D}/I_G 的平均值大于 2，两种方法的比率分布相似，说明石墨烯为单层；I_D/I_G 比率分布的中心明显从 0.12 降到 0.08，半峰宽从 34.03 降到 29.73，说明无泡剥离转移的石墨烯质量有明显提高，如图 6-11 所示。

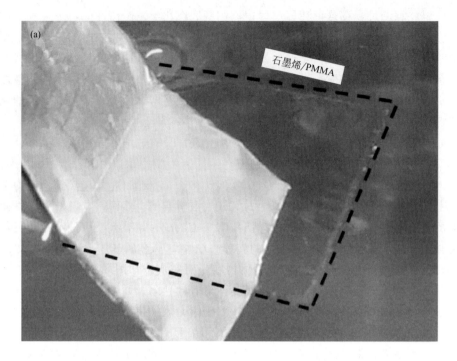

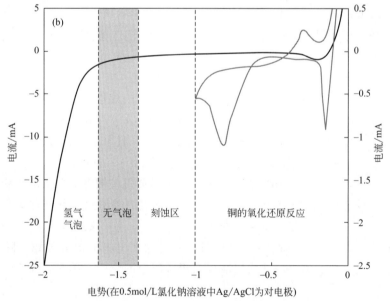

图 6-10 "无气泡"转移铜基底上石墨烯

(a) 石墨烯转移过程中；(b) 电化学还原氧化铜的伏安曲线图[27]

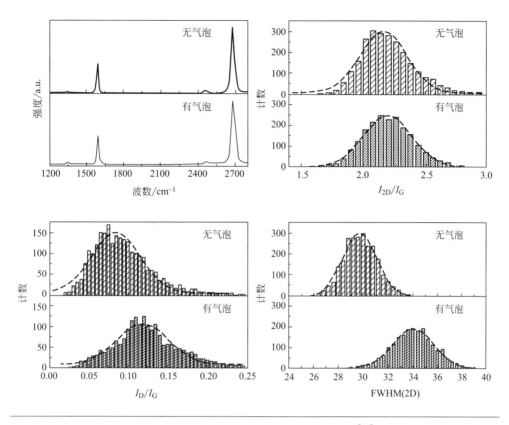

图 6-11 有气泡和无气泡剥离拉曼光谱对比[27]

为了进一步比较剥离效果，利用四探针对石墨烯的面电阻进行了测试。为了避免由于后续转移步骤对石墨烯造成任何损伤，在剥离前，用 $100\mu m$ 厚的胶带贴在 PMMA 涂层表面，直接在石墨烯/PMMA 胶带上测试面电阻。由于无泡的剥离技术拥有更低的损伤，面电阻明显从（2600±1650)Ω/□ 降到（770±240)Ω/□。无泡剥离技术转移石墨烯至二氧化硅上的面电阻为（760±45)Ω/□，与在胶带上的测试值相似。霍尔测量结果表明，电化学剥离的石墨烯的掺杂量（$4.95\times10^{11}cm^{-2}$）比使用过硫酸铵（APS）刻蚀时（$4.96\times10^{12}cm^{-2}$）低。对石墨烯/铜表面的 AFM 扫描显示，经过两个流程后，铜表面的粗糙度从原来的 0.50nm 降到 0.32nm。二次再生长后，D/G 峰值强度比从 0.08 降至 0.04，2D/G 强度比从 2.2 提高到 2.6，因此，由于在剥离过程中金属表面更平整，使再次在同一铜基底上生长的石墨烯的质量得到了提高，这样的结果与之前报道的"鼓泡法"的结果是一致的。

6.3 直接转移法

总的来说，聚合物辅助转移石墨烯的方法简单易行，但是去除表面残留物仍是一个挑战。石墨烯的洁净度在研究其内在特性时极其重要，因此在转移后去除聚合物残留是必要和关键的。在转移过程中，各种溶剂处理和热退火已经被用于去除和分解聚合物残留物，但这些过程不仅不能完全消除聚合物，还会引起热应力对石墨烯造成损害，改变石墨烯的电子性质和能带结构。在没有任何载体材料的情况下，直接使大面积石墨烯薄膜脱离金属箔并转移到目标基底上具有潜在的价值，特别是在减少污染和制造成本方面。因此，研究人员开发出了一些无聚合物支撑的转移方法，不需要额外的过程来去除聚合物残留物。

6.3.1 热层压法

Martins 等开发了一种针对有机柔性基底聚四氟乙烯（poly tetra fluoroethylene，简称 PTFE）、聚氯乙烯（polyvinyl chloride，简称 PVC）、聚碳酸酯（polycarbonate，简称 PC）、聚对苯二甲酸乙二醇酯（polyethylene terephthalate，简称 PET）等的直接转移石墨烯层压方法，该方法的原理是利用热辊层压的方式，使石墨烯与目标基底之间形成较强的键合力，不需要使用 PMMA 等聚合物作为中间支撑层，如图 6-12 所示[29]。

将石墨烯/Cu/石墨烯贴合为 PET/称量纸/石墨烯/Cu 箔/石墨烯/目标基底/PET 的结构。在此步骤中，PET 薄膜用于稳定堆垛结构，防止石墨烯/Cu/目标基底与辊轴在层压时直接接触，称量纸用来防止当层压机滚轴温度高于100℃时铜箔黏附在 PET 膜上。热辊层压之后，将目标基底/石墨烯/Cu 的堆垛结构放入铜箔腐蚀液中溶解掉铜，最后用去离子水清洗并用氮气吹干。值得注意的是，转移时层压温度需略高于柔性基底的玻璃化转变温度，从而使基底处于黏弹态，增加与石墨烯/Cu 的黏附性。重复该操作流程，可得到多层石墨烯薄膜。

进一步研究表明，该方法对低玻璃化温度的疏水基底最有效。如果基底具有亲水性，则腐蚀铜箔时水分子易于通过亲水性基底进入转移界面，使得石墨烯与目标基底黏接变弱，甚至直接脱落。对于不符合这些标准的纸或布等基底，可以用 PMMA 等聚合物作为表面修饰剂或黏合剂，以确保成功转移。因此，对于亲水性基底，可以预先做疏水处理，如旋涂 PMMA、等离子体轰击表面等。

该方法的缺点在于，对于多孔基底，石墨烯薄膜容易破碎，转移后的薄膜面电阻超过 1000Ω/□，面电阻区域均匀性较差。

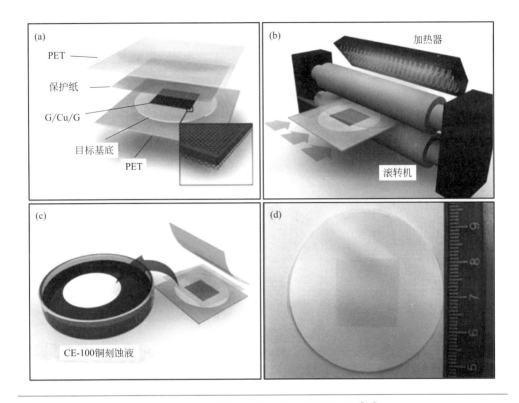

图 6-12 热层压法直接转移石墨烯原理图[29]

6.3.2 静电吸附

W. H. Lin 等研究了一种新的无聚合物支撑石墨烯转移过程，它可直接将 CVD 生长的石墨烯从铜基底转移到任何基底上。这种无聚合物支撑石墨烯转移过程可以重复一层一层的转移多层石墨烯。转移流程如图 6-13 所示[5]。

在一个干净的培养皿中装满腐蚀液，腐蚀液由异丙醇和 0.1M 的过硫酸铵溶液按 1：10 的比例混合。一个直径 2cm 的石墨支架用作限制石墨烯的区域。刻蚀掉铜箔之后，单层石墨烯漂浮在溶液表面，然后用两个注射器，其中一个空的一个含有去离子水和异丙醇混合液，通过注射泵置换液体。为了控制溶液表面张力，两个泵都保持了相同的速率。置换完溶液之后，基底放置在漂浮的石墨烯下面，然后抽出液体，石墨烯就会贴在基底上。最后在氮气中 60℃加热 10min 干燥石墨烯。

如果没有支撑材料，单原子层的石墨烯就会受到铜箔蚀刻后溶液的表面张力而被破坏。由于去离子水和异丙醇的表面张力分别为 72dyn/cm 和 21.7dyn/cm，为了控制腐蚀液的表面张力，该方法在溶液中混合了异丙醇降低溶液表面张力。而为了最小化石墨烯周围的张力，设计了一个石墨支架来减少外界或溶液作用在石墨烯上的外力，防止石墨烯在转移过程中被破坏。

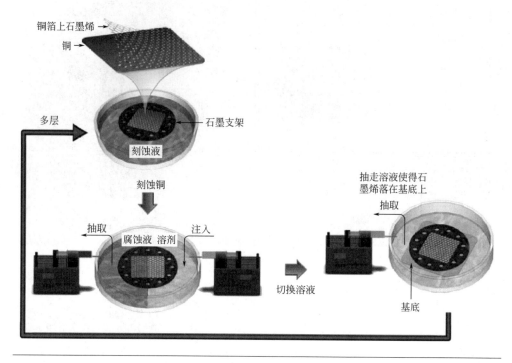

图 6-13 无聚合物转移过程示意[5]

该方法与传统的转移过程相比，转移的石墨烯薄片不具有通常停留在表面的有机残留物，无聚合物转移石墨烯薄膜也显示出高电导和高透光率，使它们适合于透明导电电极。拉曼光谱、STM 和 XPS 证明了转移的石墨烯具有更好的原子和化学结构。因此，这里提出的技术允许将石墨烯转移到任何基底上，并生产高质量的石墨烯薄膜，这将直接扩大它在表面化学、生物技术和透明柔性电子产品上的应用。但是，这种转移方法的形状和尺寸受石墨支架的限制。

直接转移的关键问题是在石墨烯和目标基体之间实现高度的共形接触，以获得比石墨烯和铜箔更大的黏附能。W.Jung 等提出了用静电热压的方式将石墨烯与目标基底超保形接触，实现了 7cm×7cm 单层石墨烯的清洁和干法转移，可使石墨烯直接脱离铜基底[30]。石墨烯可实现直接从铜箔到 PET、PDMS、玻璃等不同基质的大面积转移，没有任何金属蚀刻过程或附加的载体层。此外，转移的石墨烯与基板保持强烈的黏附力，不受物理污染和对整个区域的破坏。为了证明所提方法的优点，在高温和高湿度下进行了可靠性测试来表征石墨烯薄膜电极的机械和电学稳定性。

图 6-14 阐述了石墨烯转移的过程。石墨烯在铜箔上生长之后，放置在目标基底上，然后在低真空、温和的加热条件下，同时在基材上施加机械压力使得静电力贯穿基板。保持这种状态几十分钟，等温度降至 90℃后将整个样品（基底和生长在铜箔上的石墨烯粘在一起）从装置中取出。取出样品后，稍微弯曲目标基底，然后用镊子夹住 Cu 箔的边缘将其拉起来，最终实现铜箔与基底分开，并不需要进一步的石墨烯转移流程，而分离的铜箔可以用于再次合成石墨烯。

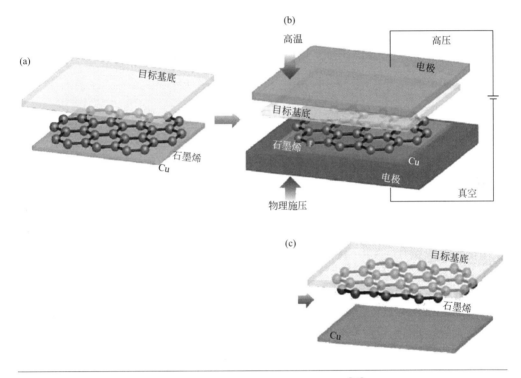

图 6-14 静电热压法转移石墨烯示意[30]

为了避免由于加热和机械压力造成的基底的变形和雾度，不同的基底需要选择合适的转移条件。某些情况下，高温和高电压会导致雾度和热变形，除了这些情况，高温和高压都是有利于石墨烯成功转移的。

在玻璃基板的情况下，转移条件与聚合物基底大不相同，但类似于阳极键合过程，期望在玻璃的氧原子和石墨烯的碳原子之间建立化学键。在 360~420℃时，玻璃基板中的 Na_2O 和 K_2O 处于一种导电固体电解质状态，被分解成 Na^+、K^+ 和 O^{2-} 离子，当通过基板施加高压，已分解的阳离子 Na^+ 和 K^+ 迁移到阴极，其余的 O^{2-} 离子在石墨烯和玻璃基板之间产生高的静电力，从而在玻璃基板与石墨烯之间形成 C-O 共价键[30]。这种共价键比石墨烯与铜箔之间拥有更高的附着力，帮助直接从铜箔上转移石墨烯至玻璃基板。适当的条件可以对铜箔形成较好的保护，保持与转移前相似的状态，但是，严苛的条件如 450V 和 900V 的高压可能会导致基板表面破坏。

原子力显微镜图像显示，静电热压转移前后的铜箔表面的粗糙度基本一致，表明铜箔经过静电热压转移并未受到破坏，可以重复用于石墨烯生长。180℃、900V 的条件下，波长为 550nm 时透光率为 96.2%，石墨烯的电阻与 PMMA 湿法转移的相似，分别为 1.37kΩ/mm 和 1.4kΩ/mm。在 85℃、85% 湿度的恒温恒湿箱中保持 50h，湿法转移的石墨烯电阻比静电法转移的升高了一倍多。说明转移后石墨烯与 PET 之间的黏附力强，石墨烯的电学和机械稳定性更好。然而，这种转移方法由于设备的限制暂时无法在大气环境中实现，因此，在进一步研究中需要研究大气条件对超接触保形转移的影响。

6.3.3 "面对面"转移

L. Gao 等报道了一种"面对面"直接湿法转移石墨烯，转移流程如图 6-15 所示[31]。该方法的灵感来自研究自然现象：陆地甲虫或树蛙的脚是如何附着在完全淹没的叶子上的。显微镜下的观察显示，在甲虫脚周围形成的气泡形成了毛细管桥，并将甲虫的脚附着在浸没的树叶上。在类似的情况下，毛细管桥的形成，能确保石墨烯薄膜仍然附着在基底上并保证在蚀刻过程中不进行分层。这种"面对面"转移的方法实现了标准化操作，无需受限于 PMMA 转移中操作技巧性的影响，对基底尺寸形状无要求，能连续地在 SiO$_2$/Si 上完成石墨烯制备和自发转移。具体过程为：将 SiO$_2$/Si 片用氮气等离子体预处理，局域形成 SiON，再溅射铜膜，生长石墨烯，此时 SiON 在高温下分解，在石墨烯层下形成大量气孔。在腐蚀铜膜时，气孔在石墨烯和 SiO$_2$ 基底之间形成的毛细管桥能使铜腐蚀液渗入，同时使石墨烯和 SiO$_2$ 产生黏附力而不至于脱落。

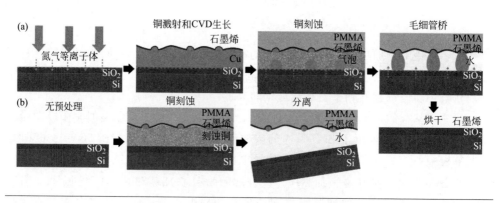

图 6-15 "面对面"转移石墨烯过程图解[31]

在石墨烯与 SiO_2/Si 基板之间铜膜的腐蚀过程中，铜的溶解产生了空洞和通道，这些产生的毛细血管力使液体腐蚀剂渗透到石墨烯薄膜和基底之间。在疏水性石墨烯表面，水分子与软性石墨烯薄膜之间的相互作用导致平面界面的不稳定，这导致了水界面的波动和自然气穴现象。这种毛细管黏附力比两个固体之间的范德瓦耳斯力相互作用更大。在蚀刻过程中，气泡的演变有助于石墨烯基底间的毛细管桥的形成，这样就使得石墨烯薄膜即使是在有液体浸润的情况下也能够附着在基底上。然而，气泡也可以产生浮力，使石墨烯薄膜与底层的基底分离，因此石墨烯与基底之间是否可以形成足够多的毛细管桥，以抵消浮力引起的拉拔力决定了石墨烯薄膜的完整度。

以上所有的描述都表明，在没有裂缝的情况下，"面对面"转移的石墨烯薄膜保持了良好的晶体完整性和大面积连续性。这种面对面转移的关键优势在于它相对简单，只需简单的预处理步骤，然后刻蚀掉铜箔。它类似于自发的转移过程，因为不需要恢复漂浮的石墨烯；最重要的是，该方法的非手工和与晶片兼容的特性表明它兼容自动化和工业延展性。有趣的是，研究发现水可以渗透到石墨烯和硅片基底之间，从而允许添加不同的表面活性剂来修饰界面张力，减少石墨烯薄膜中的波纹。虽然有许多潜在的适用于柔性器件的转移方式的应用，必须指出的是，到目前为止，大多数设备都是在像硅这样的"硬"基板上操作，而非手动、批量处理的转移方法是绝对需要的。面对面转移法可实现石墨烯向硅基底的快速转移，显示出了对器件制备的卓越前景，如栅极控制肖特基势垒三极管器件和光调制器。

6.3.4 自组装层

SiO_2/Si 基板上石墨烯场效应晶体管（GFET）器件的载流子迁移率要低于悬浮的或在六边形的氮化硼（h-BN）基底上的器件。有报道称，自组装单层膜（SAM）改性的 SiO_2/Si 基底可有效地调节石墨烯的电子性质，通过降低表面极性声子散射提高场效应迁移率[32-35]。然而，这些石墨烯/SAMs 设备的制备中都包含了支持材料，而产生的表面污染可能会影响其传输性能。

B.-Wang 等探讨了一种无支撑方法转移 CVD 石墨烯薄膜到各种经过自组装单层膜改性的基底，包括 SiO_2/Si 晶片，聚乙烯对苯二甲酸酯薄膜和玻璃[36]。其转移流程如图 6-16 所示，首先，用三氯甲硅烷形成的自组装层（F-SAM）预先处理目标基底，形成疏水表面，然后将石墨烯/铜箔片轻轻按压在改性的基底上，浸入铜蚀刻剂中。通常，石墨烯由于其和基底之间的水分子扩散而倾向于脱离原始的 SiO_2/Si 晶片，悬浮在水中。相比之下，疏水基团终止了水分子的插入，从而维持了石墨烯与改性的 F-SAM 涂层 SiO_2/Si 薄片在铜蚀刻过程中的高附着性。这种方法不仅为 CVD 法生长的石墨烯薄膜转移到不同底物提供了一种有效且清洁的途径，而且因为 F-SAM 的存在还可以提高石墨烯器件的电子性能。

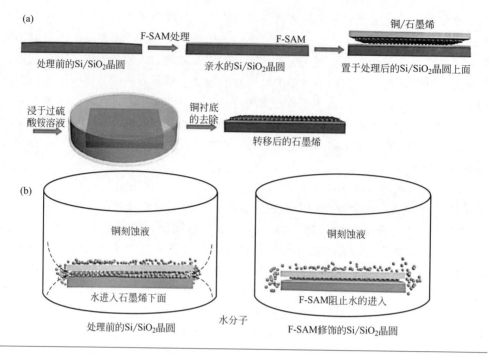

图 6-16 直接转移石墨烯至 F-SAM 改性的 SiO$_2$/Si 基底示意

（a）转移流程示意图；（b）未改性和改性的基底的工作原理[36]

—— 参考文献 ——

［1］ K. S. Kim，Y. Zhao，H. Jang，S. Y. Lee，J. M. Kim，K. S. Kim，J. H. Ahn，P. Kim，J. Y. Choi，and B. H. Hong. *Large-scale pattern growth of graphene films for stretchable transparent electrodes*. Nature (2009) **457**：706-710.

［2］ Y. Lee，S. Bae，H. Jang，S. Jang，S. E. Zhu，S. H. Sim，Y. I. Song，B. H. Hong，and J. H. Ahn. *Wafer-scale synthesis and transfer of graphene films*. Nano Lett. (2010) **10**：490-493.

［3］ S. Jang，H. Jang，Y. Lee，D. Suh，S. Baik，B. H. Hong，and J. H. Ahn. *Flexible transparent single-walled carbon nanotube transistors with graphene electrodes*. Nanotechnology (2010) **21**：425201.

［4］ S. Lee，G. Jo，S. J. Kang，G. Wang，M. Choe，W. Park，D. Y. Kim，Y. H. Kahng，and T. Lee. *Enhanced charge injection in pentacene field-effect transistors with graphene electrodes*. Adv. Mater. (2011) **23**：100-105.

［5］ W. H. Lin，T. H. Chen，J. K. Chang，J. I. Taur，Y. Y. Lo，W. L. Lee，C. S. Chang，W. B. Su，and C. I. Wu. *A direct and polymer-free method for transferring graphene grown by chemical vapor deposition to any substrate*. ACS Nano (2014) **8**：1784-1791.

［6］ W. J. Yu，Y. L. Si，H. C. Sang，D. Perello，H. H. Gang，M. Yun，and Y. H. J. N. L. Lee. *Small hysteresis nanocarbon-based integrated circuits on flexible and transparent plastic substrate*. Nano Lett. (2011) **11**：1344-1350.

［7］ L. Zhang, S. Diao, Y. Nie, K. Yan, N. Liu, B. Dai, Q. Xie, A. Reina, J. Kong, and Z. Liu. *Photocatalytic patterning and modification of graphene*. J. Am. Chem. Soc. (2011) **133**: 2706-2713.

［8］ S. J. Kang, B. Kim, K. S. Kim, Y. Zhao, Z. Chen, G. H. Lee, J. Hone, P. Kim, and C. Nuckolls. *Inking elastomeric stamps with micro-patterned, single layer graphene to create high-performance OFETs*. Adv. Mater. (2011) **23**: 3531-3535.

［9］ X. Li, W. Cai, J. An, S. Kim, J. Nah, D. Yang, R. Piner, A. Velamakanni, I. Jung, E. Tutuc, S. K. Banerjee, L. Colombo, and R. S. Ruoff. *Large-area synthesis of high-quality and uniform graphene films on copper foils*. Science (2009) **324**: 1312-1314.

［10］ X. Li, Y. Zhu, W. Cai, M. Borysiak, B. Han, D. Chen, R. D. Piner, L. Colombo, and R. S. Ruoff. *Transfer of large-area graphene films for high-performance transparent conductive electrodes*. Nano Lett. (2009) **9**: 4359-4363.

［11］ J. W. Suk, A. Kitt, C. W. Magnuson, Y. Hao, S. Ahmed, J. An, A. K. Swan, B. B. Goldberg, and R. S. Ruoff. *Transfer of CVD-grown monolayer graphene onto arbitrary substrates*. ACS Nano (2011) **5**: 6916-6924.

［12］ G. Zheng, Y. Chen, H. Huang, C. Zhao, S. Lu, S. Chen, H. Zhang, and S. Wen. *Improved transfer quality of CVD-grown graphene by ultrasonic processing of target substrates: applications for ultrafast laser photonics*. ACS Appl. Mater. Inter. (2013) **5**: 10288-10293.

［13］ K. Nagashio, T. Yamashita, T. Nishimura, K. Kita, and A. Toriumi. *Electrical transport properties of graphene on SiO$_2$ with specific surface structures*. J. Appl. Phys. (2011) **110**: 024513.

［14］ M. T. Ghoneim, C. E. Smith, and M. M. Hussain. *Simplistic graphene transfer process and its impact on contact resistance*. Appl. Phys. Lett. (2013) **102**: 183115.

［15］ Y. C. Lin, C. Jin, J. C. Lee, S. F. Jen, K. Suenaga, and P. W. Chiu. *Clean transfer of graphene for isolation and suspension*. ACS Nano (2011) **5**: 2362-2368.

［16］ Y. C. Lin, C. C. Lu, C. H. Yeh, C. Jin, K. Suenaga, and P. W. Chiu. *Graphene annealing: how clean can it be?* Nano Lett. (2012) **12**: 414-419.

［17］ X. Liang, B. A. Sperling, I. Calizo, G. Cheng, C. A. Hacker, Q. Zhang, Y. Obeng, K. Yan, H. Peng, and Q. Li. *Toward clean and crackless transfer of graphene*. ACS Nano (2011) **5**: 9144-9153.

［18］ Y. Wang, S. W. Tong, X. F. Xu, B. Özyilmaz, and K. P. Loh. *Graphene: Interface engineering of layer-by-layer stacked graphene anodes for high-performance organic solar cells* Adv. Mater. (2011) **23**: 1514-1518.

［19］ S. Bae, H. Kim, Y. Lee, X. Xu, J. S. Park, Y. Zheng, J. Balakrishnan, T. Lei, H. R. Kim, and Y. I. Song. *Roll-to-roll production of 30-inch graphene films for transparent electrodes*. Nat. Nanotechnol. (2010) **5**: 574-578.

［20］ J. Kang, S. Hwang, J. H. Kim, M. H. Kim, J. Ryu, S. J. Seo, B. H. Hong, M. K. Kim, and J. B. Choi. *Efficient transfer of large-area graphene films onto rigid substrates by hot pressing*. ACS Nano (2012) **6**: 5360-5365.

［21］ E. H. Lock, M. Baraket, M. Laskoski, S. P. Mulvaney, W. K. Lee, P. E. Sheehan, D. R. Hines, J. T. Robinson, J. Tosado, and M. S. Fuhrer. *High-quality uniform dry transfer of graphene to polymers*. Nano Lett. (2012) **12**: 102-107.

［22］ T. Yoon, W. C. Shin, T. Y. Kim, J. H. Mun, T. S. Kim, and B. J. Cho. *Direct measurement of adhesion energy of monolayer graphene as-grown on copper and its application to renewable transfer process*. nano lett. (2012) **12**: 1448-1452.

［23］ S. R. Na, J. W. Suk, L. Tao, D. Akinwande, R. S. Ruoff, R. Huang, and K. M. Liechti. *Selective mechanical transfer of graphene from seed copper foil using rate effects*. ACS Nano (2015) **9**: 1325-1335.

［24］ B. Marta，C. Leordean，T. Istvan，I. Botiz，and S. Astilean. *Efficient etching-free transfer of high qual ity，large-area CVD grown graphene onto polyvinyl alcohol films*. Appl. Surf. Sci. （2016）**363**： 613-618.

［25］ Y. Wang，Y. Zheng，X. Xu，E. Dubuisson，Q. Bao，J. Lu，and K. P. Loh. *Electrochemical delamina tion of CVD-grown graphene film：toward the recyclable use of copper catalyst*. ACS nano （2011）**5**： 9927-9933.

［26］ L. Gao，W. Ren，H. Xu，L. Jin，Z. Wang，T. Ma，L. -P. Ma，Z. Zhang，Q. Fu，L. -M. Peng，X. Bao， and H. -M. Cheng. *Repeated growth and bubbling transfer of graphene with millimetre-size single-crys tal grains using platinum*. Nat. Commun. （2012）**3**：699.

［27］ C. T. Cherian，F. Giustiniano，I. Martin-Fernandez，H. Andersen，J. Balakrishnan，and B. Ozyilmaz. *'Bubble-free' electrochemical delamination of CVD graphene films*. Small （2015）**11**：189-194.

［28］ Y. H. Zhang，H. R. Zhang，B. Wang，Z. Y. Chen，Y. Q. Zhang，B. Wang，Y. P. Sui，B. Zhu，C. M. Tang，and X. Li. *Role of wrinkles in the corrosion of graphene domain-coated Cu surfaces*. Appl. Phys. Lett. （2014）**104**：143110.

［29］ L. G. P. Martins，Y. Song，T. Zeng，M. S. Dresselhaus，J. Kong，and P. T. Araujo. *Direct transfer of graphene onto flexible substrates*. Proc. Natl. Acad. Sci. （2013）**110**：17762-17767.

［30］ W. Jung，D. Kim，M. Lee，S. Kim，J. H. Kim，and C. S. Han. *Ultraconformal contact transfer of mon olayer graphene on metal to various substrates*. Adv. Mater. （2014）**26**：6394-6400.

［31］ L. Gao，G. X. Ni，Y. Liu，B. Liu，A. H. C. Neto，and K. P. Loh. *Face-to-face transfer of wafer-scale graphene films*. Nature （2014）**505**：190-194.

［32］ Z. Liu，A. A. Bol，and W. Haensch. *Large-scale graphene transistors with enhanced performance and re liability based on interface engineering by phenylsilane self-assembled monolayers*. Nano Lett. （2011） **11**：523-528.

［33］ Q. H. Wang，Z. Jin，K. K. Kim，A. J. Hilmer，G. L. C. Paulus，C. J. Shih，M. H. Ham，J. D. Sanchezyam agishi，K. Watanabe，and T. Taniguchi. *Understanding and controlling the substrate effect on graphene electron-transfer chemistry via reactivity imprint lithography*. Nat. Chem. （2012）**4**：724-732.

［34］ Z. Yan，Z. Sun，W. Lu，J. Yao，Y. Zhu，and J. M. J. A. N. Tour. *Controlled modulation of electronic properties of graphene by self-assembled monolayers on SiO_2 substrates*. ACS Nano （2011）**5**： 1535-1540.

［35］ K. Yokota，K. Takai，and T. Enoki. *Carrier control of graphene driven by the proximity effect of func tionalized self-assembled monolayers*. Nano Lett. （2011）**11**：3669-3675.

［36］ B. Wang，M. Huang，L. Tao，S. H. Lee，A. R. Jang，B. -W. Li，H. S. Shin，D. Akinwande，and R. S. Ruoff. *Support-Free transfer of ultrasmooth graphene films facilitated by self-assembled monolayers for electronic devices and patterns*. ACS Nano （2016）**10**：1404-1410.

面向工业应用的
石墨烯薄膜制备

石墨烯薄膜制备技术研究的最终目的，是使其真正实现工业化制备与应用。与实验研究中更多的对高品质的追求所不同的是，工业制备需要考虑更多的因素。首先，工业化制备需要具有一定的规模，对于石墨烯薄膜而言，这种规模不仅是数量上的（总面积），也有对产品单片面积的要求，与实验室中几厘米的面积相比，在工业生产及应用中，则需要几十厘米甚至几米的连续薄膜。其次，工业生产需要具有很好的稳定性和重复性。此外，在实际应用中，材料的品质要与应用相匹配，而不是单一的追求结构的完美性，更注重的是对材料结构的可控性。同时，成本也是工业生产中必须要考虑的因素。本章将主要探讨石墨烯薄膜制备技术在降低成本、提高产品面积及生产规模等方面的发展，包括低温制备、非金属基底直接生长以及大面积和规模化制备。

7.1 低温制备技术

在石墨烯的制备技术研究与应用中，大多使用 1000℃ 左右或者更高的石墨烯生长温度。一方面，是因为所使用的碳源前驱体多为气体，如甲烷，这些气态前驱体需要较高的裂解温度；另一方面，在高温下，更容易获得大面积的石墨烯单晶以及较低缺陷密度的石墨烯薄膜。然而，高温过程会极大地提高设备成本及能耗，降低系统的安全性，同时，也使一些在电子器件上直接沉积石墨烯的制备过程无法实现。因此，有必要发展石墨烯的低温制备技术，从而降低石墨烯的制备成本，拓展石墨烯的应用。

7.1.1 TCVD法

与具有较高裂解温度的气态碳源相比，可以使用具有较低裂解温度的液态和固态碳源，从而实现石墨烯的低温制备，如表7-1所示。

表7-1　用于低温制备的碳源、实验方法及结果

碳源	系统	退火温度/℃	生长温度/℃	结果	文献
PMMA/PS	LPCVD	1000	400～1000	高温时连续，无D峰；低温时不连续微米级晶畴，可见D峰	Z. Li 等[1]
C_6H_6			300～500	不连续微米级晶畴，未见D峰	
CH_4			800～1000	1000℃时连续，未见D峰，800℃时很高的D峰，不连续，600℃没有生长	
甲苯 C_7H_8	LPCVD	980	300～600	低压下不连续，随温度降低缺陷增加，使用两步法在600℃时可生长连续薄膜，D/G峰强比20%左右，电子和空穴迁移率分别为190cm^2/(V·s)和811cm^2/(V·s)，面电阻约8kΩ/□	B. Zhang 等[2]
C_6H_6	LPCVD	1000	300	不连续微米级晶畴，未见D峰	J.-H. Choi 等[3]
对三联苯				连续单层薄膜，可见显著D峰	
C_6H_6	LPCVD	1000	300～900	900℃单层连续薄膜，D/G峰强度约6%，载流子迁移率2000～3000cm^2/(V·s)，面电阻400～800Ω/□。随温度的降低缺陷增多	P. R. Kidambi 等[4]
C_6H_6	APCVD	1000	100～300	100℃和200℃不连续，300℃连续薄膜，D/G峰强度比10%左右，电子和空穴迁移率分别为1900cm^2/(V·s)和2500cm^2/(V·s)，面电阻约1kΩ/□	J. Jang 等[5]
Pyrene/OPA 1,2,3,4-TPN /OPA	LPCVD	无	400～600	连续单层薄膜，优化后600℃时D/G峰强比低至12%。电子和空穴迁移率分别为794cm^2/(V·s)和1074cm^2/(V·s)	E. Lee 等[6]
p-3ph,m-3ph, o-3ph,蒽	LPCVD	950	400	p-3ph和m-3ph可以获得石墨烯薄膜的生长，不连续，无D峰。o-3ph和蒽无生长	K. Gharagozloo-Hubmann 等[7]

碳源	系统	退火温度/℃	生长温度/℃	结果	文献
六苯并苯	LPCVD	1000	550	D/G=0.38	X. Wan 等[8]
并五苯			800	D/G=0.67	
红荧烯			>800	D/G~1	
六苯并苯/萘	APCVD	600	300~600	预先沉积六苯并苯作为成核中心，萘作为碳源。500~600℃时 I_D/I_G 几乎为零；300~400℃时 I_D/I_G=20%~40%；生长温度 300 和 400℃时，对应载流子迁移率分别为483cm^2/（V·s）和912cm^2/（V·s）	Tianru Wu[9]
6,13-五并苯醌	LPCVD	500	600	氩离子轰击及退火获得清洁铜表面。在铜表面沉积PQ，190℃加热，相邻分子间的氧和氢会形成氢键，高温退火脱氧脱氢，最终形成石墨烯薄膜	S. Kawai 等[10]
氮苯	APCVD	无	300	单层四方微晶阵列，D/G 约30%，氮掺杂，电子迁移率53.6~72.9cm^2/（V·s）	Y. Xue 等[11]
CH_4	LPCVD	同生长温度	750~900	石墨烯的品质随生长速度降低而提高。在 750℃时，当长成连续薄膜的时间高于 16h 时，D/G 峰强比为 2% 左右，载流子迁移率为约 2600cm^2/（V·s）；而当这一时间为 1.5h 时，D/G 峰强比接近 1	R. M. Jacobberger 等[12]
CH_4	LPCVD	无	500	单层连续石墨烯薄膜，未见 D 峰。面电阻 150~200Ω/□	Y. -Z. Chen 等[13]

Z. Li 等研究了在不同温度下气态（甲烷 CH_4）、液态（苯 C_6H_6）和固态（PMMA 和 PS）等不同碳源制备石墨烯薄膜的结果，如图 7-1 所示[1]。对于气态（CH_4）碳源，当生长温度降至 800℃时，所得到的石墨烯薄膜不连续，拉曼光谱表征显示具有很高的 D 峰，在 600℃时不再有石墨烯生长。对于固态碳源，即使在 400℃时仍可以生长石墨烯，但在低温时（400~700℃），只能得到不连续的石墨烯薄膜，且所得到的石墨烯薄膜具有可见的 D 峰。而使用液体碳源时，石墨烯的生长温度可以低至 300℃，并且未见 D 峰，但仍为不连续薄膜。通过比较甲烷及苯在 Cu(111) 表面生长石墨烯的能量分布认为：首先，在第一阶段，前驱体分子与基底表面发生碰撞，将会吸附在基底表面，散射回到气相或者直接进入下一阶段。

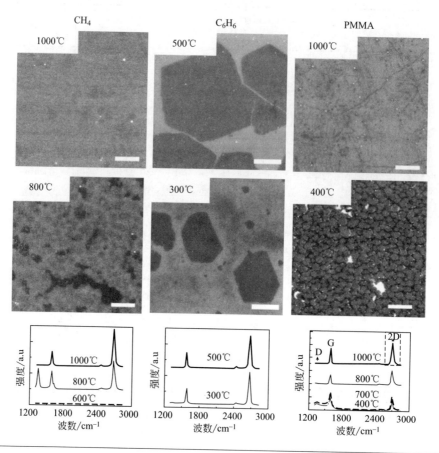

图 7-1　不同碳源及不同生长温度下制备的石墨烯（并转移在 SiO_2/Si 基底上）

的 SEM 图像及拉曼光谱（标尺为 $2\mu m$）[1]

在这一阶段，甲烷和苯在 Cu(111) 表面的吸附能都比较小，但相比之下，苯（0.02eV）比甲烷（0.09eV）要更小一些，意味着较高的活化能并更倾向于低温生长。在第二阶段，前驱体在铜表面发生脱氢反应。苯在 Cu(111) 表面发生脱氢反应的活化能（1.47eV）也要低于甲烷（1.77eV）。此外，小气体分子通常需要失去多于 1 个氢原子才能被活化及参与聚合与成核。在这一逐步进行的脱氢反应中，能量也会越来越高，也就需要更高的温度来促使更高能量的中间物的产生。总体而言，甲烷整体的脱氢势垒要远高于苯。最后，在第三阶段，在铜表面脱氢或者部分脱氢的活化基团聚合成核并最终生长为石墨烯。这一过程的活化能基本上在 1.0～2.0eV。尽管这一过程甲烷和苯没有明显的区别，需要注意的是，苯已经具有碳的六元环结构，而甲烷在聚合时，可能要经过更高能量的中间物。因此，甲烷要比苯的成核势垒更高。由此可见，苯比甲烷更容易吸附在基底表面、发生脱氢反应以及促进石墨烯的成核，因此可以在更低的温度下生长石墨烯。然而，该工作中，其低温制备的石墨烯薄膜并不连续。尽管一般来说，通过增加碳源浓度或增加生长时间可以提高石墨烯薄膜的覆盖率，但该工作中并未对此有进一步的展开。

B. Zhang 等使用电化学抛光的铜箔作为基底，甲苯（C_7H_8）作为碳源，通过两步法，即先低压生长，获得较小的晶核密度，然后增加压力，促进生长，获得连续的石墨烯薄膜，如图 7-2、图 7-3 所示[2]。使用甲苯同样可以在 300℃ 时得到不连续的石墨烯微晶，而通过提高压力，可以在 600℃ 得到连续的石墨烯薄膜。尽管如此，所得到的石墨烯薄膜缺陷较多，导电性较差。B. Zhang 等同时比较了电化学抛光铜箔与未进行抛光处理的铜箔基底的差别，结果表明抛光的铜箔容易获得更高的覆盖率。

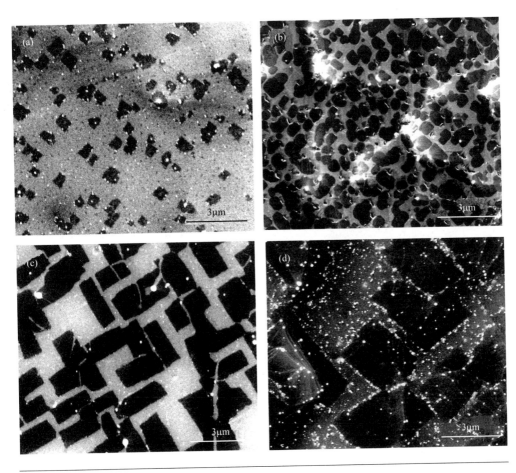

图 7-2

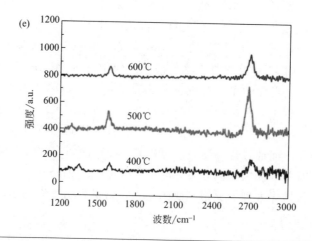

图 7-2　电化学抛光铜箔基底上石墨烯低温生长结果

在（a）300℃、（b）400℃、（c）500℃和（d）600℃温度下生长的石墨烯晶畴的 SEM 图像和（e）相对应的在铜基底上的石墨烯晶畴的拉曼光谱[2]

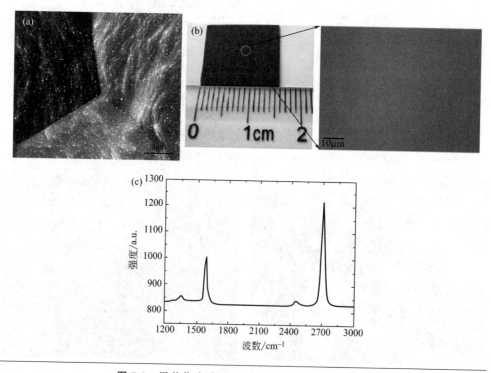

图 7-3　甲苯作为碳源在 600℃生长的石墨烯薄膜

（a）在电解抛光铜上的石墨烯的 SEM 图像；（b）转移到 SiO_2/Si 基底上的石墨烯的照片和光学图像；（c）石墨烯的典型拉曼光谱[2]

J.-H.Choi 等使用基于范德华力的密度泛函（vdW-DF）模型，进一步解释使用甲烷与使用苯等具有芳香环结构的碳源的区别[3]。J.-H.Choi 等比较了甲烷、苯和对三联苯（$C_{18}H_{14}$）作为碳源低温生长石墨烯的结果及理论分析。与使用 Per-dew-Burke-Ernzerhof（PBE）模型相比，使用 PBE 模型计算得出的这三种碳源在 Cu(111) 表面的吸附能相差不大，分别为 0.02eV、0.07eV、0.11eV，而使用 vdW-DF 模型得出的吸附能分别为 0.17eV、0.67eV、1.93eV。这一差别，被归结为伦敦色散力。vdW-DF 模型考虑了长程关联作用，而 PBE 模型则没有这一考虑。吸附能的大小在碳源的吸附与脱氢的竞争过程中具有重要作用。对于吸附在表面的分子，当其吸附能远小于其脱氢势垒时，吸附的分子更倾向于脱附而非脱氢。Jin-Ho Choi 等计算得出的甲烷、苯及对三联苯的脱氢势垒差别很小，分别为 1.53eV、1.51eV、1.55eV，如图 7-4 所示。这一结果与 Z.Li 等的结果的差别同样归结于对范德华相互作用的考量。这一结果也表明，吸附的苯和对三联苯脱附受到抑制而更易于发生脱氢反应，而对于甲烷而言，其脱附势垒（等于其吸附能，0.17eV）比其脱氢势垒（1.53eV）要小一个数量级，在 300℃ 时其脱氢的概率几乎为零，因此甲烷作为碳源制备石墨烯只能发生在高温条件下。J.-H.Choi 等的实验结果表明，与苯无法在 300℃ 得到连续石墨烯薄膜相比，对三联苯可以生长连续的石墨烯薄膜，但其拉曼光谱有较为显著的 D 峰，表明具有较高的缺陷密度，如图 7-5 所示。

P.R.Kidambi 等同样使用苯作为碳源，但只在 900℃ 时得到品质较好的石墨烯薄膜。而随着温度的降低，缺陷密度显著增加，当温度低于 600℃ 时，已基本上接近于非晶碳薄膜，如图 7-6 所示[4]。J.Jang 等认为，反应室中的氧化性气氛对石墨烯

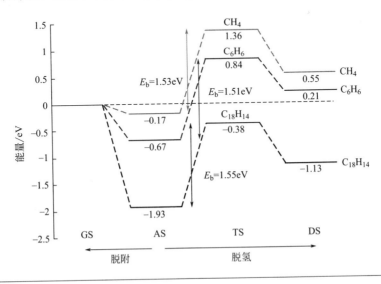

图 7-4

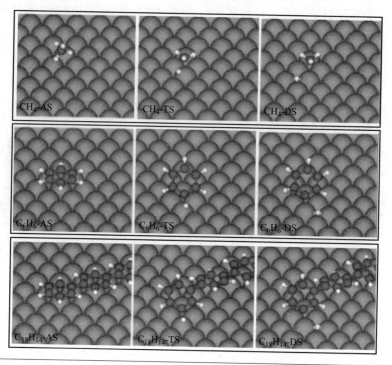

图 7-4 计算的三种不同分子在 Cu（111）表面上吸附和脱氢的能量和动力学及每种分子的吸附、过渡和脱氢态的原子几何构型，GS、AS、TS 和 DS 的缩写分别代表气态、吸附态、过渡态和脱氢态，参考能量是吸附前的系统的总能量[3]

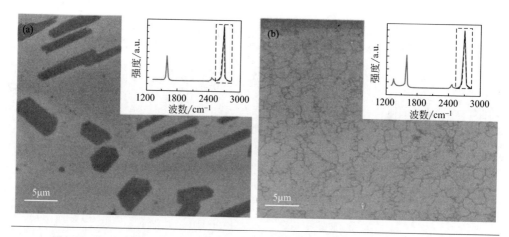

图 7-5 苯（a）和对三联苯（b）作为碳源在 300℃生长的石墨烯的 SEM 图像[3]
插图为对应石墨烯的拉曼光谱

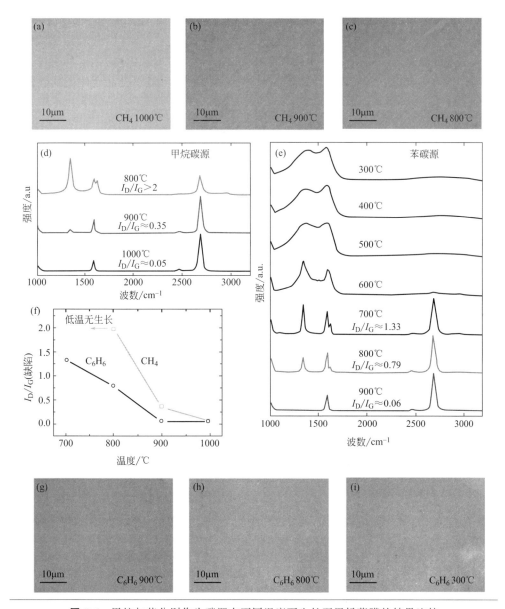

图 7-6 甲烷与苯分别作为碳源在不同温度下生长石墨烯薄膜的结果比较

(a)～(c) 转移在 SiO$_2$/Si 基底上的在 4mbar，1∶5 CH$_4$/H$_2$ 中生长 30min 的石墨烯的光学照片，生长温度分别为 1000℃、900℃ 和 800℃，以及（d）相应的拉曼光谱；（e）苯作为碳源在不同温度下生长的石墨烯薄膜转移到 SiO$_2$/Si 基底后测量的拉曼光谱；（f）甲烷（正方形）和苯（圆形）生长的石墨烯薄膜的 I_D/I_G 比值；（g）～（i）转移在 SiO$_2$/Si 基底上的苯作为碳源生长的石墨烯的光学照片，生长温度分别为 900℃、800℃ 和 300℃ [4]

的品质有很重要的影响。他们使用 APCVD 系统，当直接用氩气排除反应室中的空气时，仍会有 0.2% 的氧气残留，在这种情况下生长出来的石墨烯会有很多的缺陷，如图 7-7 所示。用机械泵先将反应室抽至真空后再充入氩气至常压，可以极大地降低残留的氧气，所制备的石墨烯品质也会获得极大的提高。通过这种改进，可以实现石墨烯在 100～300℃ 下的生长，并且在 300℃ 时可以得到品质较好的连续石墨烯薄膜（图 7-8）[5]。

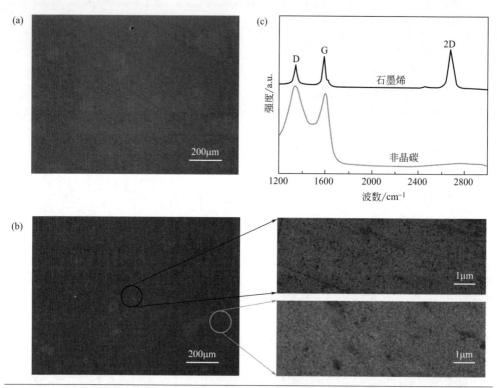

图 7-7 苯作为碳源，常规 APCVD 中生长的石墨烯（转移在 SiO₂/Si 基底上）的光学图像（a）、SEM 图像（b）和拉曼光谱（c）[5]

E. Lee 等在使用多环芳香烃（Polycyclic Aromatic Hydrocarbon，简称 PAH）作为碳源时，加入适量的脂肪烃 ［例如 1-辛基磷酸（OPA）］，比单独使用 PAH 作为碳源时，可以获得更低缺陷密度的石墨烯薄膜，如图 7-9 所示[6]。从图 7-10 可以看到，随着 OPA 的添加，石墨烯的缺陷密度获得显著的降低，在 OPA 含量为 9.1%（质量）时达到最小值。E. Lee 等认为，这是因为脂肪烃可以裂解出更小的含碳基元，可以修复石墨烯中的空穴缺陷。如图 7-11 所示，在使用 PAH 作为碳源制备石墨烯时，石墨烯中的空穴缺陷可能会有两种产生机制：一种是由于碳源基元的无序拼接，另一种是基于碳源分子本身的结构。因为苯环在 400～600℃ 时很难

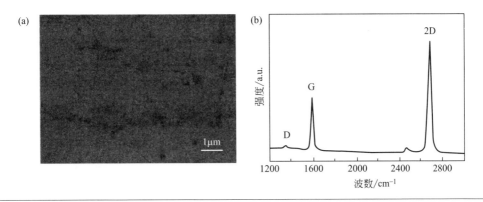

图 7-8 苯作为碳源，无氧 APCVD 中生长的石墨烯（转移在 SiO$_2$/Si 基底上）的 SEM 图像（a）和拉曼光谱（b）[5]

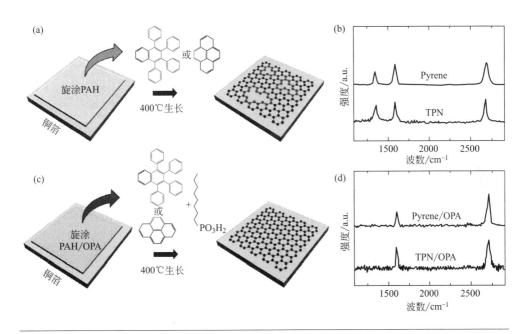

图 7-9 用多环芳香烃作为碳源制作石墨烯

（a）1,2,3,4-四苯基萘（TPN）和芘（Pyrene）的分子结构及在低温下用 PAH 包覆铜生长的的有缺陷的石墨烯示意图；（b）转移在 SiO$_2$/Si 基底上的用 TPN 及芘生长的石墨烯的拉曼光谱；（c）400℃下，用 PAH（芘或 TPN）/OPA 的混合物作为碳源在铜表面上生长高质量石墨烯的示意图；（d）转移在 SiO$_2$/Si 基底上的相应的石墨烯拉曼光谱[6]

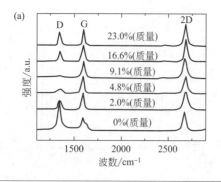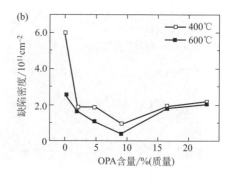

图 7-10 不同 OPA 浓度及生长温度下石墨烯的拉曼光谱 (a) 和
缺陷密度与 OPA 含量的函数关系 (b)[6]

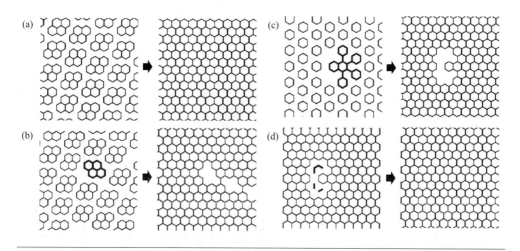

图 7-11 空位型缺陷产生机制示意

（a）当 PAH 分子（比如芘）完全有序时，可以合成无缺陷石墨烯；（b）在生长温度＞400℃时，PAH 分子的
取向可能发生无序，因而无法避免形成有缺陷的石墨烯；（c）缺陷石墨烯也可由 PAH 分子的固有结构如
TPN 形成；（d）空位型缺陷可以由 OPA 生成的小脂肪族碳碎片来修复[6]

裂解出更小的含碳基团，因此 PAH 分子可以被看作石墨烯在低温生长时的最小单
元。原则上，一些 PAH 分子，如嵌二萘（Pyrene）可以有序拼接成完美结构的石
墨烯，但在实际过程的一些扰动会造成部分无序排列。另一方面，在使用密排结构
的分子作为碳源时，缺陷更可能来自碳源本身的结构。当这些缺陷很小时，无法由
苯环来修复。相对的，适当地添加脂肪烃，这些脂肪烃可以裂解出更小的含碳基

元，这些含碳基元，可以进入到空穴中，修复石墨烯的缺陷。

K. Gharagozloo-Hubmann 等发现，尽管芳香烃由于其较大的吸附能，易于在铜基底表面吸附，芳香烃的分子结构对石墨烯的生长也有很大的影响[7]。使用对三联苯（p-3ph）和间三联苯（m-3ph），在 400℃ 时可获得石墨烯的生长，而使用邻三联苯（o-3ph）和蒽（anthracene）时，则没有石墨烯生长。对于 p-3ph 和 m-3ph，当分子吸附在金属表面时，吸附能主要来自伦敦色散力。与这些分子在气相中苯环之间有很大扭转相比，吸附的分子倾向于展平。这时，相邻的 C—H 键被活化，易于断裂，从而与相邻的分子形成 C—C 键而聚合。系统的能量由于形成更大的芳香烃而降低。垂直的氢原子依然保持其活性，继续聚合其他分子。整体的能量由于分子不断的结合与展平而降低。这种分子间的合并持续进行最终生长成石墨烯薄膜。对于 o-3ph，吸附展平时发生分子内反应，其末端两个苯环发生脱氢反应形成平面的三亚苯。这种平面分子之间的聚合对平面化并无帮助，从而并不会降低系统能量。因此，这种平面苯型的三亚苯不会聚合成石墨烯。同样，平面结构的蒽也没有生长石墨烯。但需要指出的是，这只是在特定的实验条件下（比如较低的温度及碳源前驱体蒸汽压）。当前驱体的浓度足够高，或者反应温度较高时，由于不同的动力学因素，平面结构的芳香烃也会促使石墨烯的生长。

其他被用于石墨烯低温制备的芳香烃碳源还包括六苯并苯、并五苯、红荧烯、萘以及 6,13-五并苯醌。X. Wan 等使用六苯并苯（coronene）、并五苯（pentacene）及红荧烯（rubrene）分别作为碳源制备石墨烯，但所需温度仍然较高（>550℃），而且低温时缺陷较多[8]。T. Wu 等在铜箔表面预先沉积少量六苯并苯作为石墨烯的晶核，然后使用萘作为碳源，从而实现石墨烯的低温制备[9]。S. Kawai 等使用 6,13-五并苯醌（6,13-pentacenequinone）作为碳源，利用相邻分子间的氧与氢之间形成的氢键，自组装成单层薄膜，然后在较高温度下脱氧脱氢，最终形成连续的石墨烯薄膜[10]。Y. Xue 等使用氮苯（pyridine），在 300℃ 下直接制备氮掺杂的石墨烯[11]。

与使用大分子的液、固态碳源相比，仍有部分工作依然使用甲烷作为碳源，通过特殊的实验方法实现石墨烯的低温生长。R. M. Jacobberger 等研究了在低温下使用甲烷作为碳源时，石墨烯生长速度对其品质的影响，发现当石墨烯的生长速度足够小时，其缺陷可以被极大地减少，如图 7-12 所示[12]。尽管这里石墨烯的生长速度是通过控制甲烷的偏压（但仍保持各气体比例不变）来实现，实验表明，石墨烯的晶核密度基本保持不变，从而可以排除晶界的影响。R. M. Jacobberger 等认为，在石墨烯生长的过程中，活性基团从铜表面附着到石墨烯晶体后，需要一个特征时间在铜表面进行重组或脱氢以重新排列，才能形成有序的结构。如果生长速率太快，这些无序中间体可以被捕获在晶体中，导致晶格的局部破坏或配位缺陷。这种现象应该在低温下更普遍，因为这时没有足够的热能使这些烃类达到热力学上最有利的构型。例如，CH_4 在 Cu（111）上脱氢时，最大的动力学势垒为 1.77eV（对应于 CH_4 到 CH_3 的脱氢）。在 750℃时，该过程应该比在 1000℃慢 52 倍。

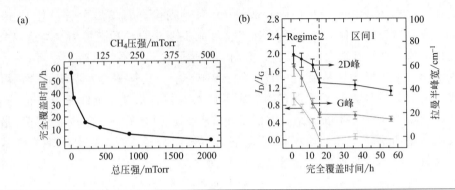

图7-12 低温使用甲烷制备石墨烯时其生长速度对品质的影响

（a）在 Cu(111) 上 750℃时处获得完全石墨烯覆盖的时间与总压强的函数关系；（b）拉曼光谱的 I_D/I_G、G 峰半峰宽和 2D 峰半峰宽与在 Cu(111) 上 750℃时获得完全石墨烯覆盖的时间的函数关系（生长过程中 Ar：H_2：CH_4＝0.625：0.125：0.25 保持不变）[12]

　　Y. -Z. Chen 等将铜箔放置在石墨板上，使用内壁沉积了碳的石英管作为反应室，并将铜箔/石墨板放置在气流下端 500℃左右的低温区位置，仍使用甲烷作为碳源，可以在铜箔背面（面对石墨板的一侧）生长高品质石墨烯薄膜，如图7-13 所示[13]。他们认为，一方面，当甲烷经过高温区域时，在沉积碳膜的催化下，会发生裂解，提供大量的活性基团，用于石墨烯生长。另一方面，石墨板本身也会提供部分碳源，从而促进高品质石墨烯薄膜的生长。需要指出的是，这一工作中，石墨烯的一些关键的直接表征结果并不是十分清楚。例如，论文中给出的 SEM 结果分辨率较低，无法清晰判断石墨烯的连续性及均匀性。Raman 光谱背底噪声较大，接近 G 峰强度的 50％，因此无法对 D 峰的存在做较好的判断。

7.1.2　PECVD法

　　尽管通过使用不同的碳源，可以降低 TCVD 法制备石墨烯薄膜的生长温度，但是，从上述结果中可以看到，即使抛开对石墨烯质量控制这一方面，这种方法仍然存在其他方面的问题。首先，多数方法在生长石墨烯前，都要对基底进行高温退火处理，这从本质上并没有达到低温节能的目的；其次，所使用的液态或者固态碳源，在使用的过程中，会吸附在系统腔室及管路内壁，而这些碳源多具有较高的饱和蒸气压，增加系统背底气体中碳杂质的含量，降低系统的可控性和制

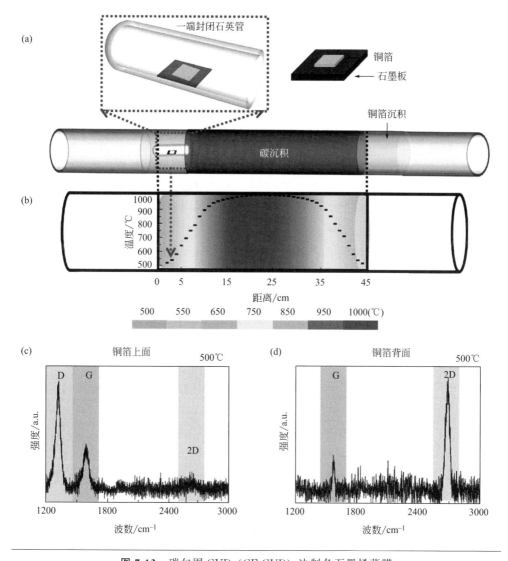

图 7-13 碳包围 CVD（CE-CVD）法制备石墨烯薄膜

（a）CE-CVD 石墨烯生长实验装置的示意图；（b）温度设置为 1000℃的炉内温度分布；（c），（d）500℃时生长在铜箔上面和背面的石墨烯（在铜基底上）的拉曼光谱[13]

备的重复性；另外，许多材料实际远比甲烷昂贵，也并没有起到降低成本的目的。

　　降低石墨烯制备温度的另一种方法是 PECVD 法，利用等离子体来促进前驱体的激发与解离，使本来需要在高温下进行的化学反应由于反应气体的电激活而在相当低的温度下即可进行，是发展低温 CVD 制备的一种常用手段。

PECVD 的典型装置包括气体、等离子体发生器和真空加热反应室。在等离子体增强过程中，源气体由等离子体中产生的高能电子激活。源气体的电离、激发和离解都发生在低温等离子体过程中。首先，电离过程通过高能电子和气体分子之间的相互作用进行。其次，电离过程中产生的高能离子随后与源气体分子发生反应。最后，通过各种离解反应形成各种自由基。这些自由基比基态原子或分子活性更高，从而使石墨烯能在低温时在催化或非催化表面上形成。

等离子体增强过程是一个复杂的过程，包含各种粒子和反应，在石墨烯 PECVD 制备过程中起着重要的作用。例如，含碳粒子的密度可以影响生长的石墨烯的形态，而氢气、氩气可以刻蚀无定形碳而获得高质量石墨烯。Y. Woo 等使用乙烯作为碳源，通过远程 RF-PECVD 在镍箔上 850℃下生长石墨薄膜，拉曼光谱基本没有 D 峰，表示极好的质量[14]。G. Nandamuri 等使用类似的方法，但使用甲烷/氢气作为反应气，将生长温度降至 650~700℃[15]。Y. Kim 等使用 MW-PECVD，通过调节氢气/甲烷比例来调控石墨烯的层数，发现石墨烯的层数随氢气/甲烷比例降低而增加，同时还发现，随着生长温度从 750℃降至 450℃，石墨烯的质量随之变差，如图 7-14 和图 7-15 所示[16]。

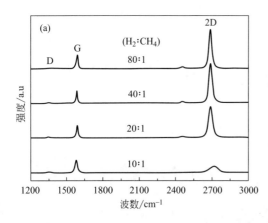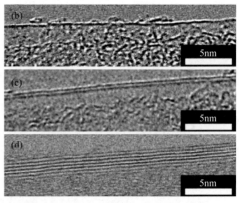

图 7-14 MW-PECVD 制备石墨烯薄膜时氢气/甲烷比例的影响

（a）不同气体比例下制备的石墨烯的拉曼光谱（750℃，1min）；（b）~（d）H_2：CH_4 分别 80：1、40：1 和 10：1 时制备的石墨烯 HRTEM 图像[16]

尽管在镍基底上可以获得很高质量的石墨烯薄膜，但是和 TCVD 一样，由于碳在镍中的溶解度较高，因此石墨烯的层数很难控制，均匀性较差。T.-Terasawa 和 K. Saiki 最先使用 PECVD 在铜基底上生长石墨烯，但在低温时（500℃）质量很差，I_D/I_G＝约 1.7。而且与 TCVD 中石墨烯在铜基底上的自限制生长所不同的是，由于 PECVD 可以促进甲烷的裂解，因此即使基底被石墨烯所覆盖，依然有活

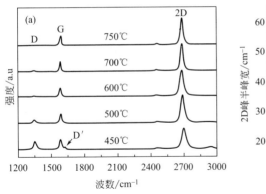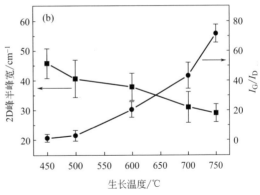

图 7-15 MW-PECVD 制备石墨烯薄膜时温度的影响

（a）不同生长温度的石墨烯拉曼光谱（H_2：$CH_4 = 80:1$，1min）；（b）2D 峰半高宽及 I_G/I_D 与生长温度之间的函数关系[16]

性基团吸附在基底上，从而生长多层石墨烯[17]。T. Yamada 等使用 MW-PECVD 在 380℃温度下在铜箔上生长石墨烯薄膜，尽管通过调节甲烷/氢气比例可以对石墨烯质量进行优化，但提升仍然有限（I_D/I_G = 约 1.1）[18]。

D. A. Boyd 等用氢气 MW-PECVD 在低温下（＜420℃）铜基底上获得高质量的石墨烯薄膜[19]。该技术关键之处在于在氢气中混入少量甲烷和氮气，从而在等离子体中形成少量氰基（cyano radical，简称 CN）刻蚀铜从而获得光滑的铜表面，而对等离子体及基底温度并不敏感。甲烷的引入是通过一个高精度针阀控制，为 0.4%，而氮是利用背底气体中的残余气体，与甲烷的量相当。在 PECVD 过程中，氢等离子体中的氢原子可以有效地去除铜表面的氧化物如 Cu_2O、CuO、$Cu(OH)_2$、和 $CuCO_3$，而 CN 可以对铜进行刻蚀。甲烷和氮的比例对铜的刻蚀非常关键，甲烷过量时不会对铜进行刻蚀，而氮气过量时会导致对铜的过渡刻蚀。具体的 PECVD 过程及结果如图 7-16 所示。可以看到，铜箔的上表面较为粗糙，形成的是无序的石墨，而下表面则很光滑，生长的是高质量的单层石墨烯。延长生长时间则会有附加层产生，表明碳源的持续提供和石墨烯的不断沉积。对转移在 h-BN 基底上的石墨烯的电学性能测量结果表明，其室温载流子迁移率可以高达（6.0 ± 1.0）×10^4 $cm^2/(V \cdot s)$，甚至高于高温生长的石墨烯单晶，这其中的一个关键因素可以归结为低温生长的石墨烯受其与基底热膨胀系数不匹配的影响更小，从而其内应力更小。D. A. Boyd 等的这种利用超清洁表面低温制备石墨烯的技术为高质量石墨烯的制备提供了一种新的思路。

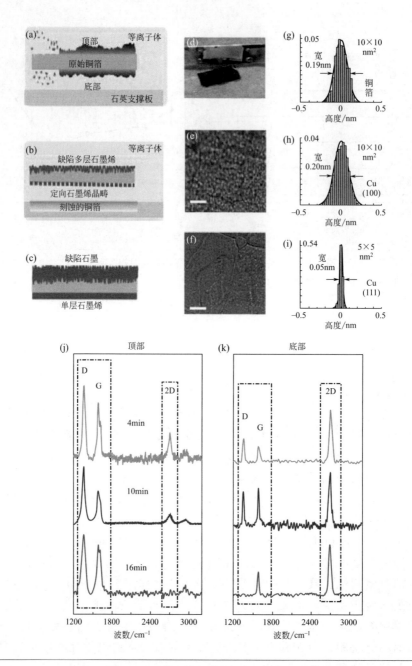

图 7-16　具体 PECVD 过程和结果示意

（a）等离子体去除原生氧化物并使铜基底平滑；（b）石墨烯在铜的底部定向成核而在顶部形成无序的多层石墨烯；（c）单层石墨烯和有缺陷的石墨分别在铜基底的底部和顶部形成，并继续暴露于等离子体中；（d）铜箔和样品支撑板，显示 PECVD 生长后蚀刻的铜；（e），（f）生长后铜箔的顶部和底部的光学图像，标尺为 50μm；（g）～（i）PECVD 石墨烯生长后铜箔、Cu（100）单晶和 Cu（111）单晶的表面高度直方图；（j），（k）铜箔的顶部和底部随生长时间演化的拉曼光谱的比较[19]

7.2 非金属基底制备技术

在金属基底上制备石墨烯的一个重要缺点在于，对于绝大多数的石墨烯应用场景，都需要将石墨烯从金属基底上剥离下来并转移到目标基底（多为非金属基底）上，而这一过程必然增加了石墨烯制备过程的成本。此外，尽管石墨烯的转移技术也一直在进行各种各样的开发和改进，由于转移过程引起的石墨烯性能上的负效应，如对石墨烯样品的污染、褶皱和破坏等一直存在，因此，直接在目标基底上生长石墨烯，是推动石墨烯未来研究和应用的有效解决方案之一。

直接生长石墨烯，基底的选择至关重要，因为它们对石墨烯性能以及对材料的潜在用途有重要的影响。这一领域的很多工作都是基于二氧化硅和蓝宝石基底，这是石墨烯应用中常用的基底材料。当然，对其他新型绝缘体材料也进行了较多的尝试研究，如六方氮化硼（h-BN）、玻璃、高 k 电介质材料等。在非金属基底上生长石墨烯面临的主要问题是低增长率、低催化效率和小面积尺寸等。本节将首先介绍在硅基半导体及绝缘介质上生长石墨烯的方法，包括无催化直接生长、金属辅助催化生长和等离子体增强生长等，之后，介绍采用类似的方法或一些新的方法在其他基底如 h-BN、玻璃、锗及高 k 介质基底上生长石墨烯的研究。

7.2.1 半导体/绝缘介质基底

深入了解详细的生长机制将为石墨烯在基底上的高效合成奠定基础，并加速石墨烯相关技术的发展。迄今为止，生长机制仍然是一个活跃的理论和实验研究领域，研究人员也进行了大量的研究来解释无金属催化 CVD 石墨烯生长过程的演变，关于从碳前驱体到结晶石墨烯结构转化机制的整个复杂生长过程，还没有得到令人信服的论证。为了实现大面积高质量的石墨烯生产，需要提出相应的生长机制和动力学解释，这将是一个非常重要的步骤。

前面对于金属催化石墨烯的生长，其机理已经得到了充分的阐述。即根据金属基底中的碳溶解度，可以分为两类。一类是溶碳析碳机制，利用镍、钴和钌等金属有较高的碳溶解度，在生长过程中，碳原子在高温下溶解入金属，在冷却过程中析出在金属表面形成石墨烯；另一种是表面催化机制，对于以相对较低碳溶解度的铜等金属来说，碳原子直接在铜表面聚集形成石墨烯。在没有金属催化剂的情况下，直接在半导体或绝缘基底上生长石墨烯则遵循一种不同的、特殊的机制。目前，虽然对石墨烯在非金属基底表面成核和生长的主要驱动力进行了广泛的理论研究，但对这个方法的详细生长机制的理解还是非常有限的。目前比较认可的生长机制，主要包括表面反应、范德瓦尔斯外延生长以及硅碳热还原等。

7.2.1.1　无催化直接生长

基底对于石墨烯生长具有非常重要的作用，主要表现在三个方面：基底催化碳源裂解的能力、基底上碳迁移的能力以及石墨烯在基底上成核的能力。在过去的几年里，利用 CVD 方法在非金属基底上直接生长石墨烯方面同样进行了大量研究。在绝缘基底上生长石墨烯主要依赖于在无金属催化自由环境下，载体气体氩气和还原气体氢气对碳源的热分解。尽管缺乏金属，但金属催化剂并不是石墨烯生长过程不可缺少的，只是需要不同的方法促进碳源的分解。由于非金属基底对碳前驱体分解和石墨烯生长的催化活性较低，因此研究人员提出了以下几种策略来促进生长速率和提高石墨烯的质量。

（1）提高生长温度

如前所述，由氢气为载体的碳氢化合物的热解是碳分解和排列的主要驱动力。在没有金属催化剂的情况下，提供大量的热能有助于克服反应能量障碍，促进碳源的分解。因此，在高温下产生更多的热能将促进生长过程。M. A. Fanton 等采用 CVD 法在蓝宝石基底获得了 1～2 层的石墨烯材料，并研究了在碳源浓度（碳源气体流量与载气流量比值）为 0.5% 时，生长温度对石墨烯材料的影响，如图 7-17 所示[20]。

在蓝宝石上生长石墨烯之前，重要的是评估 Al/C/O/H 化学系统的热力学平衡条件，以确定固态 C 沉积的适宜边界条件及确定热稳定反应产物。在蓝宝石基底的石墨烯生长过程中，C 和蓝宝石之间的反应趋势是最主要的考虑因素。

通过对 Al、O、C、H 和 Ar 组成的系统的建模预测不会有固相的含有 Al-C 或 O-C 的产物形成，表明在石墨烯薄膜和蓝宝石基底之间不会发生共价键合。然而，当温度升高至 1200℃ 以上时，$CO(g)$ 和 $Al_2O(g)$ 都将有显著的浓度，并且在 1400℃ 以上甲烷会被全部消耗，表明在蓝宝石上生长石墨烯的过程中可能会产生两种不良效应。第一种情况是，如果形成 $CO(g)$ 的反应速度快于 CH_4 分解为固体碳的速率，则不存在固体碳。第二种情况是，无论是固体还是气态，碳的存在都会显著地刻蚀蓝宝石衬底的表面，使其对半导体器件的制备来说过于粗糙。实验观察结果表明，当甲烷浓度为 0.5% 时，石墨烯生长之前和在 1500℃ 的温度下，蓝宝石基底的平均粗糙度（Ra）是 0.3～0.5nm。在 10% H_2/Ar 无甲烷环境中，当温度升高至 1550℃，蓝宝石的表面粗糙度并没有太大变化。然而，当通入 0.5% 的甲烷后，在 1525℃ 和 1550℃ 时，其表面粗糙度分别增加至 2.9nm 和 6.3nm，并存在高密度的六角形腐蚀凹坑，说明正是提供的碳源导致基底表面刻蚀。

如图 7-17(a) 所示，Raman 光谱分析表明，随着生长温度从 1425℃ 到 1575℃ 逐渐升高，D 峰相应减小，石墨烯的质量得到明显提高。但在 1575℃ 的情况下，基底表面只有部分有石墨烯覆盖（＜20%），而在高于 1575℃ 的情况下，没有石墨烯形成。这一现象与平均表面粗糙度的显著增加有关，表明碳对蓝宝石蚀刻的速率

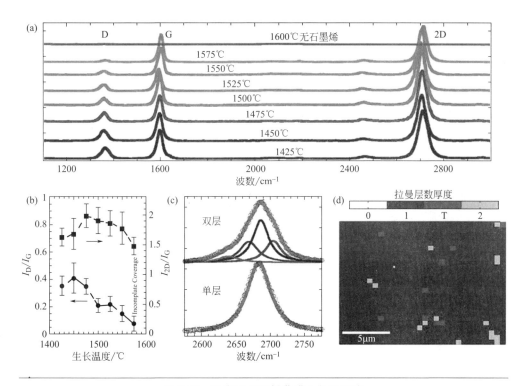

图 7-17　温度对石墨烯薄膜生长的影响

（a）蓝宝石上的石墨烯的拉曼光谱；（b）I_D/I_G 及 I_{2D}/I_G 与生长温度的函数关系；（c）大部分拉曼光谱中的
2D峰可以被一个或四个 Lorentzian 曲线拟合，表明主要为单层和双层石墨烯；（d）在 1525℃ 生长的薄膜的
2D峰扫描图[20]

比石墨烯的沉积速率高。通过调整生长参数，在最优温度下，可以在蓝宝石基底上
获得覆盖面积 90% 以上的单层石墨烯［如图 7-17（d）所示］，电学性质测量表明其载
流子迁移率随温度的升高从 $600cm^2/(V \cdot s)$（D/G＝0.4）提高至 $1400cm^2/(V \cdot s)$
（D/G＝0.1），对样品进行长时间退火以去除其吸附的杂质电荷，其霍尔载流子迁
移率可以升高至 $3000cm^2/(V \cdot s)$（对应载流子浓度为 $4.5 \times 10^{11} cm^{-2}$）。

（2）选择合适的碳源

甲烷之所以被广泛地用作石墨烯生长的碳前驱体，是因为它非常稳定，从而只
能在金属催化剂的表面分解，而不是在整个反应腔室内。因此，在生长过程中可以
很容易地控制石墨烯的层数。J.H wang 等研究了甲烷分压、生长温度和氢气/甲烷
比对石墨烯生长的影响，证明提高生长温度可以有效改善石墨烯的质量；氢气在获
得高质量石墨烯过程中也非常重要，高氢气流量将导致表面碳的完全蚀刻，但是在
略低于氢气流量的临界值作用下，石墨烯的质量最好，室温下霍尔迁移率可达
$2000cm^2/(V \cdot s)$[21]。当碳源浓度低于 0.6% 时，获得的石墨烯材料为 p 型，而高
于这个值时为 n 型。J.H wang 等发现，提高氢气流量与碳源气体流量的比值，可

有效降低石墨烯材料中缺陷峰（D峰）的积分强度。削弱 C 原子对蓝宝石基底表面的刻蚀作用，提高石墨烯材料表面平整度，减少石墨烯材料缺陷，是实现蓝宝石基底上 CVD 法制备高质量石墨烯材料的前提。降低石墨烯材料生长过程中碳源浓度是有效方法之一。但是，甲烷分压过低同样不利于石墨烯的生长。例如，如果甲烷浓度低于 0.2%，不管怎么样调整生长时间和氢气含量，在生长温度高于 1450℃ 的情况下不会形成石墨烯或石墨薄膜。该研究组生长出的石墨烯材料拉曼光谱测试结果显示，I_D/I_G 小于 0.05，2D 峰半高宽仅为 33cm^{-1}，材料质量与铜箔上生长的水平相当，说明蓝宝石基底上采用 CVD 法生长石墨烯材料具有潜在的研究价值和应用前景。

虽然高温有利于石墨烯的生长，利用甲烷作为碳源可以提高石墨烯的质量，但在经济条件下是不可取的，因为高温的生长条件增加了能源消耗。研究人员发现，利用比传统的甲烷更容易分解的特殊材料，例如乙炔和酒精等可实现低温生长。事实上，芳香烃也曾被用于在金属上生长石墨烯，显著降低了生长温度。然而，与甲烷相比，乙炔和酒精的使用会降低层数的可控性和石墨烯的质量。

（3）基底的预处理

基底预处理在金属催化石墨烯生长中的重要性已经被充分证明。良好的抛光和退火可以显著降低石墨烯在生长过程中的成核密度[22]。同样，氢气退火也被用于直接促进无催化石墨烯的生长，并提高基底平整度和表面活性[22,23]。通过精确的基底预处理，可以形成额外的活性成核点，以解决无金属 CVD 石墨烯生长的低催化问题。

（4）调节生长动态

除了生长过程的工艺参数外，研究人员为了对石墨烯的生长过程进行调控，开发出了一种分离控制石墨烯成核和生长的两步生长策略，实现无金属催化直接生长石墨烯[24-26]。J. Chen 等展示了通过两段无催化 CVD 工艺，在氮化硅基底上实现了高质量石墨烯的生长，载流子迁移率达到 1510cm^2/(V·s)，如图 7-18 和图 7-19 所示[24]。整个过程包括石墨烯成核和石墨烯生长。在第一个阶段（成核）中，少量的 CH$_4$（2.3sccm）和大量的氩气（300sccm）被引入到 CVD 系统中，在 Si$_3$N$_4$ 基底上形成离散的石墨烯纳米晶体。在随后的生长阶段，引入更高比例的碳源气体（CH$_4$：H$_2$=5：50sccm）来提高石墨烯薄膜的质量。在一般的石墨烯制备过程中，石墨烯的自发成核所需的碳浓度大约是平衡浓度的两倍，在较高的甲烷浓度下，石墨烯生长过程中不能避免重复的成核。因此，将成核和生长阶段分开有利于控制成核密度和石墨烯的质量，可以利用不同的成核条件、沉积时间和沉积温度来调节石墨烯的生长。

S. C. Xu 等用一个带有两个温度区域的 CVD 系统在 SiO$_2$/Si 基底上生长连续且均匀的石墨烯薄膜，沿气流方向高温区位于上游而低温区在下游[25]。当使用甲烷作为碳源时（LPCVD，CH$_4$：H$_2$=25：100sccm），连续的石墨烯薄膜可以在置于

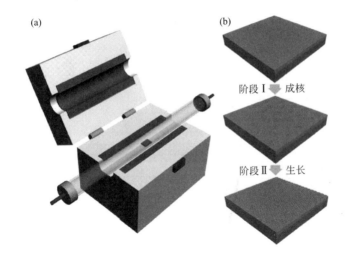

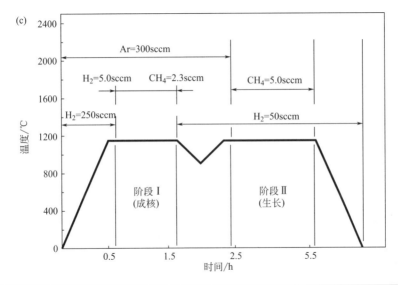

图 7-18　无金属催化生长石墨烯示意

（a）石墨烯生长 CVD 系统；（b）两阶段过程生长原理图；（c）生长过程参数[24]

低温区域（800℃）的基底上生长，且单层石墨烯的覆盖率达 90% 以上，如图 7-20
所示。而不论是置于高温区域（1100℃），还是单纯使用低温区域，基底上都没有
石墨烯生长。其原因在于，高温有助于甲烷热裂解，从而获得更多的活性基团，然
而在高温区，热振动使得吸附在基底上的基团很容易脱离，难以形成稳定的石墨烯
晶核。而在低温区，热振动相对较弱，活性基团可以有更多的机会在基底上团聚成
核。另外，如果没有高温区的活化，低温时甲烷不易裂解，活性基团少，同样不易
成核。

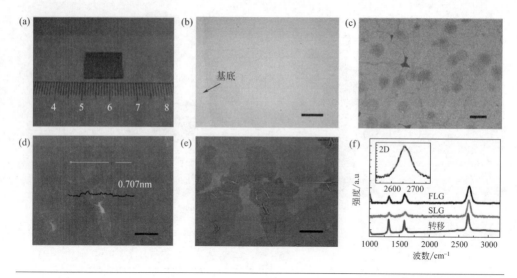

图 7-19　生长在 Si_3N_4 基底上的石墨烯

(a) 照片；(b) 光学图像（标尺 5μm）；(c) SEM 图像（标尺 500nm）；(d)，(e) AFM 图像；(d) 形貌图像；
(e) 相位图像；(f) 拉曼光谱（633nm 激光），由上到下依次为 FLG、SLG、转移到 SiO_2 基底上的石墨烯[24]

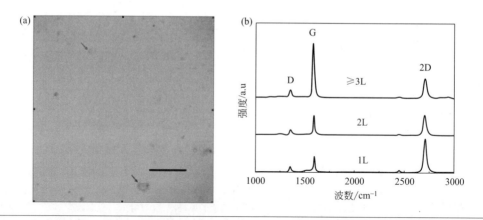

图 7-20　低温区生长的石墨烯薄膜

(a) 低温区生长后样品光学图像（标尺 10μm）；(b) 拉曼光谱[25]

　　D. Liu 等成功地实现了将成核与生长阶段分开。他们认为，从成核到边缘生长的增长模式的关键因素是生长温度[26]。在 510℃ 以下，氢自由基的刻蚀占主导地位，没有石墨烯生长；温度高于 545℃ 时，开始有成核点出现；而在特定的生长温度（510～545℃）下，只有石墨烯生长，但成核可以在很大程度上得到抑制，因此，可以通过调整生长和刻蚀竞争，实现高温成核和低温生长。通过实验发现，在二氧化硅基底上触发石墨烯成核的最低温度为 545℃，随着温度升高，成核密度随之增加，如图 7-21 所示。

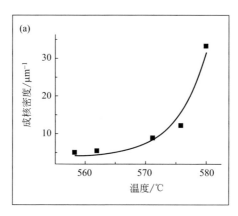

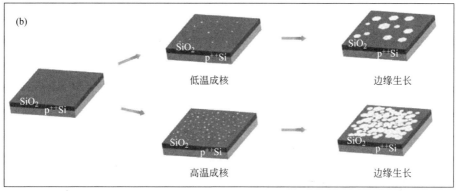

图 7-21 成核密度和温度的关系（a）和两步生长原理（b）[26]

7.2.1.2 金属辅助催化生长

虽然无催化剂直接在绝缘介质上生长石墨烯的策略可以实现，且石墨烯不受杂质的影响，但由于前驱气体的热分解和介质材料的低催化活性，石墨烯具有不可忽略的缺陷，更重要的是，除了缺陷和大小问题之外，无金属的 CVD 过程并不适用于非晶介质基底。随着 CVD 石墨烯生长技术的发展，多种过渡金属被证明具有催化碳源分解和加速石墨烯生长的能力。因此，结合金属催化和直接在基底生长石墨烯的优点，已经产生了一种新的技术，即金属辅助石墨烯的生长。Park 和其合作者首先利用蒸镀的铜膜来催化碳前驱体分解，在无金属的基底上生长大尺寸单层石墨烯，并用于制备晶体管阵列[27]。随后，大量关于金属辅助石墨烯生长的研究发现，可以通过使用不同的牺牲金属和辅助方法调控石墨烯材料的层数、晶粒尺寸和形态[28-30]。

与无金属催化的直接生长策略相比，这种金属辅助石墨烯的生长可以结合金属催化和直接石墨烯在无金属基底上的特点。然而，基底的预处理和金属污染问题也应加以考虑，需要进一步改进。此处目的是强调金属辅助 CVD 石墨烯的生长，并研究最近在金属催化的无转移石墨烯生长方面的进展。按照金属和基底的接触模式可分为两种方法：镀层金属薄膜辅助石墨烯生长和气化金属辅助石墨烯生长。

（1）镀层金属薄膜辅助石墨烯生长

镀层金属薄膜辅助 CVD 石墨烯生长是预先在目标基底之上沉积金属薄膜再进行石墨烯生长。在有金属催化剂存在的情况下，碳前驱体裂解后，根据所用金属的不同，石墨烯可以直接在金属表面或金属和目标基底之间形成。

a. 镍催化石墨烯的生长　镍催化石墨烯的生长遵循溶碳析碳机制，因此，在目标基底上预沉积一层镍薄膜是在半导体和电介质上直接生长石墨烯的理想技术，因为碳原子可以溶解到镍中，直接沉淀到非金属基底表面。除了镍层与基体之间的界面空间外，在镍的上表面也会形成石墨烯。特别是在催化石墨烯生长的特殊扩散和沉淀机制下，双层石墨烯易于形成，这是开启石墨烯带隙的有希望的解决方案。

Z. Peng 等报道了一种无转移的方法，通过碳扩散穿过一层镍，直接在二氧化硅基底上合成双层石墨烯，如图 7-22 所示[28]。在二氧化硅表面沉积 400nm 厚的镍，可选择 PMMA、聚苯乙烯等固态碳源，也可选择甲烷等气态碳源，在 1000℃的退火过程中，镍层上的碳源分解并扩散到镍层。当冷却到室温时，在镍层和二氧化硅基底之间形成双层石墨烯，通过刻蚀去除镍，直接在二氧化硅上获得覆盖面积达 70％的双层石墨烯。

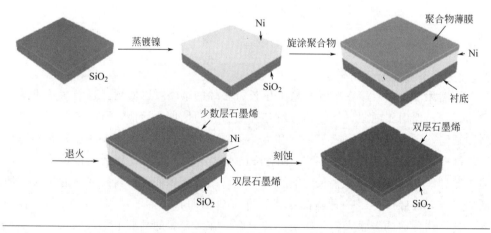

图 7-22　二氧化硅上生长石墨烯的原理[28]

在 1000℃ 退火过程中，碳源分解扩散到镍中，当快速降温时，碳原子在镍层的两面沉积形成石墨烯薄膜。多数情况下，在镍上边形成多层石墨烯，而在镍与二氧化硅之间形成双层石墨烯，这是由于镍膜和二氧化硅基底之间的限制环境显然有利于双层石墨烯的生长。研究显示，镍膜厚度对双层薄膜厚度的影响有限，所用三种镍膜厚度分别为 400nm、250nm 和 170nm，均在二氧化硅表面形成了双层石墨烯。但当镍膜厚度低于 170nm 时，大部分的镍在退火过程中被蒸发掉，只能获得间断的石墨烯。

由于石墨烯的形成是由金属辅助石墨烯生长的催化剂引发的，因此可以通过金属催化剂结构的精确设计，在目标基底上实现对石墨烯的直接合成，通过在催化剂区域内限制石墨烯的形成，在有图案的催化剂下得到石墨烯的图案。早在 2009 年，K. S. Kim 等人就已经实现在图案化的镍上生长石墨烯薄膜，然而，由于在镍层的上表面形成石墨烯，这些带图案的石墨烯薄膜需要通过腐蚀镍层转移到相应的基底上[31]。

D. Kang 等报道了一种用简单的管式炉，在没有外部碳源的基础上，直接在基底上生长设计图案的石墨烯，如图 7-23 所示[32]。

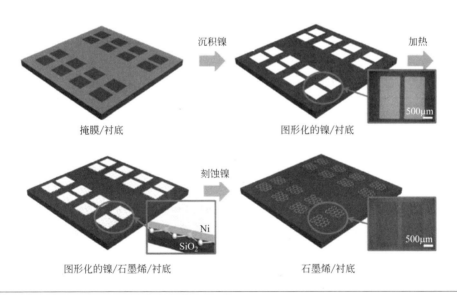

图 7-23 图形化石墨烯生长示意[32]

该工作展示了一种"层间生长"技术，保证了石墨烯在基底和催化剂层间生长。值得注意的是，碳源不是由外部提供而是来自周围的杂质。碳源作为杂质混入镍蒸发源，在蒸镀镍过程中与镍一起形成催化层，然后通过优化退火条件，在镍与基底之间形成石墨烯。

除了有图案的石墨烯结构外，D. Wang 等[33] 利用镍催化实现了一种可扩展的直接在二氧化硅介电基底上生长石墨薄膜的方法，如图 7-24 所示。首先在掩膜保护下通过热蒸发在二氧化硅基底上沉积一层镍膜，由于碳源通过晶界沿预制镍薄膜的边缘形成有效扩散，在镍膜的边缘形成连续的石墨薄膜。蚀刻掉镍之后，在电介质基底得到长框形的石墨烯。

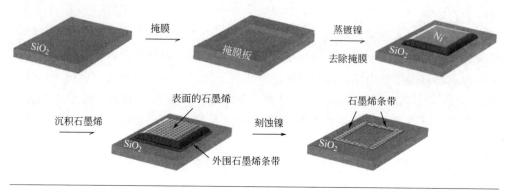

图 7-24　镍催化石墨烯带生长原理[33]

b.铜辅助石墨烯的生长　受生长机理的限制，镍辅助石墨烯的生长主要产生多层石墨烯。然而，不同于镍催化石墨烯 CVD 生长，铜催化石墨烯的生长符合表面的自限性，为了优化生长过程和最终石墨烯的性能，目前已有几个小组研究铜作为低碳溶解度金属催化剂，以更好地控制石墨烯层的数量[34-37]。

C.-Y. Su 等报道了利用碳源通过铜晶界扩散，直接在二氧化硅上生长石墨烯的方法[35]。在 CVD 过程中，在铜表面分离的碳元素不仅能在铜薄膜上形成石墨烯层，还能通过铜膜的铜晶界扩散到铜和底层电介质的界面上。通过工艺参数的优化可在电介质上直接形成连续、大面积的石墨烯薄层，实现了不需要石墨烯转移过程、直接在多功能的绝缘基底上生长晶片尺寸的石墨烯。该方法先在基底上沉积约 300nm 的铜膜，通过控制生长综合参数，甲烷在铜表面分解。众所周知，碳原子在铜中具有非常低的溶解度，因此，它们会在铜表面迁移，形成大范围和连续的薄石墨薄膜。与此同时，其中一些碳原子可以很好地通过铜颗粒边界扩散，并达到铜和底层绝缘体之间的界面。实验发现，如果甲烷在生长过程中没有出现，就没有石墨薄膜的生长，这表明底层石墨烯的形成与甲烷有关，而不是其他可能的碳杂质。此外，300nm 铜的薄膜也是接近底层石墨烯生长的最佳条件。A. Ismach 等指出，铜薄膜厚度的减少会导致其退火后在介质表面不连续，而增加铜薄膜的厚度则不能保证在介质表面形成连续的石墨烯薄膜[37]。这一结果也表明，底层石墨烯的形成机制与在镍表面碳溶解-析出生长石墨烯的机制可能不同。

（2）气化金属辅助石墨烯生长

在介电质层上沉积的薄金属催化剂，一定程度上保证了石墨烯的质量。然而，金属催化剂的去除过程和不可避免的金属残留物仍然会导致石墨烯的污染。为了避免这些缺点，研究人员提出了一种提高石墨烯质量的远程金属催化辅助 CVD 石墨烯生长技术。将金属蒸气作为催化剂，在气相和基体表面与碳前驱体气体发生反应，而与基底没有物理接触。这种生长方法避免了耗时的金属去除过程，保证了石墨烯质量不被降低。作为一种具有较低熔点的高效催化剂，铜已经成为最合适的、用于远程辅助石墨烯生长的金属。

如图 7-25 所示，P.-Y. Teng 等利用铜箔在 CVD 过程中提供升华的铜原子，在没有预先沉积金属催化剂的情况下在二氧化硅上生长石墨烯[38]。该方法主要特点是利用漂浮的铜和氢原子作为气相中的催化剂，对碳原料进行分解。铜箔在 1000℃升华提供铜原子，浮动的铜分子催化剂使得甲烷的分解需要较低的活化能，这种气化金属的催化结果促使甲烷更完整的分解，提供足够量的铜粒子可以使反应物更有效地碰撞，提高在气相中碳原料分解的效率，从而在基底表面形成几乎没有缺陷和无定形碳的石墨烯。

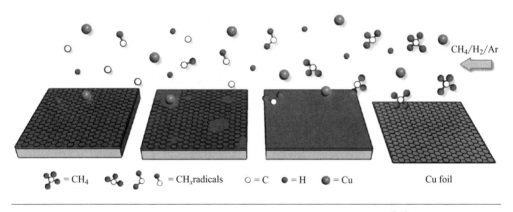

图 7-25 由铜原子和氢分解 CH_4 的石墨烯生长机制示意[38]

P.-Y. Teng 等人进一步研究发现，采用机械剥离的石墨碎片作为种子层成核点，可以进一步地减少碳源的随机成核，使得成核点处的石墨烯厚度有较好的一致性，如图 7-26 所示，在微区拉曼测试中表现为具有均匀的 G 峰强度以及一致的 2D 峰和 G 峰的强度比。随着成核点的降低，沿着石墨碎片外延生长的石墨烯具有较高的质量，在微区拉曼测试中表现为具有较低且均匀的 D 峰强度。

这种生长方法的一个关键特征是，碳氢化合物的非现场分解和碳原子在二氧化硅基底上的直接石墨化。众所周知，碳氢化合物的完全分解是在催化剂辅助下的脱氢反应。甲烷在有些催化剂如钯和钌等的催化下分解是放热的，很容易得到碳原

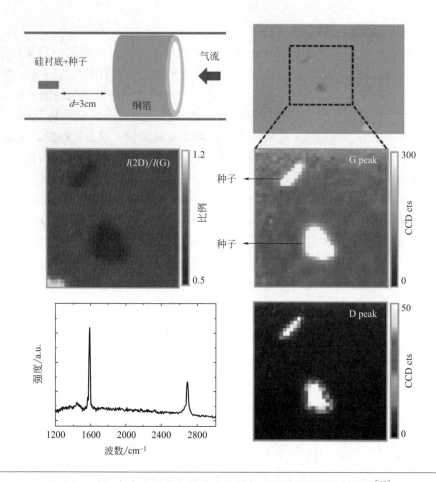

图 7-26　在二氧化硅基底上辅助成核制备石墨烯的微区拉曼表征[38]

子，而铜催化分解是一个吸热过程。在当前的 APCVD 过程中，碳氢化合物的分解被认为是碳氢化合物与铜原子和氢原子的成功碰撞，因为在 LPCVD 中二氧化硅表面没有石墨烯形成。另一可能控制石墨烯生长的机制是蒸发的铜粒子暂时沉积在二氧化硅表面，催化石墨烯的形成，最后逐渐蒸发，只留下石墨烯在硅氧基上。这种情况可以通过在更高和更低的温度下铜的蒸发量来调控石墨烯生长得到验证。当生长温度低于 950℃ 时，拉曼光谱没有发现明显的 2D 峰，说明在该生长方法中，需要一个高温过程，这意味着蒸发的铜在硅氧的形成过程中起着至关重要的作用。

　　然而，该方法仍有很大的改进空间，特别是由于非均匀的随机成核，所以存在不均匀的石墨烯层。虽然采用石墨碎片辅助成核可以减少碳源的随机成核，但远离成核点处的石墨烯仍具有较大的缺陷。H. Kim 等报道了另一种通过铜蒸气制备石墨烯的方法，在没有物理接触的情况下，将铜箔悬吊在目标基底上，高温退火过程中，铜箔升华产生的铜蒸气，催化了甲烷气体的裂解，并帮助石墨烯在基底上形成，其质量可与铜箔上生长的石墨烯相媲美[39]。如图 7-27 所示，拉曼光谱中，超低的 D 峰强度反映了石墨烯几乎无缺陷的特征。

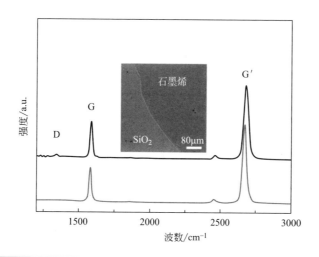

图 7-27　铜蒸气辅助制备的石墨烯的拉曼光谱（上）与常规铜基底生长石墨烯的拉曼光谱（下）[39]

SiO_2/Si 放在石英管中央，在上面悬挂一片铜箔并避免与硅基底有物理接触。如果发生接触，将迅速反应形成铜/硅合金导致铜和基片的机械损伤。在 $1000℃$ 的生长环境中，铜很容易蒸发，铜气的流动性非常高，足以克服气流和真空的力量在管道中移动，可以在石英管两端观察到铜颗粒的沉积。由于镍的蒸气压比铜低很多，通过使用镍箔进行测试，发现基底上没有石墨烯形成，证实石墨烯的生长确实与远程提供的铜蒸气有关。

该方法的生长机制与 P.-Y Teng 的相似，质量之所以相对更好，主要是由于铜蒸气与甲烷的理想比例，并进行了实验验证。通过不同浓度的甲烷气体中，SiO_2/Si 基底和铜箔上常规生长石墨烯质量的对比发现，在前一种情况下，当甲烷流量增加时，拉曼 D 峰显著升高，而后者仅有较小的变化。在提高石墨烯的质量方面，铜箔的优化位置被证明是至关重要的，如图 7-28 所示。

Y.Z.Chen 等提出了一种更方便的方法，通过非晶碳薄膜的石墨化来直接在非金属基底上形成石墨烯[40]。利用铜催化非晶碳薄膜在二氧化硅和石英基底上从非晶态碳膜到石墨烯的相变。这种方法可以通过精确改变预沉积碳膜厚度来实现石墨烯的厚度控制。通过 XPS 分析、TEM 观察和 SEM-EDX 的系统研究，提出了与在金属基体上生长石墨烯不同的石墨化机理。并结合控制厚度和图形的方式，演示了一种单步制备全碳器件的方法，并具有良好的性能。在常规的铜催化 CVD 中，在高温区域蒸发的铜原子会在低温区域凝结，基于此现象，通过 $1050℃$ 退火过程提

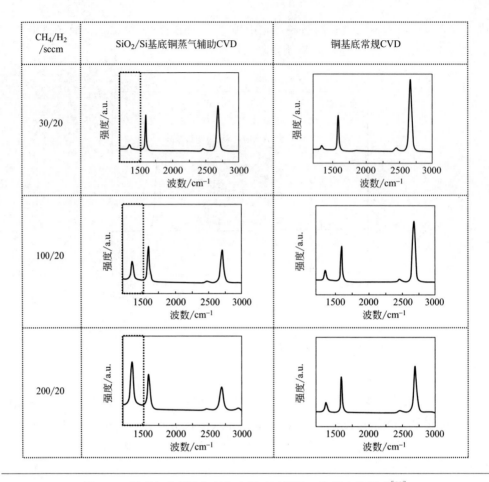

图7-28 铜蒸气及甲烷与氢气比例对石墨烯D峰强度的影响[39]

供气体铜原子，在炉管两端沉积预制一层铜膜涂层，在退火过程中提供气态铜原子作为催化剂来触发石墨化过程。与涂层-金属-膜辅助生长相比，非接触式远程金属辅助石墨烯生长在无基底预处理和金属蚀刻工艺的情况下，得到了更有效的石墨烯生长。

（3）固态碳源＋金属催化生长多层石墨烯

2011年，Tour课题组提出了一种通用的无转移方法，利用固态碳源如PM-MA、聚苯乙烯等，可以直接在绝缘基底上直接生长双层石墨烯，如图7-29所示[29]。

基于镍的独特催化机理，利用镍辅助石墨烯生长直接实现了绝缘基底上的双层石墨烯薄膜制备。首先在洁净的SiO_2/Si基底上旋涂一层聚合物或自组装分子作为固态碳源，然后再在上面镀一层镍作为石墨烯生长的催化金属，在1000℃的低压还原气氛中，在基底与镍膜之间的碳源转化成双层石墨烯，去除镍层之后，在绝缘体上直接获得了双层石墨烯而不需要转移。拉曼光谱揭示了生长石墨烯的双层特性图 7-29(b) 所示。并且，他们发现，在镍表面上的碳也可以分解扩散到镍膜中，并在冷却过程中，在镍的上下表面形成石墨烯，从而消除了镍在精确厚度的聚合物膜上的沉积。

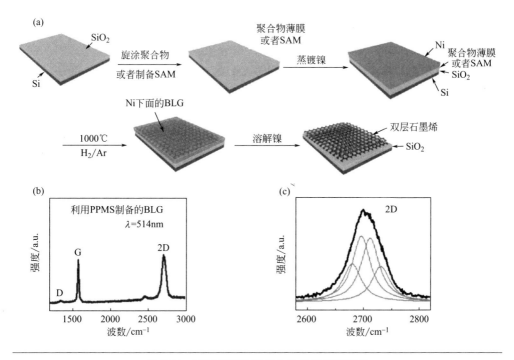

图 7-29 直接在绝缘基底上生长双层石墨烯

（a）绝缘基底上直接生长石墨烯过程示意；（b）固态碳源制备的双层石墨烯的拉曼表征；（c）双层石墨烯的拉曼 2D 峰拟合[29]

H. J. Shin 等报道了一种类似的合成方法，它通过热解在催化金属和基底之间的自组装单层（SAM）的方法，在电介质基底上生长多层石墨烯[41]。通过精确控制 SAM 中碳原子的浓度可以实现石墨烯层数的控制。这种反向催化结构和生长过程为均匀厚度的无转移石墨烯生长提供了一种可靠的方法。

为了打开石墨烯的带隙，一种可行的方法是氮或硼掺杂周期性替代碳原子。实现均匀掺杂的石墨烯仍然是一个挑战。Q. Q. Zhuo 等介绍了一种利用铜作为催化剂和多环芳烃（PAHs）作为碳源，在玻璃或二氧化硅上直接合成石墨烯的方法[42]。多环芳烃可以简单地通过热蒸发或自旋涂层通过理想的掩膜覆盖在不同的底物上。此外，利用含有 N 原子的环芳烃，可以很容易地在相对较低的温度下获得氮掺杂的石墨烯。G. Yang 等演示了一种自下而上的无转移生长方法，使用自组装单分子作为碳源，用于制备多层石墨烯[43]。

7.2.1.3 PECVD 生长

通常，在半导体或绝缘基底上生长石墨烯需要 1000℃ 以上，有时候为了得到理想的平衡条件，一个生长周期长达 72h，无法满足工业化生产。在石墨烯的生长过程中引入等离子体可以克服这些问题，并能有效地实现介质表面的低温生长。由于在高能等离子体环境中这些反应性自由基的形成和碰撞，碳原料的分解容易发生，需要热量较少，从而降低了生长温度。这种低温度的无催化生长方法被认为是与当前微电子产品相容性高的高产量石墨烯制造方法中最有前途的方法之一。与上述两种方法的超高生长温度和超长反应时间不同，该策略可以显著降低生长温度，加速生长过程。当然，这需要额外的生长设备来启动高能量的等离子体，而且通常观察到快速增长和可控性差。与其他方法不同，PECVD 的另一个优点是，除了在介质基底上获得原始石墨烯外，通过将 NH_3 引入生长环境，可以实现氮掺杂，这已被证明是实现石墨烯氮掺杂的一个简单途径，是一种将石墨烯调制为 n 型的很有前途的方法。

2011 年，Zhang 等用 PECVD 在各种基底上实现了无催化的石墨烯生长，在此之后，出现了大量关于 PECVD 石墨烯生长的研究，以发展这种低温生长方法，这也揭示了它在石墨烯制备中的可扩展性。除了低温的 PECVD 外，T. Kato 等还开发了一种高温等离子体反应来实现高质量石墨烯的无催化生长[44]。然而，大多数得到的样品都是小的纳米团或多晶石墨烯，不适合用于电子器件的应用。

对于单晶石墨烯在介电基体上的生长，D. Wei 等人通过引入 H_2 等离子体来平衡 H_2 等离子体蚀刻和 CH_4 或 C_2H_4 等离子体的生长，实现了单晶石墨烯生长[27]。基于 PECVD 技术，直接在蓝宝石、高度定向的热解石墨（HOPG）和 SiO_2/Si 基底上实现了微米尺寸六角形的单晶石墨烯薄膜生长，连续膜达到厘米尺度。图 7-30（a）说明了生长过程，其中采用 H_2 等离子体蚀刻去除缺陷，激活碳源，实现了关键的边缘生长和进一步的连续膜生长。采用 PECVD 生长技术，C_2H_4 用作碳原料，生长温度可以下降至 400℃。这种生长温度是石墨烯催化剂自由生长的最低温度之一。为实现关键的边缘增长，系统地研究了生长温度和 H_2 含量对成核和边缘蚀刻之间平衡的影响。图 7-30(b)，(c) 显示以石墨烯纳米簇为生长种子，在 90min 的边缘生长后，在整个基底上分布六边形石墨烯晶体。图 7-30(d) 的透射电子显微镜（TEM）测量证实了微米尺度样品的良好单晶性质。拉曼光谱表征显示其具有单层石墨烯的特征及较高的质量（基本不见 D 峰）。

石墨烯掺杂是一种有效的调节其电子性质和化学反应活性的方法[27,45,46]。石墨烯的氮掺杂已被许多方法实现[47-49]，而 CVD 方法可以简单地通过使用含氮的碳前驱体或引入含氮气体（如 N_2 或 NH_3）进入反应腔，来构建 N 掺杂的石墨烯。然而，以往的尝试主要是在金属基体上产生低掺杂氮含量的石墨烯。因为石墨烯晶

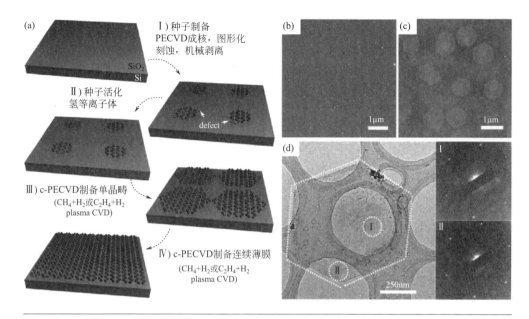

图 7-30　PECVD 生长石墨烯

（a）PECVD 生长过程示意；（b）石墨 650℃ 在成核后的 AFM 图；（c）600℃ 生长后的石墨烯 AFM 图；（d）生长后石墨烯的 TEM 图[27]

格中的氮原子不稳定，容易在高温下释放，因此，基于 PECVD 的低温制备是一种高效的石墨烯掺杂方法，并应用于各种基团的掺杂石墨烯的制备。

　　T. Kato 等通过快速加热 PECVD（RH-PECVD）直接在 SiO$_2$ 基底上生长可控载流子密度的石墨烯[44]。结合一层镍催化和等离子体的增强，他们在二氧化硅基底生长出大面积和高质量的单层石墨烯。在 RH-PECVD 生长过程中，石墨烯基场效应晶体管（FET）的电气传输类型可以通过提高 NH$_3$ 气体浓度来精确地实现从 p 型到 n 型转换。

　　为提高 N 掺杂石墨烯的质量，Wei 等提出了利用 PECVD 在原子级洁净的电介质表面生长六角形氮掺杂单晶石墨烯连续膜的方法，生长温度低至 435℃[50]。STM 图像证实石墨烯晶体结构表面有几个明亮的氮掺杂剂。类似于 PECVD 的本征石墨烯生长，N 掺杂石墨烯的生长强烈依赖于 NH$_3$ 的含量和生长温度，以实现在 N 掺杂石墨烯的成核和蚀刻的竞争过程之间的临界平衡状态。在未来的石墨烯电子产品中，这种直接的 n 掺杂石墨烯生长方法在原子级洁净的表面和无金属生长过程中具有重要的价值。

7.2.2　h-BN 基底

　　由 CVD 在半导体和绝缘体上生长的无催化石墨烯的早期研究主要是用硅基基

底进行的，然而，基于 Si 的器件正面临着根据摩尔定律的尺寸限制问题，这阻碍了技术进步的进程。因此，更合适的石墨烯生长基底如高 k 电介质或高迁移率半导体是目前石墨烯制备体系的一个重要方面。h-BN 是一种结构类似石墨烯的绝缘体（有一个典型的带隙，为 5.8eV），具有较高的平面机械强度和良好的化学惰性，已被证明是一种用于提高石墨烯器件性能的理想的介电层。虽然绝缘 h-BN 已被证明是石墨烯器件的极好基底，但大多数研究是在 h-BN 基底上转移石墨烯。然而，在转移过程中，完全阻止水分子和其他杂质吸附到石墨烯和 h-BN 界面仍然是一个挑战。

　　早期，研究人员利用常压 CVD 法成功在 h-BN 单晶片和插层 h-BN 上实现了石墨烯的生长[51,52]，然而，因为所用的薄片太小，无法研究其生长机制。2011 年，S. Tang 等报道了一种利用低压 CVD 实现单晶石墨烯形核生长的方法，提出石墨烯螺旋位错处形核成核和跃阶流生长机制，采用该方法制备的石墨烯晶畴的尺寸达到 270nm[53]。W. Yang 等首次提出了利用 PECVD 在 h-BN 上生长的大面积固定取向的单晶石墨烯[54]。以甲烷为气源，通过远程等离子体增强的气相外延技术，实现了在 h-BN 上石墨烯的可控范德瓦尔斯外延生长，如图 7-31 所示。

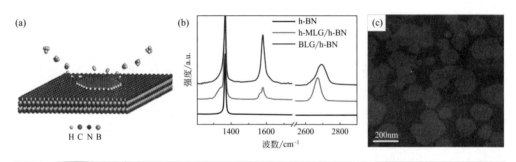

图 7-31　在 h-BN 上石墨烯的外延生长
（a）生长机制的示意；（b）石墨烯拉曼光谱；（c）石墨烯 AFM 图像[53]

　　图 7-31（a）举例说明了甲烷被分解成各种反应自由基的外延生长过程，并在此过程中进行了成核和随后的沿核边缘生长。拉曼光谱分析显示出六边形单层石墨烯的 sp^2 性质或双层石墨烯伴随着 h-BN 基底特征峰 ［图 7-31（b）］。图 7-31（c）的 AFM 图像显示，h-BN 基底上六角形的石墨烯具有相同朝向，表明 h-BN 上石墨烯的生长跟随一个取向。这种外延的石墨烯具有单晶、高质量［载流子迁移率可达 20,000cm²/(V·s)］、层数可控（1～3 层）等优点。AFM 观察到石墨烯和 h-BN 基底具有零转角的晶格堆垛方式，由于晶格失配导致三角摩尔图形出现，由此形成了约 15nm 周期的二维超晶格结构。这种超晶格结构会对石墨烯的能带进行改造，在超晶格布里渊区的 M 点形成新的狄拉克点。这种方法消除了对金属催化剂

的需求，并在石墨烯能带调控中显示出了希望，但它依赖于插层型 h-BN 底层，不适于在 h-BN 上进行可扩展的石墨烯生产。在这方面，M. Wang 等报道了一种新的方法，用 CVD 的方式实现了 h-BN 和石墨烯在铜上的连续生长，即首先在铜上制备 h-BN 膜，然后再在 h-BN/Cu 上生长石墨烯，用于合成和制造石墨烯/h-BN 混合结构[55]。然而石墨烯和 h-BN 之间的堆垛很难控制。

Jiang 研究组为 h-BN 生长多层石墨烯和大规模单晶石墨烯贡献了大量的研究成果[51-53]。通过 STM 研究石墨烯生长，他们进一步证实了这种石墨烯的范德瓦尔斯外延性质，并揭示了关于石墨烯晶格配在 h-BN 上的关键问题。为了研究石墨烯在 h-BN 上的晶畴取向，在略低的温度下制备了一种多晶单层石墨烯样品，如图 7-32(a) 所示。研究发现，云纹干涉法对 h-BN 上石墨烯的领域取向敏感。在［图 7-32(a)］的连续石墨烯领域中，波纹图显示了不同区域的不连续性。在区域 "1" 和 "2"［图 7-32(b)］中，云纹图案可见［图 7-32(c)］，因为两个区域的石墨烯晶格都很好地与基底匹配，而在区域 "3" 中，晶格与 h-BN 基底不完全一致，云纹图案是无法检测的。

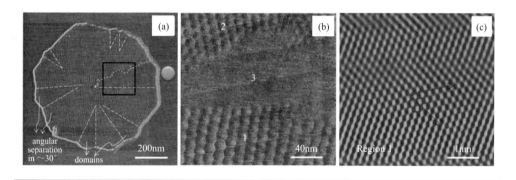

图 7-32 h-BN 上的多晶石墨烯

（a）h-BN 上的多晶石墨烯 STM 图像；（b）图（a）中黑色方框区域的石墨烯 STM 图像；（c）图（b）中方框内的石墨烯 STM 图像[53]

7.2.3 玻璃基底

玻璃作为一种典型的传统材料，拥有良好的透明度和低廉的成本，在日常环境中呈化学惰性，亦不会与生物起作用，已经成为人们生活中不可或缺的重要材料，被广泛应用于建筑、化工、电子、光学、医药以及食品等诸多领域。但其本身不具备导电和导热性，制约了其在更多领域的应用。将石墨烯与玻璃完美结合，生产出一种新型复合材料——石墨烯玻璃，既保持玻璃本身透光性好的优点，又将石墨烯超高导电性、导热性和表面疏水等优异特性赋予玻璃，可以用于表面防护、透明电极、光伏发电、屏幕触控、透明集成电路等多个方面，极大地拓展了玻璃的应用空间，引发玻璃产业从大批量低附加值的应用到节约型高附加值应用的革命性转变。

当前石墨烯玻璃通常采用液相涂膜或转移 CVD 法制备的石墨烯来获得，然而液相涂膜获得的石墨烯薄膜尺寸小，缺陷多，层数不均，导致利用这种方法制备的石墨烯薄膜的均匀性和品质都很差，与理论性能存在很大差距。将金属基底表面生长的石墨烯转移到玻璃表面的过程中，不可避免地存在表界面污染的问题，从而严重影响石墨烯玻璃的性能。这些方法存在操作繁复、成本高、产率低等问题，因而难以满足大规模应用的需求。因此，发展一种在玻璃基底上直接生长石墨烯的新方法，是目前相关研究中的一个重要课题。

利用 CVD 方法在玻璃表面直接生长石墨烯需要解决两方面问题：一是催化碳源裂解，在玻璃表面的成核和生长；二是玻璃的软化温度较低，需要降低石墨烯的生长温度。通过金属远程催化的方法能够提高碳源的裂解效率，在玻璃表面生长高质量的石墨烯，但始终无法避免金属的污染。北京大学刘忠范院士领导的研究团队利用 CVD 的方法，开发了三种不同路径，成功在玻璃表面上实现了石墨烯的直接生长。

（1）APCVD 在耐高温玻璃表面生长石墨烯

前面已经提到，CVD 法利用甲烷作碳源生长高质量的石墨烯，通常需要1000℃以上的高温。因此，为了在玻璃表面生长石墨烯，就需要选择耐高温玻璃作为生长基底，如石英玻璃、硼硅玻璃等。2015 年，刘忠范研究团队报道了一种无金属催化的 APCVD 法，直接在耐高温玻璃上生长石墨烯薄膜[56]。由于玻璃对于碳氢化合物分解的催化作用十分有限，热裂解成为甲烷裂解的主要方式。值得注意的是，在 LPCVD 体系下，物料迁移迅速，导致碳源气体分子的浓度较低，无法满足碳源在玻璃表面成核和石墨烯生长的要求，因此通常都是采用 APCVD 体系。

在玻璃表面生长石墨烯受碳源浓度的影响，随着甲烷的增加，样品的透光率逐渐降低，这表明在玻璃上的石墨烯的厚度可以通过调节前驱体的量来决定。拉曼表征表明在石英玻璃基底上生长的石墨烯主要为单层，在高硼硅玻璃和蓝宝石玻璃基底上生长的石墨烯为少数层，如图 7-33（a）所示。将玻璃基底制备的石墨烯做成场效应晶体管，测试结果表明其载流子迁移率为 $553\sim710\mathrm{cm}^2/(\mathrm{V\cdot s})$，优于二氧化硅基底直接制备的石墨烯。通过调整生长参数，石墨烯的面电阻和透光率均可以调控，如图 7-33（b）所示。

（2）APCVD 在熔融态玻璃表面生长

在基底的液体形式（如熔化的铜和镓）上，由于碳源在表面的加速迁移和液体的不同催化方式，石墨烯的成核和生长可以比固体基底更好地控制。基于此，刘忠范院士团队提出了石墨烯在熔融态玻璃表面的生长方法，如图 7-34 所示[57]。

石墨烯在熔融态玻璃表面的生长过程，包括成核、快速生长和缓慢生长三个阶段。首先是成核过程，在生长进行到 30min 时形成可见的石墨烯核心，石墨烯在熔

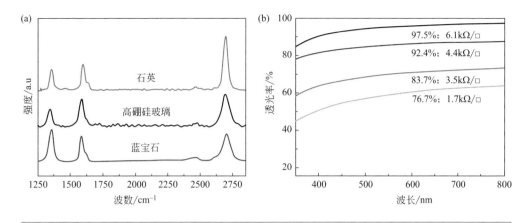

图7-33　生长在各种玻璃基底上的石墨烯拉曼表征（a）和

石墨烯/石英玻璃的面电阻及透光率（b）[56]

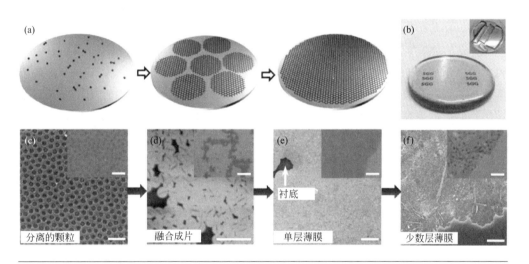

图7-34　直接在熔融玻璃上生长石墨烯

（a）石墨烯在熔融玻璃上生长示意；（b）生长在玻璃上的石墨烯照片；（c）～（f）不同生长条件下石墨烯的
SEM 图像；（c）150sccm Ar/20sccm H₂/8sccm CH₄，970℃生长 1h；（d）150sccm Ar/15sccm H₂/5sccm
CH₄，1000℃生长 2h；（e）150sccm Ar/15sccm H₂/6sccm CH₄，1020℃生长 2h；（f）150sccm Ar/15sccm
H₂/15sccm CH₄，1020℃生长 4h（插图为光学照片；标尺 5μm）[57]

融玻璃表面是同时成核的，在后续生长过程中基本不会再有新的核心产生。然后是
生长过程，当生长到一定阶段时，会形成尺寸约为 1μm 左右的石墨烯圆片，这些
圆片的大小和分布都十分均匀，这是因为熔融玻璃表面是各向同性的，同时石墨烯
片在熔融玻璃表面存在一定程度的迁移行为。值得注意的是，石墨烯在熔融玻璃表

面的生长行为与在相同条件下的固体二氧化硅的生长行为是不同的。特别地，熔融玻璃表面提供了一个各向同性的平台，并消除了诸如缺陷、扭结和粗糙点等高能量点，使石墨烯的成核均匀。通过延长生长时间发现，不同于固态玻璃基底，石墨烯在熔融玻璃表面的生长速率在生长过程中会逐渐减慢并最终趋于停止，而不是持续生长形成多层石墨烯。因此，可以通过控制甲烷浓度和生长温度等获得不同覆盖面积和不同层数的石墨烯。温度对于石墨烯在熔融态玻璃表面生长的影响是多方面的。一方面，温度升高有助于碳源的裂解，同时提升碳活性物种在玻璃表面的迁移能力，有助于石墨烯片长得更快更大；另一方面，石墨烯临界成核尺寸随温度升高而增大，导致高温下成核数目减少，石墨烯圆片更加稀疏；除此之外，温度越高，熔融态玻璃的热运动也就越剧烈，表面漂浮的石墨烯圆片也就越容易发生碰撞，也就越容易在生长的前期融合在一起形成石墨烯片的聚集体。

（3）PECVD 低温条件下在玻璃表面生长

虽然石墨烯在高温条件下的生长有助于其品质的提升，但是对于那些已经成型的玻璃器件，高温生长会导致其外观和性质发生不可逆转的变化，因此实现低温条件下石墨烯在固态玻璃表面的可控生长是发展石墨烯玻璃的重要组成部分。在低温条件下，石墨烯在各种玻璃基底上的催化和可伸缩合成，对于许多应用，如低成本的透明电子产品和最先进的显示器，都具有极其重要的意义。PECVD 方法是低温生长石墨烯的有效手段，它通过高能等离子体辅助碳源的裂解，从而有效降低石墨烯生长所需的温度，在 $400 \sim 600\,^{\circ}\mathrm{C}$ 条件下即可完成石墨烯的生长。2015 年，刘忠范院士团队报道了用 PECVD 方法实现在各种玻璃上直接生长石墨烯[58]。通过控制生长参数，可以对获得的石墨烯的形态、表面润湿、光学和电学性能进行调控。

甲烷在等离子体辅助下很容易分解为 CH_x，C_2H_y 和原子 C 等活性基团，部分会吸附到玻璃表面开始石墨烯的成核和生长。在石墨烯生长过程中，碳源浓度对石墨烯质量影响很大如图 7-35（a）所示，当碳源浓度很低时，尽管延长生长时间也几乎没有石墨烯的形成，高浓度的 CH_4 能会使石墨烯的生长更厚，获得的石墨烯薄膜的面电阻也出现相应地变化，如图 7-35（b）所示。在 FTO 玻璃基底上生长石墨烯，温度越高，石墨烯质量越差，如图 7-35（c）所示，这可能是由于 FTO 涂层在低压力、温度升高的环境下不断受到破坏，而石墨烯沉积在这样的表面上是很困难的。石墨烯透光率和导电性同样可以通过控制生长条件进行调整，如图 7-35（d）所示。由于等离子体发生器产生的电场方向与玻璃表面相垂直，生长的石墨烯呈网络状直立结构，当玻璃表面覆盖上这种石墨烯后，将会极大地改变原始玻璃基底表面的润湿行为，普通玻璃的接触角为 $10\,^{\circ} \sim 17\,^{\circ}$，光学透过率为 89% 的石墨烯玻璃接触角可达 $95\,^{\circ}$，这种石墨烯玻璃具有如此良好的疏水性能，可应用于多功能、低成本、环保的自清洁窗户和雨雾水收集器皿。

PECVD 石墨烯的生长速率比高温 CVD 下生长更快，但由于生长温度较低，导致吸附在玻璃表面的活性碳物种的迁移受到限制，目前，PECVD 生长的石墨烯

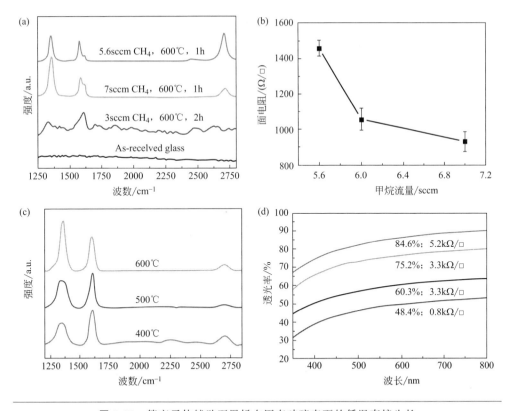

图 7-35　等离子体辅助石墨烯在固态玻璃表面的低温直接生长

（a）不同的甲烷流量合成的石墨烯拉曼光谱；（b）不同甲烷流量合成石墨烯的面电阻；（c）不同温度下合成石墨烯的拉曼光谱；（d）面电阻与透光率的关系[58]

晶畴尺寸很小，缺陷更多，结晶质量也更差。该方法仍有很大的提升空间，如通过优化生长条件，提升石墨烯玻璃的品质。

7.2.4　其他半导体或高 k 介质基底

7.2.4.1　锗基底

锗与硅在材料上具有类似的特性，预计将成为一种有前途的通道材料，以取代传统的 Si 而用于下一代高性能金属氧化物半导体场效应晶体管。因此，除了在硅基基底生长石墨烯外，许多组研究了在锗上直接制备大面积的石墨烯[59-61]，例如，在 Ge（110）面外延生长单层单晶石墨烯[59]，在此研究中，作者认为，Ge（110）的双重对称各向异性对石墨烯晶畴结合成单晶起主导作用。其他各向同性锗表面如 Ge（111）表面主要生长出多晶石墨烯薄膜，G. Wang 等通过 CVD 直接获得在 Ge（001）面上的多晶连续单层石墨烯[60]。除了通过调整 CVD 条件来最大化晶体生长的各向异性之外，R. M. Jacobbogger 等演示了在 Ge（001）面直接生长高深宽比纳米带，如图 7-36 所示[62]。这种纳米带更容易亲近 Ge（001）取向，使石墨烯纳米带可调至宽小于 10nm，纵横比为大于 70[62]。这种各向异性的生长是通过在一个系统中运行 CVD 条件来实现的，其生长速度在宽度方向上特别慢。为了优化和最大化各向异性，他们研究了生长速率与宽度（W）和长度（L）方向的关系。增加生长时间导致了各向异性生长的减弱，从而降低了石墨烯纳米带的平均长宽比。这一方向各向异性的生长使纳米技术直接在半导体上实现，为纳米带集成到未来混合集成电路提供了道路。

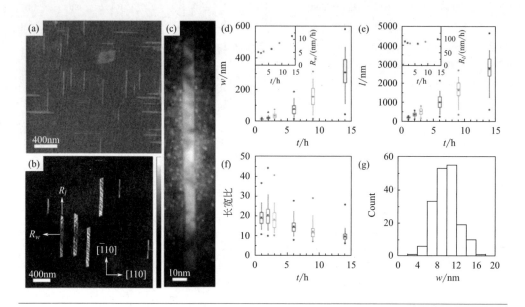

图 7-36 Ge（001）面石墨烯纳米带的生长

（a）～（c）SEM、AFM、TEM 图；（d）～（f）纳米带宽、长、长宽比与生长时间的关系；（g）生长 1h 的纳米带宽度直方图[62]

7.2.4.2 高 k 介质基底

从技术的角度来看，选择合适的绝缘基底直接生长石墨烯非常重要，因为它对石墨烯的质量有很大的影响，并直接影响器件性能。在这方面，高 k 介电质基底的使用有助于减少栅极泄漏，改善栅极电容以及更好的栅极调制。因此，在高 k 材料上直接生长石墨烯将对高性能石墨烯电子学的发展具有巨大的影响。到目前为止，一些高 k 材料如 ZrO_2[63]、Si_3N_4[24]、$SrTiO_3$[64]、CuO[65]，被用作石墨烯生长的基底。

金属氧化物在这方面具有良好的介电性能和催化性能。一般来说，在非金属表面上生长的石墨烯比金属上生长的质量更低，在某些情况下，石墨烯甚至被发现是

p 或 n-掺杂的。S. Gottardi 等比较了 Cu（111）和氧化 Cu（111）表面的石墨烯生长，并进行了密度泛函理论计算，以深入了解反应过程，帮助解释氧化铜的催化活性[65]。研究结果表明，在预氧化 Cu（111）表面上，一步生长高质量的单层石墨烯是可行的。与 Cu（111）上的石墨烯相比，在氧化铜表面与石墨烯之间未发现弱相互作用和掺杂，可以有效地与基体分离，从而使其固有特性得到保留。重要的是，这意味着自由石墨烯的带结构被保留。由于氧化铜是一种高 k 的介电材料，所以这些发现对石墨烯电子器件的实现是一个重要的贡献。

正如上面所提到的，选择合适的基底来直接生长石墨烯对制造纳米电子设备是非常重要的。在未来的高性能石墨烯器件中，直接在更多新颖、有用的半导体和电介质上生长出石墨烯是很有必要的。

7.3 大面积及工业化制备

从理论上讲，基于铜基底的 CVD 制备石墨烯薄膜的技术，石墨烯薄膜的尺寸只受基底尺寸及反应腔室尺寸限制，但是在实际的生产中，却要从设备的可实现性、成本、安全性等多方面因素综合考虑。例如，当加大反应腔室尺寸时，设备的整体设计难度及成本都呈指数级的增加，而当反应空间变大时，温度及气流的均匀性、可控性也都会变差。因此，当石墨烯从实验室规模的小尺寸制备转为工业化的大尺寸、大批量制备时，除了考虑工艺因素外，还需要对 CVD 设备的设计进行考虑。对于石墨烯的规模化制备，主要有两种策略，即片式制备和卷对卷制备。下面就这两种方式进行简要的介绍。

7.3.1 片式制备

片式制备是指将一个批次的基底（基底一般呈片状或其他特定形态）同时放入反应室中，完成石墨烯制备从基底装载到基底预处理和石墨烯生长，最后取出基底的整个过程。这和实验室中的制备过程基本相同，但是在一般实验室操作中，所使用的反应室通常为石英管，铜箔以展平状态置于反应室中，如图 7-37（a）所示，其长度 L 等于恒温加热区的长度，由石英管反应室的长度和管式炉的长度决定，其宽度 W 与反应室的直径相当。一般实验室用的管式炉的恒温加热区为几十厘米，通过增加加热元件可以比较容易地延长加热区域。而使用石英管的直径为 $25\sim200mm$，可见，石墨烯的尺寸主要是其宽度 W 受石英管直径 D 的限制。将铜箔卷绕在一个直径稍小的石英管上，如图 7-37（b）所示，可以使石墨烯的宽度 W 达到反应室直径的 3 倍多，但这一增加仍然有限。此外，不论是哪种方式，反应室的空间并没有被充分的利用。在工业生产中，一方面，使用的反应腔室更大，另一方面，通过对铜箔装载方式的设计，例如使用特定的支架，可以装载远大于反应室尺寸的铜箔或多片铜箔，从而更有效地利用反应室空间，提高生长效率。图 7-37（c）所示为 X. Li 等发明的一种铜箔装载方式，通过手指状石英支架将铜箔分隔以避免其在高温时黏结，可以实现尺寸为石英管直径的几十倍的石墨烯的制备[66]。而将铜箔卷绕起来，则可以将尺寸提高至数百倍，如图 7-37（d）所示。图 7-38（a）所示为一种工业化制备石墨烯薄膜的 CVD 设备，图 7-38（b）为由美国 BGT 公司于 2013 年通过卷绕法用直径为 125mm 的石英管反应室制备的对角线约 10m 的石墨烯薄膜。

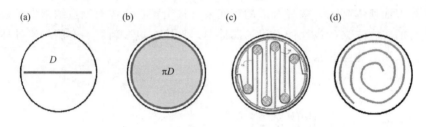

图 7-37　铜基底各种装载方式示意

图 7-38　工业制备石墨烯薄膜 CVD 设备（a）[67] 和生长在 0.6m×7.5m 铜箔上的石墨烯（b）

　　一种改进的片式制备工艺是采用模块化多腔室装置，即将整个 CVD 过程分解成多个步骤，每个步骤在不同的反应室中完成，从而可以实现生产的连续进行。

7.3.2　卷对卷制备与转移

7.3.2.1　卷对卷生长工艺及设备
　　尽管通过将反应室增大及对基底装载方式进行优化设计，可以提高片式制备石墨烯的面积及生产效率，但对于单片石墨烯的转移过程，却极大地限制了石墨烯最终产品的生产效率及成本。与片式制备工艺相对的另一种工艺是卷对卷（roll to roll，简称 R2R）工艺。R2R 工艺是指基底通过成卷连续的方式进行制备，不仅可以用于石墨烯的 CVD 制备，还可以用于石墨烯的转移。石墨烯的 R2R 制备与转移相结合，不仅能提高生产率，而更重要的是提高自动化程度。这种高自动化的生产明显地减少了人为操作和管理因素，受环境条件（温度、湿度洁净度等）影响变化小，有利于获得更高的产品合格率、质量和可靠性。

早期，T. Hesjedal 等用一个可调节的管式炉在铜箔上 R2R 生长多层石墨烯，速度 $1\sim40cm/min$，$I_D/I_G\approx0.16\pm0.06$[68]。日本国家先进工业科学技术研究所将 MW-PECVD 技术和 R2R 技术结合，在 $300\sim400℃$ 的低温下以 $1cm/min$ 的速率合成了幅宽 294mm、长 30m 的石墨烯薄膜，虽然等离子增强的过程可以实现低温生长，但这也限制了石墨烯的质量和晶畴的大小，通过横截面透射电子显微镜发现，它是由纳米大小的薄片组成的多层石墨烯。他们随之开发了配套的石墨烯薄膜 R2R 转移设备，其主要设计思路是基于前述的热剥离胶带辅助转移法和胶黏剂粘接直接转移法，目标基底为柔性 PET，该方法极大地降低了单位面积石墨烯薄膜的转移成本。转移后的石墨烯/PET 为柔性透明导电膜，透光率不低于 80%，面电阻变化范围为 $0.1\sim7\times10^5\,\Omega/\square$。由于涉及技术和商业秘密，公开报道的内容不多。日本索尼公司在第 73 届应用物理学会秋季会议上宣布，他们利用 CVD 方法在铜箔上成功制备出长 100m、宽 230mm 的石墨烯，并转移至 PET 上[69]。石墨烯生长采用焦耳加热法，直接给悬空在两个辊轴之间的铜箔施加 $80A/mm^2$ 的大电流，再通入甲烷和氢气混合气合成石墨烯，避免了腔室整体升温的高能耗，薄膜生长速率为 6m/h。

韩国三星电子、成均馆大学和首尔大学联合研究组自 2009 年起布局石墨烯 R2R 生长和转移工艺[70]，随后开发了较为成熟的中试型自动化生产线[71]。

2015 年，密歇根大学 E. S. Polsen 等介绍了一种同心管反应器的设计，用于 R2R 连续生长石墨烯。在同心管反应器中，铜薄片是绕着内管缠绕的，并通过同心管之间的间隙进行转换。他们使用实验室规模的原型机在铜基板上合成石墨烯，其速度从 $25mm/min$ 到 $500mm/min$ 不等，并研究了工艺参数对连续移动的箔片的均匀性和覆盖范围的影响。

7.3.2.2 卷对卷转移工艺

2010 年，韩国 S. Bae 等利用 TRT 实现了对角线长 30 英寸的单层和多层石墨烯转移[70]，转移流程如图 7-39 所示。首先，将 TRT 与石墨烯/铜箔通过两个辊轴在 0.2MPa 压力下贴合，形成 TRT/石墨烯/铜箔结构；然后多次通过温度和浓度可控的过硫酸铵溶液，将铜箔腐蚀掉，并用去离子水清洗表面杂质，再氮气吹干；随后经过辊轴与 PET 基片压合，加热至 120℃，TRT 自动从石墨烯表面脱离，得

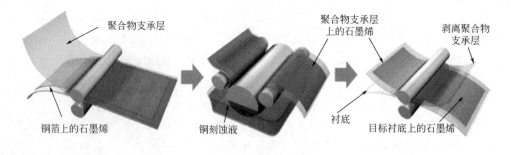

图 7-39　R2R 转移石墨烯示意[70]

到单层石墨烯/PET 卷。重复以上步骤可以得到多层石墨烯膜。尽管他们所转移的是单片的石墨烯，但这种装置同样适用于石墨烯的 R2R 转移。

2014 年，该研究组公开报道研发的石墨烯生长系统、R2R 层压、腐蚀、清洗和烘干系统，形成了较成熟的中试型自动化生产线，如图 7-40 所示[71]。石墨烯生长所需的高能量是由石英腔室外的热线圈产生的热辐射，石墨烯生长好之后，经温度和压力可控的层压机与 TRT 贴合，然后，用过氧化氢和硫酸为基础的蚀刻溶液，

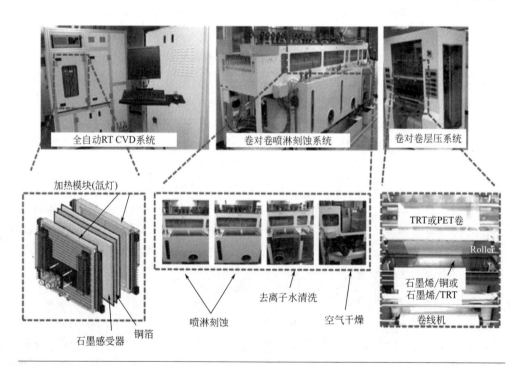

图 7-40　生产兼容的 RT-CVD、卷到辊蚀刻和分层系统的照片[71]

通过 R2R 蚀刻系统，将 TRT 另一侧的铜去除，同时背面的石墨烯也一起被除去。在完全刻蚀铜箔之后，用去离子水冲洗附着在 TRT 上的石墨烯，清洗后贴在 $100\mu m$ 厚的 PET（玻璃化温度约 $120℃$）上，再次以 $0.5mm/min$ 速率通过两个压辊（$0.4MPa$，$110℃$），即成功将石墨烯转移到 PET 上。转移的石墨烯倾向于跟随基质的表面形态，从而使石墨烯和 PET 之间的范德瓦尔斯接触面积最大化，在石墨烯与 PET 之间可以不使用胶层。整个工艺流程转移效率高。据他们报道，未掺杂的薄膜面电阻分布在（249 ± 17）$\Omega/\square$ 之间，偏差不超过 10%。

日本索尼公司采用 R2R 转移法，在 $125\mu m$ 厚的 PET 上均匀涂覆一层 UV 胶，与石墨烯/铜箔层压贴合后，经紫外光固化形成 PET/环氧树脂/石墨烯/铜箔的层状结构。将卷材连续通过 $CuCl_2$ 溶液喷涂机腐蚀掉铜箔，然后用去离子水清洗氮气吹干[69]。然而，该方法中 UV 胶在与石墨烯贴合时完整复制了铜箔表面的形貌，使石墨烯/PET 表面粗糙化，影响薄膜整体透光率和雾度。该薄膜的面电阻约为 $500\Omega/\square$，透光率约为 80%。

乙烯-醋酸乙烯共聚物（ethylene-vinyl acetate copolymer，简称 EVA）热塑性胶具有在高温下产生黏附性、在室温下能固化的特性，也被用于 R2R 转移石墨烯。2010 年，Z. Y. Juang 等报道了通过 R2R 工艺将多层石墨烯转移至 PET 上[72]。首先，将多层石墨烯/镍膜与涂覆 EVA 的 PET 通过 $150℃$ 的热压辊轴贴合在一起，EVA 在 PET 与石墨烯之间充当胶黏剂；然后 PET/EVA/石墨烯/镍箔在室温下经过冷辊轴，可控地将 PET/EVA/石墨烯与镍箔完全剥离。转移后石墨烯的厚度取决于生长在镍表面的厚度而不是滚动速度。在镍箔上的多层石墨烯为有序堆垛结构，但转移后成为随机分布的多层石墨烯微片，使得微片与微片之间的接触变差，导致面电阻升高，并且薄膜整体粗糙度增加对入射光的散射增强，降低了薄膜透光率。薄膜透光仅为 55%，薄膜面电阻在 $5k\Omega/\square$ 水平。

2015 年，B. N. Chandrashekar 等演示了一种 R2R "绿色"（无金属腐蚀，无聚合物残留物，环保和经济）方法将由 CVD 在铜上生长的大面积石墨烯转移到透明的 EVA/PET 衬底[73]。该方法在热去离子水中采用电化学剥离的方式分离石墨烯和铜箔，如图 7-41（a）所示。其转移过程可分为 4 个步骤：a. 将石墨烯/铜在室温下储存一段时间或稍微加热以加速铜的氧化；b. 用热辊压法将石墨/铜粘在 PET 塑料上；c. 将层压的铜/石墨烯/EVA/PET 膜浸入热水中（$50℃$）2min；d. 滚辊式机械分层铜/石墨烯 EVA/PET，得到铜箔和石墨烯/EVA/PET。图 7-41（c）为实验室转移石墨烯过程的照片。R2R 分离速度可达 1cm/s，分离的铜箔和石墨烯/EVA/PET 薄膜随后被带着相反的辊轴缠绕在一起，用氮气枪烘干。值得注意的是，转移后的铜箔可以重复用于石墨烯的生长。

石墨烯成功地转移到理想的基板上之后，仍然需要复杂的工艺过程来制造所需的形状，如传统的光刻、电子束光刻、离子束光刻等。它们也会出现一些问题，包括低效率和多处理步骤，这些步骤会阻碍基于石墨烯器件的大面积和 R2R 制造。

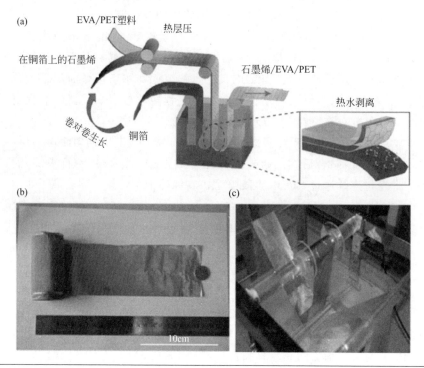

图 7-41 R2R 绿色转移石墨烯

(a) 示意图；(b) 石墨烯/铜箔照片；(c) 转移装置照片[51]

硅胶拥有与 PDMS 一样低的表面能，PET/硅树脂与 PDMS 有类似的性质，但是硅树脂的强自粘特性使得石墨烯能够在不留下任何明显残留的情况下附着和释放。T. Choi 等展示了一种可应用于各种衬底的滚动连续图形化转移方法，使用的是 PET/硅树脂的双层结构薄膜，可以在不需要任何附加的复杂系统的情况下连续执行，并且该方法适合于卷式大规模生产[74]。整个转移过程如图 7-42 所示。生长在铜箔上的单层石墨烯与低黏附力的 PET/硅树脂经滚轴压合在一起，形成了紧密接触。接下来，用 0.1mol/L 的过硫酸铵溶液腐蚀掉铜箔，在通过压花辊和反式辊之间压印时，所需要的图案就印在了石墨烯薄膜上。PET/硅树脂/石墨烯只与凸出的图案部分接触，由于在界面上有很高的附着力，石墨烯附着表面，而剩下的石墨烯则留在了 PET/硅树脂层上。最后，在石墨烯/硅树脂和石墨烯/目标基底之间的黏附力差的情况下，可以很容易地从 PET/硅树脂薄膜转移到目标基板上。由于硅树脂的表面能量非常低，和石墨烯之间的黏附力要比石墨烯和大多数基板之间的黏性要小得多。因此，石墨烯可以附着在滚筒上的压花表面上，并成功地释放目标基板。

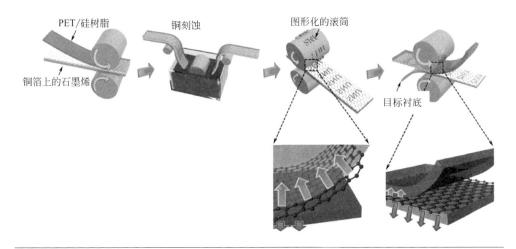

图中标注：PET/硅树脂，铜刻蚀，图形化的滚筒，铜箔上的石墨烯，目标衬底

图 7-42 R2R 连续图形化转移示意[74]

—— 参考文献 ——

［1］ Z. Li，P. Wu，C. Wang，X. Fan，W. Zhang，X. Zhai，C. Zeng，Z. Li，J. Yang，J. Hou. *Lowtemperature growth of graphene by chemical vapor deposition using solid and liquid carbon sources*. ACS Nano（2011）**5**：3385-3390.

［2］ B. Zhang，W. H. Lee，R. Piner，I. Kholmanov，Y. Wu，H. Li，H. Ji，R. S. Ruoff. *Lowtemperature chemical vapor deposition growth of graphene from toluene on electropolished copper foils*. ACS Nano（2012）**6**：2471-2476.

［3］ J. H. Choi，Z. Li，P. Cui，X. Fan，H. Zhang，C. Zeng，Z. Zhang. *Drastic reduction in the growth temperature of graphene on copper via enhanced London dispersion force*. Sci. Rep.（2013）**3**：1925.

［4］ P. R. Kidambi，C. Ducati，B. Dlubak，D. Gardiner，R. S. Weatherup，M. -B. Martin，P. Seneor，H. Coles，S. Hofmann. *The parameter space of graphene chemical vapor deposition on polycrystalline Cu*. J. Phys. Chem. C（2012）**116**：22492-22501.

［5］ J. Jang，M. Son，S. Chung，K. Kim，C. Cho，B. H. Lee，M. -H. Ham. *Low-temperaturegrown continuous graphene films from benzene by chemical vapor deposition at ambient pressure*. Sci. Rep.（2015）**5**：17955.

［6］ E. Lee，H. C. Lee，S. B. Jo，H. Lee，N. S. Lee，C. G. Park，S. K. Lee，H. H. Kim，H. Bong，K. Cho. *Heterogeneous solid carbon source-assisted growth of high-quality graphene via cvd at low temperatures*. Adv. Funct. Mater.（2016）**26**：562-568.

［7］ K. Gharagozloo-Hubmann，N. S. Muller，M. Giersig，C. Lotze，K. J. Franke，S. Reicht. *Requirement on aromatic precursor for graphene formation*. J. Phys. Chem. C（2016）**120**：9821-9825.

［8］ X. Wan，K. Chen，D. Liu，J. Chen，Q. Miao，J. Xu. *High-quality large-area graphene from dehydrogenated polycyclic aromatic hydrocarbons*. Chem. Mater.（2012）**24**：3906-3915.

［9］ T. Wu，G. Ding，H. Shen，H. Wang，L. Sun，Y. Zhu，D. Jiang，X. Xie. *Continuous graphene films synthesized at low temperatures by introducing coronene as nucleation seeds*. Nanoscale（2013）**5**：

5456-5461.

［10］ S. Kawai，B. Eren，L. Marot，E. Meyer. *Graphene synthesis via thermal polymerization of aromatic quinone molecules*. ACS Nano （2014）**8**：5932-5938.

［11］ Y. Xue，B. Wu，L. Jiang，Y. Guo，L. Huang，J. Chen，J. Tan，D. Geng，B. Luo，W. Hu，G. Yu，Y. Liu，*Low temperature growth of highly nitrogen-doped single crystal graphene arrays by chemical vapor deposition*. J. Am. Chem. Soc. (2012) **134**：11060-11063.

［12］ R. M. Jacobberger，P. L. Levesque，F. Xu，M. -Y. Wu，S. Choubak，P. Desjardins，R. Martel，M. S. Arnold. *Tailoring the growth rate and surface facet for synthesis of high-quality continuous graphene films from CH$_4$ at 750 degrees c via chemical vapor deposition*. J. Phys. Chem. C （2015）**119**：11516-11523.

［13］ Y. Z. Chen，H. Medina，H. -W. Tsai，Y. -C. Wang，Y. -T. Yen，A. Manikandan，Y. -L. Chueh. *Low temperature growth of graphene on glass by carbon-enclosed chemical vapor deposition process and its application as transparent electrode*. Chem. Mater. (2015) **27**：1646-1655.

［14］ Y. Woo，D. -C. Kim，D. -Y. Jeon，H. -J. Chung，S. -M. Shin，X. -S. Li，Y. -N. Kwon，D. H. Seo，J. Shin，U. I. Chung，S. Seo. *Large-grained and highly-ordered graphene synthesized by radio frequency plasma-enhanced chemical vapor deposition*，in *Graphene and Emerging Materials for Post-Cmos Applications*，Y. Obeng，S. DeGendt，P. Srinivasan，D. Misra，H. Iwai，Z. Karim，D. W. Hess，H. Grebel，Editors. 2009：111.

［15］ G. Nandamuri，S. Roumimov，R. Solanki. *Remote plasma assisted growth of graphene films*. Appl. Phys. Lett. (2010) **96**：154101.

［16］ Y. Kim，W. Song，S. Y. Lee，C. Jeon，W. Jung，M. Kim，C. Y. Park. *Low-temperature synthesis of graphene on nickel foil by microwave plasma chemical vapor deposition*. Appl. Phys. Lett. （2011）**98**：263106.

［17］ T. Terasawa，K. Saiki. *Growth of graphene on Cu by plasma enhanced chemical vapor deposition*. Carbon (2012) **50**：869-874.

［18］ T. Yamada，M. Ishihara，M. Hasegawa. *Large area coating of graphene at low temperature using a roll-to-roll microwave plasma chemical vapor deposition*. Thin Solid Films (2013) **532**：89-93.

［19］ D. A. Boyd，W. H. Lin，C. C. Hsu，M. L. Teague，C. C. Chen，Y. Y. Lo，W. Y. Chan，W. B. Su，T. C. Cheng，C. S. Chang，C. I. Wu，N. C. Yeh. *Single-step deposition of high-mobility graphene at reduced temperatures*. Nat. Commun. (2015) **6**：7620.

［20］ M. A. Fanton，J. A. Robinson，C. Puls，Y. Liu，M. J. Hollander，B. E. Weiland，M. LaBella，K. Trumbull，R. Kasarda，C. Howsare，J. Stitt，D. W. Snyder. *Characterization of graphene films and transistors grown on sapphire by metal-free chemical vapor deposition*. ACS Nano （2011）**5**：8062-8069.

［21］ J. H wang，M. Kim，D. Campbell，H. A. Alsalman，J. Y. Kwak，S. Shivaraman，A. R. Woll，A. K. Singh，R. G. Hennig，S. Gorantla，M. H. Ruemmeli，M. G. Spencer. *Van der Waals epitaxial growth of graphene on sapphire by chemical vapor deposition without a metal catalyst*. ACS Nano (2013) **7**：385-395.

［22］ J. Chen，Y. Guo，L. Jiang，Z. Xu，L. Huang，Y. Xue，D. Geng，B. Wu，W. Hu，G. Yu，Y. Liu. *Near-equilibrium chemical vapor deposition of high-quality single-crystal graphene directly on various dielectric substrates*. Adv. Mater. (2014) **26**：1348-1353.

［23］ G. Hong，Q. -H. Wu，J. Ren，S. -T. Lee. *Mechanism of non-metal catalytic growth of graphene on silicon*. Appl. Phys. Lett. (2012) **100**：231604.

[24] J. Chen，Y. Guo，Y. Wen，L. Huang，Y. Xue，D. Geng，B. Wu，B. Luo，G. Yu，Y. Liu. *Two-stage metal-catalyst-free growth of high-quality polycrystalline graphene films on silicon nitride substrates*. Adv. Mater. (2013) **25**：992-997.

[25] S. C. Xu，B. Y. Man，S. Z. Jiang，C. S. Chen，C. Yang，M. Liu，X. G. Gao，Z. C. Sun，C. Zhang. *Direct synthesis of graphene on SiO_2 substrates by chemical vapor deposition*. Crystengcomm（2013）**15**：1840-1844.

[26] D. Liu，W. Yang，L. Zhang，J. Zhang，J. Meng，R. Yang，G. Zhang，D. Shi. *Two-step growth of graphene with separate controlling nucleation and edge growth directly on SiO_2 substrates*. Carbon（2014）**72**：387-392.

[27] D. Wei，Y. Lu，C. Han，T. Niu，W. Chen，A. T. Wee. *Critical crystal growth of graphene on dielectric substrates at low temperature for electronic devices*. Angew. Chem. (2013) **125**：14371-14376.

[28] Z. Peng，Z. Yan，Z. Sun，J. M. Tour. *Direct growth of bilayer graphene on SiO_2 substrates by carbon diffusion through nickel*. ACS Nano（2011）**5**：8241-8247.

[29] Z. Yan，Z. Peng，Z. Sun，J. Yao，Y. Zhu，Z. Liu，P. M. Ajayan，J. M. Tour. *Growth of bilayer graphene on insulating substrates*. ACS Nano（2011）**5**：8187-8192.

[30] L. Tan，M. Zeng，Q. Wu，L. Chen，J. Wang，T. Zhang，J. Eckert，M. H. Ruemmeli，L. Fu. *Direct growth of ultrafast transparent single-layer graphene defoggers*. Small（2015）**11**：1840-1846.

[31] K. S. Kim，Y. Zhao，H. Jang，S. Y. Lee，J. M. Kim，K. S. Kim，J.-H. Ahn，P. Kim，J.-Y. Choi，B. H. Hong. *Large-scale pattern growth of graphene films for stretchable transparent electrodes*. Nature（2009）**457**：706-710.

[32] D. Kang，W. J. Kim，J. A. Lim，Y. W. Song. *Direct growth and patterning of multilayer graphene onto a targeted substrate without an external carbon source*. ACS Appl. Mater. Inter. (2012) **4**：3663-3666.

[33] D. Wang，H. Tian，Y. Yang，D. Xie，T.-L. Ren，Y. Zhang. *Scalable and direct growth of graphene micro ribbons on dielectric substrates*. Sci. Rep. (2013) **3**：1348.

[34] M. P. Levendorf，C. S. Ruiz-Vargas，S. Garg，J. Park. *Transfer-free batch fabrication of single layer graphene transistors*. Nano Lett. (2009) **9**：4479-4483.

[35] C. Y. Su，A.-Y. Lu，C.-Y. Wu，Y.-T. Li，K.-K. Liu，W. Zhang，S.-Y. Lin，Z.-Y. Juang，Y.-L. Zhong，F.-R. Chen，L.-J. Li. *Direct formation of wafer scale graphene thin layers on insulating substrates by chemical vapor deposition*. Nano Lett. (2011) **11**：3612-3616.

[36] T. Kaplas，D. Sharma，Y. Suirko. *Few-layer graphene synthesis on a dielectric substrate*. Carbon (2012) **50**：1503-1509.

[37] A. Ismach，C. Druzgalski，S. Penwell，A. Schwartzberg，M. Zheng，A. Javey，J. Bokor，Y. Zhang. *Direct chemical vapor deposition of graphene on dielectric surfaces*. Nano Lett. (2010) **10**：1542-1548.

[38] P.-Y. Teng，C.-C. Lu，K. Akiyama-Hasegawa，Y.-C. Lin，C.-H. Yeh，K. Suenaga，P.-W. Chiu. *Remote catalyzation for direct formation of graphene layers on oxides*. Nano Lett. (2012) **12**：1379-1384.

[39] H. Kim，I. Song，C. Park，M. Son，M. Hong，Y. Kim，J. S. Kim，H.-J. Shin，J. Baik，H. C. Choi. *Copper-vapor-assisted chemical vapor deposition for high-quality and metal-free single-layer graphene on amorphous SiO_2 substrate*. ACS Nano (2013) **7**：6575-6582.

[40] Y. Z. Chen，H. Medina，H. C. Lin，H. W. Tsai，T. Y. Su，Y. L. Chueh. *Large-scale and patternable graphene：direct transformation of amorphous carbon film into graphene/graphite on insulators via Cu mediation engineering and its application to all-carbon based devices*. Nanoscale (2015) **7**：1678-1687.

[41] H. J. Shin，W. M. Choi，S. M. Yoon，G. H. Han，Y. S. Woo，E. S. Kim，S. J. Chae，X. S. Li，A. Benayad，

D. D. Loc. *Transfer-free growth of few-layer graphene by self-assembled monolayers*. Adv. Mater. (2011) **23**: 4392-4397.

[42] Q. Q. Zhuo, Q. Wang, Y. P. Zhang, D. Zhang, Q. L. Li, C. H. Gao, Y. Q. Sun, L. Ding, Q. J. Sun, S. D. Wang. *Transfer-free synthesis of doped and patterned graphene films*. ACS Nano (2015) **9**: 594-601.

[43] G. Yang, H. Y. Kim, S. Jang, J. Kim. *Transfer-free growth of multilayer graphene using self-assembled monolayers*. ACS Appl. Mater. Inter. (2016) **8**: 27115-27121.

[44] T. Kato, M. Morikawa, H. Suzuki, B. Xu, R. Hatakeyama, T. Kaneko. *Catalyst-free growth of high-quality graphene by high-temperature plasma reaction*. Nanosci. Technol. (2014) **1**: 1-4.

[45] X. Wang, X. Li, L. Zhang, Y. Yoon, P. K. Weber, H. Wang, J. Guo, H. Dai. *N-doping of graphene through electrothermal reactions with ammonia*. Science (2009) **324**: 768-771.

[46] Y. Xue, B. Wu, Q. Bao, Y. Liu. *Controllable synthesis of doped graphene and its applications*. Small (2014) **10**: 2975-2991.

[47] Y. -C. Lin, C. -Y. Lin, P. -W. Chiu. *Controllable graphene N-doping with ammonia plasma*. Appl. Phys. Lett. (2010) **96**: 133110.

[48] Y. Wang, Y. Shao, D. W. Matson, J. Li, Y. Lin. *Nitrogen-doped graphene and its application in electrochemical biosensing*. ACS Nano (2010) **4**: 1790-1798.

[49] A. L. M. Reddy, A. Srivastava, S. R. Gowda, H. Gullapalli, M. Dubey, P. M. Ajayan. *Synthesis of nitrogen-doped graphene films for lithium battery application*. ACS Nano (2010) **4**: 6337-6342.

[50] D. Wei, L. Peng, M. Li, H. Mao, T. Niu, C. Han, W. Chen, A. T. S. Wee. *Low temperature critical growth of high quality nitrogen doped graphene on dielectrics by plasma-enhanced chemical vapor deposition*. ACS Nano (2015) **9**: 164-171.

[51] X. Ding, G. Ding, X. Xie, F. Huang, M. Jiang. *Direct growth of few layer graphene on hexagonal boron nitride by chemical vapor deposition*. Carbon (2011) **49**: 2522-2525.

[52] M. Son, H. Lim, M. Hong, H. C. Choi. *Direct growth of graphene pad on exfoliated hexagonal boron nitride surface*. Nanoscale (2011) **3**: 3089-3093.

[53] S. Tang, G. Ding, X. Xie, J. Chen, C. Wang, X. Ding, F. Huang, W. Lu, M. Jiang. *Nucleation and growth of single crystal graphene on hexagonal boron nitride*. Carbon (2012) **50**: 329-331.

[54] W. Yang, G. Chen, Z. Shi, C. C. Liu, L. Zhang, G. Xie, M. Cheng, D. Wang, R. Yang, D. Shi. *Epitaxial growth of single-domain graphene on hexagonal boron nitride*. Nat. Mater. (2013) **12**: 792-797.

[55] M. Wang, S. K. Jang, W. J. Jang, M. Kim, S. Y. Park, S. W. Kim, S. J. Kahng, J. Y. Choi, R. S. Ruoff, Y. J. Song. *A platform for large-scale graphene electronics: CVD growth of single-layer graphene on CVD-grown hexagonal boron nitride*. Adv. Mater. (2013) **25**: 2746-2752.

[56] J. Sun, Y. Chen, M. K. Priydarshi, Z. Chen, A. Bachmatiuk, Z. Zou, Z. Chen, X. Song, Y. Gao, M. H. Rümmeli, Y. Zhang, Z. Liu. *Direct chemical vapor deposition-derived graphene glasses targeting wide ranged applications*. Nano Lett. (2015) **15**: 5846-5854.

[57] X. D. Chen, Z. L. Chen, J. Y. Sun, Y. F. Zhang, Z. F. Liu. *Graphene glass: Direct growth of graphene on traditional glasses*. Acta Phys. -Chim. Sin. (2011) **32**: 14-27.

[58] J. Sun, Y. Chen, X. Cai, B. Ma, Z. Chen, M. K. Priydarshi, K. Chen, T. Gao, X. Song, Q. Ji, X. Guo, D. Zou, Y. Zhang, Z. Liu. *Direct low-temperature synthesis of graphene on various glasses by plasma-enhanced chemical vapor deposition for versatile, cost-effective electrodes*. Nano Res. (2015) **8**: 3496-3504.

[59] J. -H. Lee, E. K. Lee, W. -J. Joo, Y. Jang, B. -S. Kim, J. Y. Lim, S. -H. Choi, S. J. Ahn, J. R. Ahn, M. -H. Park, C. -W. Yang, B. L. Choi, S. -W. Hwang, D. Whang. *Wafer-scale growth of single-crystal monolayer graphene on reusable hydrogen-terminated germanium.* Science (2014) **344**: 286-289.

[60] G. Wang, M. Zhang, Y. Zhu, G. Ding, D. Jiang, Q. Guo, S. Liu, X. Xie, P. K. Chu, Z. Di. *Direct growth of graphene film on germanium substrate.* Sci. Rep. (2013) **3**: 2465.

[61] R. M. Jacobberger, B. Kiraly, M. Fortin-Deschenes, P. L. Levesque, K. M. McElhinny, G. J. Brady, R. R. Delgado, S. S. Roy, A. Mannix, M. G. Lagally, P. G. Evans, P. Desjardins, R. Martel, M. C. Hersam, N. P. Guisinger, M. S. Arnold. *Direct oriented growth of armchair graphene nanoribbons on germanium.* Nat. Commun. (2015) **6**: 8006.

[62] R. M. Jacobberger, B. Kiraly, M. Fortindeschenes, P. L. Levesque, K. M. Mcelhinny, G. J. Brady, R. R. Delgado, S. S. Roy, A. Mannix, M. G. J. N. C. Lagally. *Direct oriented growth of armchair graphene nanoribbons on germanium.* Nat. Commun (2015) **6**: 8006.

[63] A. Scott, A. Dianat, F. Boerrnert, A. Bachmatiuk, S. Zhang, J. H. Warner, E. Borowiak-Palen, M. Knupfer, B. Buechner, G. Cuniberti, M. H. Ruemmeli. *The catalytic potential of high-kappa dielectrics for graphene formation.* Appl. Phys. Lett. (2011) **98**: 073110.

[64] J. Sun, T. Gao, X. Song, Y. Zhao, Y. Lin, H. Wang, D. Ma, Y. Chen, W. Xiang, J. Wing, Y. Zhang, Z. Liu. *Direct growth of high-quality graphene on high-kappa dielectric srtio3 substrates.* J. Am. Chem. Soc. (2014) **136**: 6574-6577.

[65] S. Gottardi, K. Muller, L. Bignardi, J. C. Moreno-Lopez, P. Tuan Anh, O. Ivashenko, M. Yablonskikh, A. Barinov, J. Bjork, P. Rudolf, M. Stohr. *Comparing graphene growth on Cu (111) versus oxidized Cu (111).* Nano Lett. (2015) **15**: 917-922.

[66] X. Li, Y. M. Lin, C. Y. Sung. *Method for synthesing a thin film*, US 8, 728, 575 B2, 2014.

[67] Y. Zhu, H. Ji, H. -M. Cheng, R. S. Ruoff. *Mass production and industrial applications of graphene materials.* Natl. Sci. Rev. (2018) **5**: 90-101.

[68] T. Hesjedal. *Continuous roll-to-roll growth of graphene films by chemical vapor deposition.* Appl. Phys. Lett. (2011) **98**: 133106.

[69] T. Kobayashi, M. Bando, N. Kimura, K. Shimizu, K. Kadono, N. Umezu, K. Miyahara, S. Hayazaki, S. Nagai, Y. Mizuguchi. *Production of a 100-m-long high-quality graphene transparent conductive film by roll-to-roll chemical vapor deposition and transfer process.* Appl. Phys. Lett. (2013) **102**: 023112.

[70] S. Bae, H. Kim, Y. Lee, X. Xu, J. -S. Park, Y. Zheng, J. Balakrishnan, T. Lei, H. R. Kim, Y. I. Song, Y. -J. Kim, K. S. Kim, B. Ozyilmaz, J. -H. Ahn, B. H. Hong, S. Iijima. *Roll-to-roll production of 30-inch graphene films for transparent electrodes.* Nat. Nanotechnol. (2010) **5**: 574-578.

[71] J. Ryu, Y. Kim, D. Won, N. Kim, J. S. Park, E. -K. Lee, D. Cho, S. -P. Cho, S. J. Kim, G. H. Ryu, H. -A. S. Shin, Z. Lee, B. H. Hong, S. Cho. *Fast synthesis of high-performance graphene films by hydrogen-free rapid thermal chemical vapor deposition.* ACS Nano (2014) **8**: 950-956.

[72] Z. Y. Juang, C. Y. Wu, A. Y. Lu, C. Y. Su, K. C. Leou, F. R. Chen, C. H. Tsai. *Graphene synthesis by chemical vapor deposition and transfer by a roll-to-roll process.* Carbon (2010) **48**: 3169-3174.

[73] B. N. Chandrashekar, B. Deng, A. S. Smitha, Y. Chen, C. Tan, H. Zhang, H. L. Peng, Z. F. Liu. *Roll-to-roll green transfer of cvd graphene onto plastic for a transparent and flexible triboelectric nanogenerator.* Adv. Mater. (2015) **27**: 5210-5216.

[74] T. Choi, S. J. Kim, S. Park, T. Y. Hwang, Y. Jeon, B. H. Hong. *Roll-to-roll continuous patterning and transfer of graphene via dispersive adhesion.* Nanoscale (2015) **7**: 7138-7142.

总结与展望

自 2004 年 Andre Geim 和 Konstantin Novoselov 成功分离出单层石墨烯后，石墨烯的各种优异性能被广泛发掘并引起人们极大的兴趣，进而开始了石墨烯及其他二维材料的研究热潮，二人也因为其在二维材料石墨烯的突破性实验而获得 2010 年诺贝尔物理学奖[1]。近十几年来，随着石墨烯研究及产业化应用的发展，石墨烯薄膜制备技术的实验研究与工业化也在迅速发展[2-4]，并且已经有相关产品出现，如基于石墨烯触摸屏的手机及基于石墨烯加热膜的理疗产品等。然而，目前石墨烯薄膜（甚至可以说是整个石墨烯材料领域）的产业化进程仍然比较缓慢，可以归结为两个方面的原因：一方面，虽然石墨烯在许多领域体现出区别于其他材料的独特优势，但其综合指标还远未能达到实际应用的要求，这或者是受制于器件的设计及制备工艺的不完善，使得石墨烯的优异性能受到影响或无法充分体现，亦或是当前材料制备工艺下材料的品质无法满足要求；另一方面，虽然在有些领域石墨烯的应用可以实现，但与现有的材料与技术相比，并没有性能优势，而成本上又缺少竞争力，如石墨烯触摸屏。因此，未来石墨烯薄膜制备技术的发展，仍将针对这两个方面的问题，一方面，提高制备工艺的可控性，在性能上满足应用需求，或在成本上具有竞争力；另一方面，开发符合石墨烯自身特点，尤其是现有制备技术下石墨烯特点的"杀手锏"级应用。

石墨烯薄膜制备技术的研究与实践，可以总结为如下几个方面。

（1）理想条件与实际条件

石墨烯在金属表面形成的研究可以追溯到二十世纪六七十年代。通过 CVD 技术在金属表面生长石墨烯可以分为两种机制，即溶碳-析出生长与表面生长。当碳在金属中的溶解度较高时（例如镍），在高温时，含碳前驱体在金属表面裂解，提供的碳源会先溶解到金属基底中，形成饱和溶液并在表面偏析，然后在降温过程中，随着溶解度的降低，溶液过饱和，更多的碳在金属表面析出形成多层石墨烯（或石墨薄膜）。当碳在金属中的溶解度很低时（例如铜），碳源在金属表面团聚成核，并逐渐长大最终拼接成连续的石墨烯薄膜。在实际的 CVD 过程中，具体的反应过程是极为复杂的。由于铜基底 CVD 制备石墨烯薄膜的显著优势，关于这方面的理论研究近来也取得了极大的发展，对石墨烯的成核、生长过程、晶体的平衡形状等都给出了较好的解释。然而，尽管这些理论研究为石墨烯薄膜制备技术的发展提供了很大的指导，仍需看到，目前所采用的模型与计算仍相对简单，主要针对某些特定的晶面，并且是基于材料的理想纯度情况下，即只考虑 Cu、C、H 之间的相互作用；前期的很多实验研究，也只是考虑主要的物质，如铜基底、氢气、甲烷、氩气等，并未考虑实际条件下杂质的影响。而在实际的实验或生产制备中，是不可能排除其他杂质的存在的，例如在大多数实验条件下所使用的气体及系统中，总会或多或少的存在一些氧化性杂质如 O_2、H_2O、CO_2 等，而越来越多的实验结果表明，即使是微量的氧化性杂质也会对石墨烯的生长产生非常关键的影响[5-10]，而系统中的碳杂质（例如，来自油泵中的油蒸气）则会干扰对石墨烯成核和生长动力学过程的判断[11]，这也就意味着，之前的很多结论需要被重新审视或完善。另一方面，实验中所使用的铜基底中也含有各种杂质。研究表明，当使用压延铜箔作为石墨烯的生长基底时，由于加工过程引入到基底中的过饱和碳会极大地增加石墨烯的成核密度，不利于大面积单晶的制备[12,13]。铜箔中其他杂质元素如 Si、Fe、Zn 等对石墨烯制备影响的研究目前仍属空白。而这些不但对进一步理解石墨烯生长机制及动力学过程非常重要，对确保石墨烯薄膜制备工艺的稳定性和重复性更加关键。

（2）单晶制备

大面积石墨烯单晶可以通过两种方法进行制备，一种是控制晶体的成核密度并提高其生长速度，使晶体只从一个成核点开始生长，即单核法；另一种是使用单晶基底，利用晶体与基底的外延关系，使所有晶核具有一致的取向，晶畴长大后实现无缝拼接，即多核法。2011 年，美国德州大学奥斯汀分校李雪松及 Rodney S. Ruoff 等通过将铜箔做成信封状，在其内部生长 0.5mm 的石墨烯单晶[14]；2013年，Ruoff 团队的郝玉峰等同样使用铜信封结构，利用氧气辅助，制备了厘米级的单晶[9]；2015 年，上海微系统所谢晓明团队用微孔导气管控制碳源的定位进给，在 Cu85% /Ni15% 合金基底上生长了 4cm 的石墨烯单晶，这也是迄今为止最大的通过单核法制备的石墨烯单晶[15]。单核法的最大问题是其极低的生产效率，即使是在 Cu/Ni 合金上具有更大的生长速度，生长 4cm 的单晶也需要 2.5h，并且定位控制碳源输运增加了系统的复杂性；而在铜信封内部生长 1cm 大小则需要 8h。多核法由于是多点同时成核生长，因此可以快速地制备大面积的石墨烯单晶薄膜。韩国 Yong-Hee Lee 团队于 2015 年在 3cm×6cm 的 Cu（111）表面实现石墨烯的多点同取向外延成核并最终无缝拼接成连续的薄膜[16]。多核法的前提是获得大面积的 Cu（111）单晶。2017 年，北京大学刘开辉团队采用类似传统的利用液体和固体界面处的温度梯度作为驱动力制备单晶硅锭的"提拉法"，实现大面积 Cu（111）单晶铜箔的高效、连续制备，面积达到 2cm×50cm[17]。多核法的另一关键是要保证石墨烯晶畴与 Cu（111）基底具有严格的外延关系，这样才能保证所有的石墨烯晶畴取向一致，最终实现无缝拼接。因此，基底表面的光滑度及清洁度对保持石墨烯晶畴确定的取向非常关键，过于粗糙的表面及杂质都有可能对晶畴取向产生扰动。实际上，很难保证铜箔基底在很大面积范围内是完全光滑且没有任何杂质存在，因而总会有一小部分石墨烯晶畴的取向会有所偏差，因此，严格地讲，这种多核法制备的石墨烯单晶更应该被称为"准单晶"。

（3）缺陷的形成与控制

对于多晶石墨烯薄膜而言，当取向不同的两个晶畴拼接时，连接处会由五元、七元环来补偿其六元环晶格的取向偏差，即形成晶界。晶界是石墨烯多晶薄膜中的主要缺陷，制备大面积的石墨烯单晶就是为了消除这一缺陷的影响。然而，即使是石墨烯单晶（或单个晶畴内部）也会有其他种类的缺陷存在，例如由于碳原子的缺少导致的空穴或者五元、七元环等点缺陷，各种功能团、褶皱及折叠等，这些都可以通过拉曼光谱、SEM、AFM、XPS 等观察到。对于这些缺陷的形成、其对石墨烯性能的影响以及如何对其进行控制等，目前的相关研究还很少。R. M. Jacobberger 等认为，在石墨烯生长的过程中，活性基团从铜表面附着到石墨烯晶体后，需要一个特征时间在铜表面进行重组或脱氢以重新排列，才能形成有序的结构。如果生长速率太快，这些无序中间体可以被捕获在晶体中，导致晶格的局部破坏或配位缺陷[18]。生长在金属（例如铜）表面的石墨烯，由于与金属具有不同的热膨胀系数而导致褶皱或折叠的产生，这些褶皱或折叠会降低石墨烯的电学性能[19]。B.-W. Li 等及 B. Deng 等分别发现，外延生长在 Cu（111）表面的石墨烯不会有褶皱或折叠，但却有较大的残余应力[20,21]。大量的 XPS 分析都表明，在石墨烯中均含有较多的 sp^3 杂化及 C/O 基团，但其成因却并不明确[10,22,23]。总体而言，对石墨烯缺陷的研究还处于一个非常粗浅的阶段，还需要大量细致深入的研究。

（4）层数及堆垛的控制

单层石墨烯的零带隙特性极大地限制了其应用，而多层尤其是双层石墨烯不但具有很多与单层石墨烯相似的优良特性，其结构上的差异更带来大量不同的电学和光学性质，如 AB 堆垛的双层石墨烯在外加垂直电场的情况下可以打开带隙、提高 Γ 点光学声子的红外活性，以及由于堆垛旋转角度的变化（非 AB 堆垛）而带来更多的电学和光学性能的变化。使用碳溶解度比较高的金属，基于碳的溶解-析出机制，可以很容易地获得多层石墨烯，但其层数的均匀性很难控制。在碳的溶解度低的金属表面同样可以生长多层石墨烯，这种基于表面生长机制的多层石墨烯，可以同时成核生长（共生长），也可以每层以不同的生长速度生长（面上生长或面下生长）。在铜中加入镍可以调节合金对碳的溶解度，从而提高对石墨烯层数的可控性。然而不论哪种方法，对于多层石墨烯堆垛角度的影响因素目前尚不明确，无法获得（堆垛角度和层数）均匀的多层石墨烯薄膜，极大地限制了其应用。如何获得层数均匀、堆垛角度可控的多层（或双层）石墨烯薄膜，仍是当前石墨烯薄膜制备技术的一个重大难题。

（5）石墨烯的转移与掺杂

生长在金属基底表面的石墨烯，不能有效地进行物理和化学性能的表征，也无法直接在透明导电、光电子器件以及导热等方面应用，因此首先必须把石墨烯从金属生长基底完整地转移至新目标基底上，才能实现后续应用功能的开发。目前已经发展了多种石墨烯转移方法，部分已经成功地应用于石墨烯薄膜的工业化制备[24,25]。石墨烯的转移方法可以根据不同的原则进行分类。例如，根据是否保留铜基底可以分为刻蚀法及剥离法，根据是否需要支撑层可以分为有支撑层辅助转移和无支撑层直接转移等。每种方法又可以进行细致的划分，例如有支撑层可以根据支撑层材料进行分类，剥离法可以根据剥离方式进行分类等。石墨烯的转移需要解决如下几个问题：a.转移后的石墨烯应该保持干净，没有杂质的残留，不对石墨烯形成掺杂；b.转移后的石墨烯应该保持连续性，没有因转移而导致的机械破坏如褶皱、裂纹以及孔洞等；c.转移工艺稳定可靠、适用性高、可工业化。目前的转移技术都无法完美地解决这些问题。

石墨烯的一大潜在应用是用于透明导电电极，但是，尽管其具有很高的载流子迁移率，原始的石墨烯载流子浓度较低，因此其面电阻较高，与现有的透明导电材料如 ITO 相比缺乏竞争力。对石墨烯进行掺杂可以增加其载流子浓度，降低面电阻。目前用于石墨烯的掺杂剂主要分为小分子和过渡金属氧化物两类，两者均在石墨烯表面上进行电荷转移。但是，小分子掺杂剂如无机小分子酸（如 HNO_3、HCl、H_2SO_4）和金属氯化物（例如 $AuCl_3$、$FeCl_3$）具有严重的环境不稳定，是石墨烯电极实际应用的一大障碍，而过渡金属氧化物在石墨烯表面沉积不均匀性会使石墨烯表面变得粗糙。理想的化学掺杂应满足以下条件：a.低面电阻；b.高功函数；c.高稳定性；d.膜面光滑；e.高透光率。

（6）非金属基底生长

转移过程的引入，不但会影响石墨烯的质量，还增加了技术难度和制备成本。一种解决石墨烯转移所面对的问题的方案是将石墨烯直接生长在目标基底上。一般在实际应用中的基底多为非金属基底，如用于电子器件的 SiO_2/Si 基底及用于透明导电电极的玻璃基底等。非金属基底对碳源的催化性能较弱，而活性基团在非金属基底上的吸附和运动性都较弱。可以说，要解决石墨烯在非金属基底上的生长问题，就是要解决这两个主要的问题。目前，已经有多种方法促进碳源的裂解，例如用更高的温度、易裂解的碳源、金属辅助催化以及 PECVD 促进碳源裂解等。但是，目前对活性基团在非金属基底表面的行为如扩散、团聚、成核等理解的却还很少，在非金属基底上生长的石墨烯晶畴大都很小，石墨烯薄膜的质量还有待进一步提升。

（7）低温制备

尽管在高温下，更容易获得大面积的石墨烯单晶以及较低缺陷密度的石墨烯薄膜，但是高温过程会极大地提高设备成本及能耗，降低系统的安全性，同时，也使一些在电子器件上直接沉积石墨烯的制备过程无法实现。与非金属基底直接生长石墨烯所面临的问题相似，低温制备也需解决碳源的裂解及石墨烯在基底表面的扩散、成核及生长问题，同样，可以使用易裂解的碳源如芳香烃或使用 PECVD 来促进碳源裂解[26]。但是，使用液态或者固态碳源，由于其较高的饱和蒸汽压，会吸附在系统腔室及管路内壁，造成系统的污染，降低系统的可控性和制备的重复性，而许多碳源材料实际远比甲烷昂贵，也并没有起到降低成本的目的。目前大多数低温制备的石墨烯薄膜的质量仍然较差，这可能与低温时基底的表面不够光滑与清洁有关。D. A. Boyd 等证明当使用表面清洁光滑的铜基底时，即使是在低温下（＜420℃）也可以获得高质量的石墨烯薄膜，其电学性能甚至优于高温生长的薄膜[27]。通过清洁光滑的表面来制备高质量的薄膜在表面科学的研究中被广泛使用，这一方法在石墨烯薄膜的制备中同样适用，例如通过对铜基底进行抛光、高温退火以及使用液态铜等都有助于提高石墨烯的质量。对于大部分 CVD 条件，当温度较低时，很难确保铜基底表面的完全清洁。一方面，来自外部环境的、在基底表面的污染物（如灰尘）很难除掉；另一方面，则会有系统背底气氛中氧杂质的吸附等。获得并保持清洁光滑的基底表面可能是在低温下获得高质量石墨烯薄膜的一个关键[28]。

（8）石墨烯异质结

石墨烯的研究同时带动了其他二维材料的研究与发展，而不同的二维材料层叠加形成层间异质结，或在同一层内分成不同的材料的区域形成面内异质结，更是为材料设计提供了更多的可能[29-32]。

纵观历史，任何一种新材料从发现到真正应用基本都需要几十甚至上百年的时间，石墨烯目前尚处于研发的初始阶段，还需要更多的努力与投入。尽管目前还有很多的困难与挑战，但也同样蕴含着许多无法想象的机会与奇迹。

—— 参考文献 ——

[1] K. S. Novoselov, V. I. Fal'ko, L. Colombo, P. R. Gellert, M. G. Schwab, and K. Kim. *A roadmap for graphene*. Nature（2012）**490**：192-200.

[2] W. Ren and H. -M. Cheng. *The global growth of graphene*. Nat. Nanotechnol.（2014）**9**：726-730.

［3］ X. Li，L. Colombo，and R. S. Ruoff. *Synthesis of graphene films on copper foils by chemical vapor deposition*. Adv. Mater.（2016）**28**：6247-6252.

［4］ Y. Zhu，H. Ji，H. -M. Cheng，and R. S. Ruoff. *Mass production and industrial applications of graphene materials*. Natl. Sci. Rev.（2018）**5**：90-101.

［5］ W. Guo，F. Jing，J. Xiao，C. Zhou，Y. Lin，and S. Wang. *Oxidative-etching-assisted synthesis of centimeter-sized single-crystalline graphene*. Adv. Mater.（2016）**28**：3152-3158.

［6］ S. Choubak，P. L. Levesque，E. Gaufres，M. Biron，P. Desjardins，and R. Martel. *Graphene CVD：Interplay Between Growth and Etching on Morphology and Stacking by Hydrogen and Oxidizing Impurities*. J. Phys. Chem. C（2014）**118**：21532-21540.

［7］ S. Choubak，M. Biron，P. L. Levesque，R. Martel，and P. Desjardins. *No graphene etching in purified hydrogen*. J. Phys. Chem. Lett.（2013）**4**：1100-1103.

［8］ X. Xu，Z. Zhang，L. Qiu，J. Zhuang，L. Zhang，H. Wang，C. Liao，H. Song，R. Qiao，P. Gao，Z. Hu，L. Liao，Z. Liao，D. Yu，E. Wang，F. Ding，H. Peng，K. Liu. *Ultrafast growth of single-crystal graphene assisted by a continuous oxygen supply*. Nat. Nanotechnol.（2016）**11**：930-935.

［9］ Y. Hao，M. S. Bharathi，L. Wang，Y. Liu，H. Chen，S. Nie，X. Wang，H. Chou，C. Tan，B. Fallahazad，H. Ramanarayan，C. W. Magnuson，E. Tutuc，B. I. Yakobson，K. F. McCarty，Y. -W. Zhang，P. Kim，J. Hone，L. Colombo，and R. S. Ruoff. *The role of surface oxygen in the growth of large single-crystal graphene on copper*. Science（2013）**342**：720-723.

［10］ C. Shen，Y. Jia，X. Yan，W. Zhang，Y. Li，F. Qing，and X. Li. *Effects of Cu contamination on system reliability for graphene synthesis by chemical vapor deposition method*. Carbon（2018）**127**：676-680.

［11］ F. Qing，R. Jia，B. -W. Li，C. Liu，C. Li，B. Peng，L. Deng，W. Zhang，Y. Li，R. S. Ruoff，and X. Li. *Graphene growth with 'no' feedstock*. 2D Mater.（2017）**4**：025089.

［12］ B. Liu，N. Xuan，K. Ba，X. Miao，M. Ji，and Z. Sun. *Towards the standardization of graphene growth through carbon depletion，refilling and nucleation*. Carbon（2017）**119**：350-354.

［13］ P. Braeuninger-Weimer，B. Brennan，A. J. Pollard，and S. Hofmann. *Understanding and controlling Cu-catalyzed graphene nucleation：The role of impurities，roughness，and oxygen scavenging*. Chem. Mater.（2016）**28**：8905-8915.

［14］ X. Li，C. W. Magnuson，A. Venugopal，R. M. Tromp，J. B. Hannon，E. M. Vogel，L. Colombo，and R. S. Ruoff. *Large-area graphene single crystals grown by low-pressure chemical vapor deposition of methane on copper*. J. Am. Chem. Soc.（2011）**133**：2816-2819.

［15］ T. Wu，X. Zhang，Q. Yuan，J. Xue，G. Lu，Z. Liu，H. Wang，H. Wang，F. Ding，Q. Yu，X. Xie，and M. Jiang. *Fast growth of inch-sized single-crystalline graphene from a controlled single nucleus on Cu-Ni alloys*. Nat. Mater.（2015）**15**：43-48.

［16］ N. Van Luan，B. G. Shin，D. Dinh Loc，S. T. Kim，D. Perello，Y. J. Lim，Q. H. Yuan，F. Ding，H. Y. Jeong，H. S. Shin，S. M. Lee，S. H. Chae，V. Quoc An，S. H. Lee，and Y. H. Lee. *Seamless stitching of graphene domains on polished copper（111）foil*. Adv. Mater.（2015）**27**：1376-1382.

［17］ X. Xu，Z. Zhang，J. Dong，D. Yi，J. Niu，M. Wu，L. Lin，R. Yin，M. Li，J. Zhou，S. Wang，J. Sun，X. Duan，P. Gao，Y. Jiang，X. Wu，H. Peng，R. S. Ruoff，Z. Liu，D. Yu，E. Wang，F. Ding，and K. Liu. *Ultrafast epitaxial growth of metre-sized single-crystal graphene on industrial Cu foil*. Sci. Bull.（2017）**62**：1074-1080.

［18］ R. M. Jacobberger，P. L. Levesque，F. Xu，M. -Y. Wu，S. Choubak，P. Desjardins，R. Martel，and M. S. Arnold. *Tailoring the growth rate and surface facet for synthesis of high-quality continuous graphene films from CH₄ at 750 degrees c via chemical vapor deposition*. J. Phys. Chem. C（2015）**119**：

11516-11523.

[19] W. Zhu, T. Low, V. Perebeinos, A. A. Bol, Y. Zhu, H. Yan, J. Tersoff, and P. Avouris. *Structure and electronic transport in graphene wrinkles*. Nano Lett. (2012) **12**: 3431-3436.

[20] B. -W. Li, D. Luo, L. Zhu, X. Zhang, S. Jin, M. Huang, F. Ding, and R. S. Ruoff. *Orientation-dependent strain relaxation and chemical functionalization of graphene on a Cu (111) foil*. Adv. Mater. (2018) **30**: 1706504.

[21] B. Deng, Z. Pang, S. Chen, X. Li, C. Meng, J. Li, M. Liu, J. Wu, Y. Qi, W. Dang, H. Yang, Y. Zhang, J. Zhang, N. kang, H. Xu, Q. Fu, X. Qiu, P. Gao, Y. Wei, Z. Liu, and H. Peng. *Wrinkle-free single-crystal graphene wafer grown on strain-engineered substrates*. ACS Nano (2017) **11**: 12337-12345.

[22] A. Siokou, F. Ravani, S. Karakalos, O. Frank, M. Kalbac, and C. Galiotis. *Surface refinement and electronic properties of graphene layers grown on copper substrate: An XPS, UPS and EELS study*. Appl. Surf. Sci. (2011) **257**: 9785-9790.

[23] P. R. Kidambi, B. C. Bayer, R. Blume, Z. -J. Wang, C. Baehtz, R. S. Weatherup, M. -G. Willinger, R. Schloegl, and S. Hofmann. *Observing graphene grow: Catalyst-graphene interactions during scalable graphene growth on polycrystalline copper*. Nano Lett. (2013) **13**: 4769-4778.

[24] M. Chen, R. C. Haddon, R. Yan, and E. Bekyarova. *Advances in transferring chemical vapour deposition graphene: a review*. Mater. Horiz. (2017) **4**: 1054-1063.

[25] Y. Chen, X. -L. Gong, and J. -G. Gai. *Progress and challenges in transfer of large-area graphene films*. Adv. Sci. (2016) **3**: 1500343.

[26] S. Myungwoo and M. -H. Ham. *Low-temperature synthesis of graphene by chemical vapor deposition and its applications*. FlatChem (2017).

[27] D. A. Boyd, W. H. Lin, C. C. Hsu, M. L. Teague, C. C. Chen, Y. Y. Lo, W. Y. Chan, W. B. Su, T. C. Cheng, C. S. Chang, C. I. Wu, and N. C. Yeh. *Single-step deposition of high-mobility graphene at reduced temperatures*. Nat. Commun. (2015) **6**: 7620.

[28] Z. Zhen, X. Li, and H. Zhu. *Synthesis of two dimensional materials on extremely clean surfaces*. Nano Today (2018).

[29] T. Han, J. Shen, N. F. Q. Yuan, J. Lin, Z. Wu, Y. Wu, S. Xu, L. An, G. Long, Y. Wang, R. Lortz, and N. Wang. *Investigation of the two-gap superconductivity in a few-layer $NbSe_2$-graphene heterojunction*. Phys. Rev. B (2018) **97**: 060505.

[30] Y. C. Kim, N. Van Tu, S. Lee, J. -Y. Park, and Y. H. Ahn. *Evaluation of transport parameters in MoS_2/graphene junction devices fabricated by chemical vapor deposition*. ACS Appl. Mater. Inter. (2018) **10**: 5771-5778.

[31] L. H. Li, T. Tian, Q. Cai, C. -J. Shih, and E. J. G. Santos. *Asymmetric electric field screening in van der Waals heterostructures*. Nat. Commun. (2018) **9**: 1271.

[32] D. Minh Tuan, M. Gay, D. Di Felice, C. Vergnaud, A. Marty, C. Beigne, G. Renaud, O. Renault, P. Mallet, Q. Toai Le, J. -Y. Veuillen, L. Huder, V. T. Renard, C. Chapelier, G. Zamborlini, M. Jugovac, V. Feyer, Y. J. Dappe, P. Pochet, and M. Jamet. *Beyond van der Waals interaction: The case of $MoSe_2$ epitaxially grown on few-layer graphene*. ACS Nano (2018) **12**: 2319-2331.